우리는 화학과 함께 살고 있다

우리는 화학과 함께 살고 있다

명승운 지음

우리 생활 곳곳에 숨어 있는

70가지 생활 속 화학 이야기

자유아카데미

머 리 말

하나님의 창조세계 속에서 과학을 공부할수록 불확실성은 커지기만 하고 사람의 자연계에 대한 지식은 얼마나 미천하고 작은지를 느낀다.

전 세계 과학자들이 2020년도에 발표한 과학 및 공학 연구 논문이 423만 건이라 하니 하루에도 1만 편 이상의 논문이 발표되고 있는 셈이다. 그러니 과학혁명 이후 발표된 논문을 모두 헤아리는 것은 불가능에 가까울 것이다. 그러나 비록 과학자들이 수많은 연구를 통해서 지금까지 자연계의 질서를 이해하고 새로운 법칙들도 발견하고 있을지라도, 다만 드넓은 사막 중의 모래 한 톨에 지나지 않을 것이다.

화학 물질은 생명의 구성 요소이며 살아 숨 쉬는 모든 생물은 화학 물질로 이루어져 있다. 우리가 살고 있는 집과 건물은 물론이고 오늘 인터넷 쇼핑이나 마트에서 구매한 모든 제품이나 음식도 화학 물질로 구성되어 있다.

화학 물질은 인공적이고 인간이 추가한 것이라고 한정해서 생각하기 쉽다. 그러나 물, 산소, 카페인, 설탕, 단백질, DNA 등과 같이 자연계에 천연으로 존재하고 있는 화학 물질이 훨씬 많으며 이들은 우리 생활의 모든 곳에서 발견할 수 있다.

'케모포비아chemophobia'란 말은 화학 물질을 두려움과 혐오의 대상이라고 인식하는 것 정도로 사용되고 있지만, 국제 순수 및 응용화학 연합 IUPAC에서는 이를 "화학 물질에 대한 비이성적인 두려움"으로 정의하고 있다. 예를 들어 판매하는 사과의 겉면을 단지 먹음직스럽게 보이려는 목적으로 몸에 해로운 왁스를 칠한다고 생각하기 쉽다. 그러나 이 왁스는 대부분 천연 왁스이며, 수분 손실을 방지하여 과실이 쭈그러들지 않게 하고, 표면의 상처를 막아서 병균의 침투를 막는 목적으로 칠하는 것이다. 이처럼 특정 화학 성분이 항상 해로운 것이 아니며, 생활에 다양한 도움이 된다는 것을 이해한다면 화학 물질이 무조건적인 공포의 대상이 되지는 않을 것이다. 또한 인간을 비롯한 대부분의 생명체들이 충분한 면역력과 자정능력을 가지고 있다는 사실을 아는 것도 케모포비아에서 벗어날 수 있는 하나의 방법이 될 수 있을 것이다.

우리는 화학과 함께 살고 있다. 생활 속 화학의 원리와 내용을 전공자가 아니더라도 쉽게 이해할 수 있기를 바라는 마음으로 이 책을 집필하게 되었다. 화학 물질에 대해서 부정적인 입장만을 내세우지 않고 좀 더 안전하고 자신에 맞는 생활을 하는 데 이 책이 조금이라도 도움이 되길 바란다.

"〈우리는 화학과 함께 살고 있다〉(원제: 화학과 생활)는 2021학년도 경기대학교 연구년 수혜로 저술되었음"에 감사드립니다.

2022년 6월

저자 명승운

차 례

CONTENTS

CONTENTS

1장

생활과 화학

얼마만큼 크고 작은가?

중금속 안전관리 기준 상한은 납 5 ppm… 공기 중에서 절대 녹슬지 않는 구리 나노입자가 개발….

위에서 인용된 내용과 같이 우리는 'ppm', '나노입자' 등의 용어를 매스컴을 통해서 어렵지 않게 접할 수 있다. 생활 속에서 과학을 이해하려면 이런 용어들에 대한 기초적인 이해가 필요하다.

나노와 기가

현재는 나노nano와 기가giga의 세계이지만 그전에는 마이크로micro와 메가mega의 세계였다. 자연과학에서 물질의 양(크기)을 나타낼 때는 여러 가지 단위를 사용하는데, 갈수록 그 범위가 너무 방대해지고 있어 표현의 편리성을 위해 이같이 접두어를 사용하여 나타내고 있다.

마이크로는 그리스어로 '작다'라는 뜻의 'μικρός(미크로스)'에서 기원하며 10^{-6}(1백만분의 일)을 나타낸다. 나노는 그보다 1,000배가 작은 10^{-9}

(10억분의 일)이며, 그리스로 '난장이'를 뜻하는 'νανος(나노스)'에서 기원하고 있다. 마이크로와 나노는 각각 기호 'μ', 'n'으로 표현한다.

메가는 10^6(1백만)을 나타내며 그리스어의 'μέγας(메가스)' 즉, '큰, 위대한'이라는 뜻에서 기원한 것이고, 기가는 메가보다 1,000배가 큰 10^9(10억)으로 고대 그리스어로 '거인'이라는 뜻의 'γίγας(기가스)'에서 유래한 것이다. 메가는 'M', 기가는 'G'로 표현한다. 근래에는 기가를 넘어서 테라의 시대로 진입하고 있다. 테라는 기가의 1,000배로 10^{12}(1조)이며 그리스어로 '괴물'을 뜻하고, 'T'로 표현한다.

따라서 μg은 1그램(g)의 백만분의 일에 해당하는 매우 미세한 질량이다. 그리고 그보다 더 작은, 1그램의 십억분의 일은 ng으로 표시한다. 하드디스크 등의 데이터 저장용량을 나타낼 때 사용하는 메가바이트(MB)는 1바이트(B)의 백만 배에 해당하며, 이보다 1,000배 많은 양은 기가바이트(GB)로 1바이트의 10억배가 된다. 테라바이트(TB)는 1조배이다.

ppm과 ppb

우리는 생활 속에서 보통 그램(g)이나 킬로그램(kg), 밀리리터(mL)나 리터(L), 퍼센트(%) 같은 단위는 익숙히 접하고 있다. 그러나 ppm과 같이 익숙하지 않은 단위들도 있다. ppm은 parts per million(백만분율)이며 물질이 차지하는 농도를 표시하는 단위로 mg/kg 혹은 mg/L이다. ppm은 다음과 같이 표현하면 조금은 쉽게 이해할 수 있을 것이다.

쌀 한 톨의 평균 무게는 0.02 g이다. 시중에서 판매되고 있는 흰쌀 20 kg 한 포대 중에 검은색 쌀 한 톨이 들어있는 경우에 전체 쌀 중에서 검은색 쌀의 비율(농도)을 ppm 농도로 나타내보자. 쌀 한 톨 0.02 g은 20 mg이며 ppm은 mg/kg이라고 했으니, 20 mg/20 kg = 1 ppm이다. 만약에 흰 쌀 20 kg을 방바닥에 펼쳐 놓고서 그중에 포함된 검은색 쌀 한 톨을 찾아야 한다면 이 일은 얼마나 지루하고 힘든 일일까?

이와 같이 ppm은 매우 낮은 농도를 나타낸다. ppm보다 더 낮은 농도를 나타내고 싶을 때는 ppb를 사용한다. ppb는 ppm 농도보다 1,000배 적은 양인 십억분율, 즉 parts per billion이며 μg/kg 혹은 μg/L이다.

머리카락 염색과 멜라닌

내부 모발 피질에 2개의 천연 색소를 함유하고 있는데… 모낭에서 생합성되는 갈색–검은색 색소인 유멜라닌이며, 다른 하나는 이와 화학적으로 유사한 적갈색 또는 황갈색 철계 색소인 페오멜라닌….

기록에 의하면 오래전부터 식물성 추출물과 금속 분말을 사용하여 다양한 색상과 음영으로 머리를 염색하는 헤어 컬러링 방법을 사용했다고 한다. 그리스 여성들은 머리를 검은색으로 염색하기를 즐겼으며, 영국의 엘리자베스 1세 여왕은 머리를 빨간색으로 염색했다고 알려져 있다.

로손(2–하이드록시–1,4–나프토퀴논)이라는 활성 성분을 함유한 식물성 염색약인 헤나henna는 수 세기 동안 모발에 적황색 색조를 띠게 하는 데 사용되어 왔으며, 묽은 과산화 수소(H_2O_2) 용액 역시 모발 표백제로 사용되고 있다. 1907년 프랑스 젊은 화학자인 Eugène Schueller는 최초의 합성 염색약을 만들었는데, 그 이름이 오늘날에도 유명한 로레알이다. 원래는 '후광'이란 뜻의 L'Auréale이었으며 나중에 L'Oréal로 바뀌었다. 오늘날의 복잡한 합성 유기 화학 물질 및 유기 금속 화학 물질의 반응을 통해 이루어지고 있는 모발 염색 기술은 이를 기반으로 한 것이다.

머리카락의 내부 구조와 머리카락 색소

머리카락의 주성분은 케라틴이라는 단백질인데 단백질은 여러 개의 아미노산으로 구성되어 있다. 특별히 머리카락은 시스테인 아미노산을 많이 함유하고 있으며(14~18%), 시스테인 분자들의 이황화 결합(–S–S–)을 통해서 그 형태를 유지한다.

머리카락은 내부 피질에 2개의 천연 색소를 함유하고 있다. 하나는 타이로신과의 일련의 효소 반응에 의해 모낭에서 생합성되는 갈색–검은색 색소인 유멜라닌이며, 다른 하나는 이와 화학적으로 유사한 적갈색 또는 황갈색 철계 색소인 페오멜라닌이다. 머리카락의 색은 가닥 내에 있는 이 두 가지 색소의 양과 물리적 조건에 따라 달라지는데(빨간 머리는 페오멜라닌 농도가 높음), 색소가 없으면 머리카락이 흰색 또는 회색이 된다. 이러한 안료들을 함유한 과립은 일반적으로 피질 내에 존재하지만 주변 표피에도 존재할 수도 있다. 검은 머리카락은 밝은 머리카락이나 금발 머리카락과 비하면 과립의 수도 더 많고 과립당 색소도 더 많이 함유하고 있다.

사람은 나이가 들면 머리카락이 희어지는데 이는 자연스러운 현상이다. 나이가 들수록 몸속의 세포들은 줄어들고 기능이 약화되어, 머리카락의 멜라닌을 만드는 세포도 감소하고 기능이 저하되기 때문이다.

염색약 살펴보기

모발의 자연스러운 색상을 진하게 하는 것은 헤어 컨디셔너와 유사하게 작용하는 임시 염료의 작용을 통해서 가능하다. 대부분의 임시 화학 염료에는 모발 표피에 쉽게 침투하지 못하는 크기가 큰 산성 분자의 염(예: FD&C Blue No. 1)이 있으므로, 머리카락에 컬러필름을 형성한 후 한 번 샴푸질하면 두피에까지 흡수되지는 않기 때문에 비교적 안전하다.

반영구 염료는 나이트로벤젠, 아조, 안트라퀴논 염료와 같은 작은 분자의 알칼리 염기로 구성되어 있으며 노란색 염료인 2–amino–4–nitrophenol, 오렌지색 염료인 4–hydroxy–2–nitrodiphenylamine, 보라색 염료인 1,4–diaminoanthraquinone, 파란색 염료인 1,4,5,8– tetraaminoanthraquinone 등이 있다. 이들을 모발에 바르면 각피 세포가 부드러워지면서 부풀어 오르고, 작은 합성 색소 분자가 털줄기[1]와 외부 각피 사이를 이동할 수 있다. 이 색소들은 털줄기까지는 침투하지 않기 때문에 샴푸를 할 때마다 일부 색소 분자가 씻겨 나오며, 적용된 모발을 어둡게 하는 색상은 시간이 지남에 따라 점차 옅어진다.

탈색과 염색

흰머리를 점차적으로 진하게 하는 헤어 트리트먼트는 보통 금속 원자가 유기 분자에 결합하는 작용을 기반으로 한다. 무색의 초산납($Pb(CH_3COO)_2$)을 함유한 용액을 모발에 도포하면 털줄기를 통과하여 모발 단백질 케라틴의 시스틴 아미노산 내의 황(S) 원자와 반응하여 갈색–검정 황화 납(PbS)을 생성한다. 이 작업을 반복하면 황화 납의 농도가 증가함에 따라 모발이 점차 진해진다.

1) 머리털 중에서 피부의 바깥쪽으로 나와 있는 부분

검은 머리카락을 밝게 바꾸려면 일반적으로 과산화 수소와 같은 산화제를 사용하여 먼저 모발 피질 속의 천연 색소를 무색으로 표백(소위 탈색(bleaching), 즉 산화)한 후에, 합성 영구 염색약을 바르는 방법을 많이 사용한다. 특히 암모니아와 같은 알칼리화제와 함께 사용하면 과산화 수소는 모발의 각피 비늘 세포를 팽창시키고, 분리시키고, 피질을 부드럽게 하여 색소 과립이 각피와 털줄기를 통해 피질로 들어갈 수 있도록 한다. 그러나 모발을 먼저 탈색하지 않고 합성 염색약을 사용하면 머리가 검어진다.

산화는 합성염료 과립이 일단 피질에 들어가면 피질 밖으로 이동하는 것을 막아주기도 하므로 과산화 이황산염과 같은 표백제 부스터를 과산화물에 첨가하여 효과를 높일 수도 있다. 머리가 염색되는 과정은 다음과 같다.

1) 암모니아(NH_3)(알칼리제)를 사용하여 머리카락을 팽윤–연화시켜서 모표피를 열어줌(머리를 염색할 때 나는 고약한 냄새의 주 원인이 바로 이 암모니아이다.)
2) 과산화 수소(H_2O_2, 산화제) 염색제가 모표피 아래의 피질에 투과됨
3) 과산화 수소는 멜라닌을 파괴시키고 대신 염료를 흡수시킴
4) 멜라닌의 색깔 대신에 염모제가 모피질과 결합하여 색깔을 나타냄

1차 중간체와 발색제

영구 염색제는 무색의 작은 알칼리 분자이다. 일단 모발 피질에 들어가면, 과산화 수소와의 산화–환원 반응을 통해 머리를 감아도 제거되지

않는 큰 색상 클러스터를 형성한다. 이때 사용되는 영구 염색제로는 표백 후에 별도로 두 개의 작은 이동성 알칼리 유기 중간체를 바르는 것이 일반적이다. 처음에 바르는 1차 중간체가 피질 내에서 과산화 수소에 의해 산화되는 동안 2차 중간체(발색제, 커플러라고도 함)는 이 산화–환원 반응의 생성물과 결합하여 고정된 영구 착색 효과를 형성한다.

이 반응의 생성물 중에는 퀴논류와 나이트로 화합물들이 있을 수 있다. 따라서 기존에 존재하는 멜라닌 색소에 새로 도입된 염료가 첨가되면서 더 어두운 색조가 형성될 수도 있고, 멜라닌이 표백되어 염료가 더 밝은 발색을 유도함에 따라 더 밝은 색조가 형성될 수도 있다. 영구 염색제는 모발의 피질에만 영향을 미치기 때문에 새로 자란 모발은 두피에서 나올 때의 자연 색상을 갖게 되어 염색한 부분과 그렇지 않은 부분의 색상이 다르게 나타난다.

앞에서 설명한 바와 같이 염색제는 1차 중간체와 발색제가 조합하여

⌃ 새로 나는 머리카락의 색이 염색한 색과 다르기 때문에 이 부분만 다시 염색하는, 소위 뿌리염색을 하는 사람들도 많다.

색상을 이룬다. 1차 중간체로는 파라페닐렌다이아민, 파라아미노페놀, 다이하이드록시벤젠, 4-메틸아미노페놀, 테트라아미로피리미딘, 2-아미노메틸-4-아미노페놀, 파라아미노다이페닐아민과 같은 파라페닐렌다이아민($H_2N-C_6H_4-NH_2$)이라 불리는 방향족 아민 유도체들이 일반적이며, 파라페닐렌다이아민 화합물은 금발 제형에 사용되는 파라아미노다이페닐아민설폰산과 함께 검은색을 생성한다.

발색제로는 일반적으로 친전자성 상호작용의 대상이 되는 방향족 페놀 또는 아민류 화합물이 사용된다. 전형적인 발색제에는 레조르시놀, 메타페닐렌다이아민, 2,4-다이아미로아니솔, 메타아미노페놀, 1,5-다이하드록시나프탈렌, 1-나프톨, 4-아미노-2-하이드록시톨루엔과 같은 화합물이 있다. 여러 가지 1차 중간체와 발색제의 조합으로 다양한 색상이 생성될 수 있으며, 이 발색제는 연속적인 반응을 거쳐 염료 혼합물을 생성함으로 최종 음영을 만들게 된다.

시중에서 구입할 수 있는 영구 모발 염색 키트에는 산화제, 중간체를 위한 별도의 어두운 용기가 들어 있으며, 알칼리화제(암모니아, 수산화암모늄, 모노에탄올아민, 트리에탄올아민 등), 용제(프로필렌글라이콜, 물, 에탄올, 카르비톨 등), 안정제(인산), 항산화제(아스코르브산, 아황산소듐, BHT), 금속 이온 분리제(EDTA 등), 점성도 증가제(폴리아크릴산 유도체, 하이드록시에틸셀룰로스, 올레일다이에탄올아민 등), 컨디셔너(폴리쿼터늄-6, 쿼터늄-40 등), 방부제(파라벤류), 향료 등이 추가적으로 포함되어 있다.

치약과 연마제

음이온 계면 활성제로서 용액을 더 잘 퍼지게 하고 발포력이 뛰어나··· 연마제를 사용하여··· 플라크를 제거하는 작업··· 단단하고 매우 미세한 불용성 입자···.

기원전 5000~3000년 사이에 이집트인들은 황소의 발굽 가루, 몰약, 달걀 껍데기를 가루로 만들고 태운 부석 가루로 치약을 만들었고, 서기 1000년에 페르시아인들은 석고를 섞은 달팽이와 굴의 탄 껍질을 치약으로 사용했다고 한다. 18세기 영국에서는 붕사($Na_2B_4O_7 \cdot 10H_2O$)를 함유한 '치아 세정 파우더'를 도자기 냄비에 넣어 판매했다고 전해진다. 제2차 세계 대전까지 치약은 라미네이트 튜브로 판매되었으며, 1950년대에 플루오린(불소) 치료가 충치의 극적인 감소를 가져온다는 과학적 연구 결과에 따라 플루오린이 광범위하게 도입된 치약이 개발되기 시작했다.

치약을 낱낱이 해부하자: 계면 활성제와 연마제

양치질에 사용하는 치약은 치아의 플라크$_{\text{plaque}}$ 제거, 충치 방지, 재광화

(무기질 요소를 재공급시키는 것) 촉진, 치아 세척과 연마, 치아 얼룩 제거, 입냄새를 상쾌하게 하는 것과 같은 구강 위생에 사용되고 있다. 치약의 고체상은 일반적으로 수성 글리세롤 또는 소르비톨과 같은 현탁제에 현탁된다. 치약의 주요 구성성분은 아래 표로 나타내었다. 여기서 나타낸 바와 같이 물과 보습 성분을 제외한 치약의 두 가지 주요 성분은 세제(계면 활성제[2])와 연마제이다.

세제는 거품을 일으키는 작용을 하여 치약이 입안에 머무는 것을 도와준다. 거의 모든 치약에 사용되고 있는 대표적인 세제는 라우릴황산소듐이며, 기포제 역할을 하여 치아 표면을 깨끗하게 한다. 화학식은 $CH_3(CH_2)_{10}CH_2OSO_3Na$이며 흰색 또는 엷은 노란색의 결정으로서 특이한 냄새가 난다. 이 물질은 음이온 계면 활성제로서 용액을 더 잘 퍼지게 하고 발포력이 뛰어나 세제나 치약, 샴푸, 염색약 등에 흔히 사용되는 화합물이다. 계면 활성제는 수용액의 표면 장력을 낮추기 때문에 표면에 물이

» 치약의 주요 구성성분

성분	함량
보습제와 물	40~70%
완충제/염/치석 조절제	0.5~10%
유기 증점제	0~12%
연마제	10~50%
활성제(예: 트라이클로산)	0.2~1.5%
계면 활성제	0.5~2%
향미 및 감미료	0.8~1.5%
플루오린화물	0.2%

2) 계면 활성제는 물과 기름처럼 서로 섞이지 않는 경계면에서 활동할 수 있는 분자로, 극성 기능기(물과 잘 섞임)와 비극성 기능기(기름과 잘 섞임)를 둘 다 가진 화합물이다. 대표적인 계면 활성제는 세제이다.

더 잘 퍼지도록 하는 습윤제 역할도 한다. 세제는 음식물 입자 및 기타 부스러기를 느슨하게 하고 잇몸과 치아 표면을 가로지르는 연마제의 움직임을 돕기도 한다. 이 세제는 높은 세정력으로 비듬, 지루성 피부염 등에 효과적이나, 민감성 피부나 알레르기가 있는 사람은 사용에 주의해야 한다.

치아의 표면은 원래 에나멜(수산화 인회석, $Ca_5(PO_4)_3(OH)$)로 덮여 있다. 식사 후 음식 찌꺼기의 설탕 혹은 다당 등으로 치아 표면에 얇은 막이 형성되며, 이를 플라크(치태)라고 한다. 플라크는 입안의 각종 세균의 에너지원이며 보금자리가 되므로 잘 제거해주어야 한다. 플라크가 칼슘 이온(Ca^{2+})을 비롯한 다른 물질과 결합하여 더욱 단단해지면 치석이 된다. 플라크는 입안에 살고 있는 수많은 세균(박테리아)들이 타액 내의 특정 성분과 서로 엉겨 붙어 만들어지고 치아와 주변뿐만 아니라 보철물, 교정 장치 주변과 틀니에도 생긴다. 플라크 내 세균들이 만들어 내는 산성 물질은 치아의 석회성분을 녹게 하여 충치를 일으키고 독소는 잇몸에 염증을 일으키는 원인이 된다.

양치질은 연마제를 사용하여 에나멜 표면을 문질러서 플라크를 제거하는 작업이다. 연마제는 일반적으로 단단하고 매우 미세한 불용성 입자로 구성되며, 이 입자들이 얼룩과 플라크를 제거하고 치아를 연마하는 세정제로 작용한다. 대표적인 성분으로는 수산화 알루미늄, 탄산 칼슘($CaCO_3$), 중탄산 소듐($NaHCO_3$), 다양한 인산수소 칼슘, 실리카 및 제올라이트, 수산화 인회석이 있다. 치약은 치아 표면을 손상시키지 않고 얼룩과 플라크를 제거하는 데 도움이 될 만큼 충분한 연마성이 있어야 하기 때문에 연마성 정도를 최우선으로 고려하여 성분을 선택하여야 한다.

치약의 기타 성분들

보습제는 치약 질감과 수분 유지 특성을 제공하기 위해 사용되며, 글리세린, 소르비톨 및 물이 대표적이다. 자일리톨은 우수한 보습제로, 플루오린의 충치 방지 작용을 향상시키는 것으로 알려져 있다.

증점제는 치약의 질감 및 제형을 만드는 데 도움이 되며 카라기난, 셀룰로스 검, 잔탄 검과 같은 물질이 사용되고 있다.

향미제 및 감미료(예: 사카린 소듐)는 치약의 맛을 개선하며, 착색제(예: 이산화 티타늄, 흰색)는 색상을 제공하는 데 사용된다. 또한 보관과 유통기간을 늘리기 위해서 곰팡이나 박테리아 등 미생물의 성장을 방지하는 방부제(예: 벤조산 소듐, 메틸파라벤, 에틸파라벤)도 포함되므로 냉장 보관할 필요가 없어진다. 파라벤의 종류에 따라 발암 가능성이 조명되면서 파라벤이 포함되지 않은 치약도 판매되고 있다.

치약과 플루오린(불소)의 운명적 만남

많은 치약이 충치 보호를 위해 플루오린화 소듐, 일플루오린화 인산 소듐, 플루오린화 주석(SnF_2) 등을 사용하여 플루오린화하여 판매되고 있다. 타액에 있는 칼슘과 인산염은 플루오린(원소기호 F)과 함께 치아에 있는 에나멜을 재광화할 수 있으며, 구내 미생물의 공격으로부터 치아를 보호해 준다.

사람의 입에는 호기성 및 혐기성 박테리아와 곰팡이를 포함하여 500가지 이상의 미생물이 있다. 이 미생물들은 치아 표면에 생긴 플라크를 통해 탄수화물을 대사하고 성장하며, 이때 생기는 부산물인 유기산이 치아를 탈회(부식)시킨다. 그 결과 치아 표면의 에나멜뿐 아니라 그 아래 상아질까지 손상되는 충치가 발생하는 것이다.

그런데 플루오린이 포함된 치약을 사용하면, 플루오린 이온과의 교환 반응을 통해 정상적인 치아 에나멜의 수산화 인회석을 플루오린화 인회석($Ca_{10}(PO_4)_6F_2$)으로 치환시켜 준다. 이 물질은 탄수화물 대사 박테리아에 의해 생성되는 에나멜 파괴 유기산에 내성이 강하다.

치약, 충치 방어를 위한 제1의 보호막

일부 치약에는 항균제로 작용하는 트라이클로산, 자일리톨, 플루오린화 주석과 같은 항균제로 작용하는 화합물이 포함되어 있어 플라크 및 치은염(잇몸 염증)을 유발하는 박테리아의 성장을 화학적으로 방해한다.

치석은 플라크가 굳어지면서 치아에 침착된 것으로서, 주로 인산 칼슘($Ca_3(PO_4)_2 \cdot H_2O$)으로 구성된다. 치과에서 물리적으로 제거(스케일링)하는 것이 일반적이지만, 최근의 치약 중에는 치석 조절 물질이 포함된 것도 있다. 파이로인산 소듐이나 파이로인산 포타슘과 같은 활성 성분을 함유한 치석 조절 치약은 특정 박테리아 효소를 억제하여 치석 형성을 늦춘다.

베이킹소다, 즉 중탄산 소듐($NaHCO_3$)이 종종 치약에 첨가되어 약한 연마제 역할을 하고 식품들의 분해로 인한 구강 산을 중화시키는 역할을 하기도 한다. 일부 치약은 뜨겁거나 차가운 음식을 섭취할 때 치아 과민증의 통증을 최소화하는 데 효과가 있는데, 민감한 치아와 잇몸을 치료하는 효과적인 두 가지 성분은 염화 스트론튬과 질산 포타슘으로 치아에서 중추신경계로 신경 전달을 하는 통증 감각을 차단한다.

치약을 단순 양치 용도가 아니라 여러 가지 용도로 사용하기도 한다. 핸드폰에 생긴 스크래치나 운동화의 얼룩 및 때를 제거하고, 녹슨 액세서리를 세척하거나 세면대나 욕조의 곰팡이를 제거할 때 치약이 유용하다. 이는 앞에서 살펴본 치약 속에 함유된 세척제(계면 활성제), 연마제, 항균제 성분들이 작용하기 때문이다.

섬유유연제와 푹신함

건조되는 동안에 섬유들의 표면에 유연제들이 부착되어 코팅됨으로써… 의류 섬유 표면에 한 분자 두께의 균일한 층을 형성함으로써… 더 부드럽고 푹신한 질감을….

세탁 세제와는 별도로 추가되는 세탁 보조 물질 중에 섬유유연제가 있다. 1950년대에 최종 헹굼 과정에 추가되는 제품으로 개발된 섬유유연제는 섬유를 더 부드럽고 보풀보풀하게 만들고, 정전기, 주름 및 건조 시간을 줄여준다. 아울러 세탁 후 원단에 잔류하면서 다림질을 용이하게 하고, 원단에 기분 좋은 향을 제공하기도 한다.

특히, 현대 사회에서 일상화되어 있는 기계(세탁기) 세탁은 직물, 그중에서도 면과 양모와 같은 천연 섬유에 큰 기계적 스트레스를 준다. 원단 표면의 섬유가 눌리거나 헐거워지는 현상으로 인해, 기계 세탁 후 공기 중에서 세탁물을 건조시키면 딱딱해지면서 느낌이 거칠어진다. 이를 방지하기 위해 최종 헹굼 과정에 액상 섬유유연제를 넣으면 세탁물이 부드러워진다. 기계식 건조기에서 세탁물을 회전시키면서 건조할 때는, 자체적으로 다소 유연해지는 효과와 더불어 세탁물에 정전기 방지 및 쾌적한 냄새를 부여하기 위해 종이 형태의 섬유유연제를 사용하기도 한다.

섬유유연제를 헹굼 과정에서 넣어야 하는 이유

헹굼 과정에 추가되는 액체 섬유유연제는 주로 양이온성 계면 활성제인데 물에 녹지 않는 긴 불용성 탄화수소 꼬리 부분과 양(+)으로 하전된 작은 수용성 머리 부분의 두 부분으로 구성되어 있다. 가장 일반적인 양이온성 계면 활성제는 양전하를 지닌 질소 원자에 부착된 4개의 탄화수소 그룹을 가지고 있기 때문에 4차 암모늄 염이라고 한다.

섬유유연제로 사용되는 특정 유형의 4차 암모늄 염은 염화다이옥타데실다이메틸암모늄(아래 구조식)인데, 두 개의 긴 탄화수소 사슬은 소수성(물에 대한 친화성이 없음)이며 대부분의 유성 윤활제와 그 물리적 특성이 유사하다. 수지(소나 면양에서 채취한 지방)에서 유래한 4차 염들은 환경에 배출되었을 때 생분해성이 다소 떨어져 환경에 좋지 않은 영향을 미치기 때문에 쉽게 분해될 수 있는 에스터-4차 염으로 대체되는 추세이다.

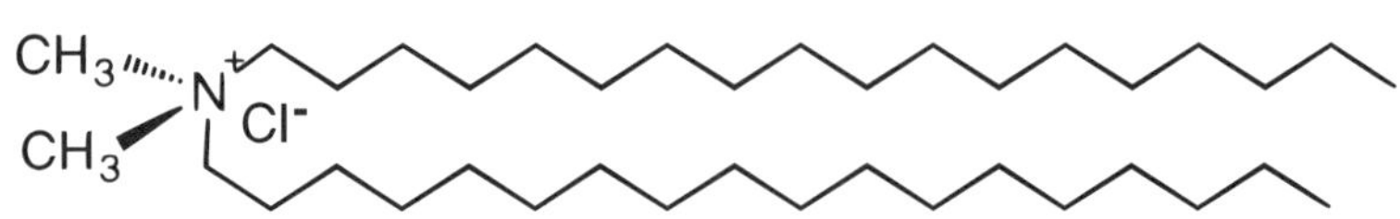

양이온성 계면 활성제(섬유유연제)는 실제 세척하는 동안에는 거의 사용되지 않고 헹굼 과정에서 사용된다. 이는 젖은 섬유가 일반적으로 음전하를 띠기 때문이다. 세척 단계에서 섬유유연제를 넣으면 유연제가 섬유에 매우 강하게 달라붙어 서로 뭉치고 용액에서 침전되어 세제 작용

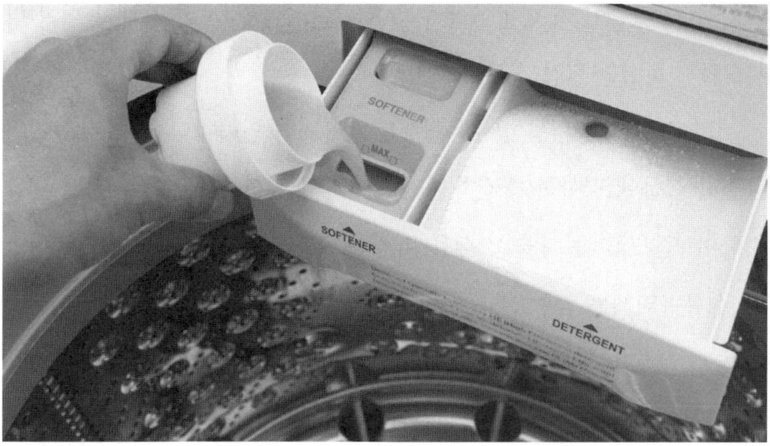

⩓ 세탁기에는 섬유유연제를 넣는 통이 세제를 넣는 통과 분리되어 있다. 이는 섬유유연제가 세탁 과정이 끝난 후 헹굼 과정에 투입되도록 하는 것이다.

을 방해한다. 따라서 세척이 완료된 후 헹구는 과정에서 양이온성 계면 활성제(유연제)를 넣어야 효과적이다. 세탁기에 섬유유연제를 넣는 부분이 따로 있어 헹굴 때 투입되도록 하는 것이 바로 이런 이유에서이다.

섬유유연제는 어떻게 섬유를 부드럽게 하는가?

섬유유연제가 없는 상태에서 세탁물을 건조하면, 섬유 표면의 −OH 작용기와 물 분자(H_2O)들의 상호 인력으로 인해 수소 결합이 형성되어 섬유가 수축한다. 하지만, 섬유유연제를 넣으면 건조되는 동안에 섬유의 표면에 유연제 분자가 부착되어 코팅된다. 양전하(+)를 띤 섬유유연제는 음전하(−)를 띤 섬유에 강한 친화력을 가지고 있으므로, 건조가 끝날 무렵에는 의류 섬유 표면에 한 분자 두께의 균일한 섬유유연제 층이 형성된다. 이는 직물 표면을 코팅하여 실이 표면에서 '일어나도록' 하며, 물 분자와의 수소 결합이 거의 없어서 수축이 아닌 부풀어 오른 상태가 되어 더 부드럽고 푹신한 질감을 부여한다.

이와 같이 양이온성 섬유유연제는 정전기적 인력에 의해 섬유 표면의 음전하 그룹에 결합하여 전하를 중화시켜서 정전기가 일어나는 것을 방지하며, 긴 지방족 사슬이 섬유 바깥쪽으로 정렬되어 윤활성을 부여한다. 섬유유연제는 합성 섬유에 정전기가 축적되는 것을 방지하여 취급 및 착용 시 직물이 달라붙는 현상, 딱딱거리는 소음 및 먼지 흡착을 제거한다. 또한 섬유유연제는 직물을 더 쉽게 다림질할 수 있도록 하고 의복의 주름을 줄이는 데도 도움이 된다. 건조 시간을 단축하여 부드러운 세탁물의 회전식 건조 시 에너지를 절약하고 세탁물에 기분 좋은 향을 전할 수도 있다.

수건과 면 기저귀와 같은 세탁물은 섬유유연제 사용 시 물에 대한 저항이 생겨서 물이 잘 묻어나지 않은 것을 경험한 적도 있을 것이다. 이는 유연제의 소수성(물이 잘 적셔지지 않음) 코팅으로 인해 직물의 흡수 능력이 약간 감소되었기 때문이다. 양이온성 유연제는 세탁 시에 좋은 세제는 아니지만 약한 살균 효과를 주기도 한다. 이들은 박테리아를 코팅함으로써 대사 경로와 효소를 비활성화하고, 불균형을 일으킴으로써 살균 작용을 하는 것으로 알려져 있다.

표백제와 분광학

하이포염소산수를 생성하고… 많은 화학 물질을 산화시킬 수 있는 적절한 산화제이기 때문에… 표백제가 티셔츠의 케첩을 산화시키면 케첩이 빛을 흡수할 수 없게….

표백제는 거의 모든 가정에서 사용하고 있을 정도로 일상생활의 일부이다. 표백제는 크게 염소계 표백제와 비염소계 표백제의 두 가지 부류가 있다. 이 표백제들은 모두 산화제로 알려진 화학 물질 종류에 속해있으며 얼룩, 세균 또는 기타 유기체, 때로는 의류 염료와 접촉할 때 산화 반응을 일으켜서 이들을 제거한다.

표백제는 가정이나 대규모 시설에서 일상적으로 사용하는 매우 유용한 화학 물질로 옷의 얼룩을 제거하거나 세탁물을 희게 한다. 특히 주방과 욕실의 표면을 소독하는 데에 사용되며 여러 종류의 곰팡이를 제거하기 위해 사용하기도 한다. 병원에서는 표백제를 소독제로 사용하고, 호텔에서는 침대 시트와 바닥을 청소하고 소독하며, 식당에서는 주방 조리대의 표면을 소독하는 데 표백제를 사용하기도 한다. 수영장에서는 염소를 사용하여 물을 깨끗하게 유지하고 pH를 높이며, 수돗물 정수장에서는 염소를 낮은 농도로 사용하여 물속에 유해한 유기체가 없도록 소독하기도 한다. 공장에서는 악취를 줄이기 위해 산업 폐수에 염소계 표백제를 첨가하기도 하고, 유리, 화학, 제약, 섬유, 농업, 페인트 및 제지 산업에서 염소를 사용한다. 이와 같이 표백제는 다양한 용도로 사용되는, 대부분의 사람들에게 매우 친숙한 제품이다.

염소계 표백제의 발견과 활용

하이포염소산 소듐(NaOCl)을 함유한 표백제는 1913년 미국에서 노인·정신 질환자 등을 위한 보호시설의 소독과 수처리용으로 처음 제조되었다. 그전까지는 붕사, 암모니아, 잿물과 같은 화학 물질이 가장 흔한 표백제였으며 하이포염소산 소듐과 같은 염소를 사용하여 만든 표백제는 20세기까지는 제조하기에 너무 비쌌다. 그러다가 Clorox Company에서 1922년에 처음으로 가정용 표백제 샘플을 소비자에게 제공했는데, 이 염소계 표백제는 그동안 사용하던 표백제보다 더 신속하고 효과적이어서 빠르게 가장 인기 있는 가정용 표백제가 되었다. 오늘날 '표백제'라고 하면 일반적으로 염소계 표백제를 의미한다.

염소계 표백제는 활성 성분인 하이포염소산 소듐을 3~8% 정도 함유하고 있으며, 비염소계 표백제는 용도에 따라 활성 성분이 다르다. 예를 들어, 과산화 수소(H_2O_2)는 색상 안전 표백제에 일반적이며 과탄산과 과산화 수소가 합쳐진 무색의 결정성 물질 또는 과붕산 소듐은 일반적으로 얼룩 제거제에 사용되는 비염소계 표백제이다.

하이포염소산 소듐이 물에 용해되면 하이포염소산염 이온(ClO^-)과 소듐 이온(Na^+)으로 해리된다. 하이포염소산염 이온은 물과 반응하여 하이포염소산수(HOCl)를 생성하고 이는 착색의 원인이 되는 많은 화학 물질을 산화시킬 수 있는 적절한 산화제이기 때문에 표백제 역할을 하게 된다.

$$NaOCl \rightleftharpoons Na^+ + ClO^-$$

$$ClO^- + H_2O \rightleftharpoons HOCl + OH^-$$

$$HOCl + Cl^- \rightleftharpoons Cl_2 + H_2O$$

하이포염소산염 표백제는 염소(Cl_2)를 빠르게 방출하며 이 고농축 염소는 직물을 소독하고 탈취할 수 있다. 그러나 이러한 높은 농도의 염소는 직물에 상당한 손상을 주어 직물 분자를 분해하고 의류 품목을 약화시킬 수도 있다. 따라서 이런 종류의 표백제는 폴리에스터 직물에는 잘 작용하지 않는데, 심지어 미백 효과보다는 황변 현상을 일으키기도 한다. 이 표백제들은 때때로 염료 분자의 발색단을 파괴하여 색깔이 있는 섬유들을 흰색으로 만들기도 한다. 표백제가 염료 분자를 변경하여 섬유의 색상을 완전히 바꿔버리는 경우도 있다. 청바지에 표백제 한 방울이 닿게 되면 하얗게 변색이 되는 것도 이 때문이다.

표백제가 얼룩의 색을 제거하는 원리

많은 얼룩에는 탄소-탄소 원자 사이에 이중 결합(C=C)의 연결들이 있으며 이 연결들이 빛을 흡수한다. 이중 결합은 유기 분자가 색상을 나타내도록 하는데, 색상을 생성하는 작용기들을 발색단chromophore이라고 한다.

표백제의 산소(O)나 염소(Cl) 같은 원자들은 전자를 잡아당기는 성질이 있어, 얼룩 분자의 약한 전자를 공격하고 얼룩 분자의 발색단을 파괴한다. 염소계 표백제는 이러한 결합의 많은 부분을 산화시켜 결합을 깨뜨리고 빛을 흡수하는 물질의 능력을 제거하므로 얼룩의 색이 사라지게 된다.

염소계 표백제가 얼룩을 사라지게 하는 방법을 이해하려면 색상이 어떻게 작용하는지 이해할 필요가 있다. 빛은 입자이자 파동이며, 광자라고 하는 빛 입자는 특정 길이의 파동으로 이동한다. 모든 파장의 빛이 사람의 눈에 보이는 것은 아닌데, 예를 들면 적외선 파장은 우리 눈이 볼 수 없을 정도로 길고 자외선 파장은 너무 짧다. 우리가 볼 수 있는 파장은 400~700 nm 범위의 빛이며 우리에게 색깔로 인식된다. 예를 들어, 파장이 약 475 nm인 빛이 눈의 망막에 닿으면 파란색으로 인식되며, 흰 티셔츠의 케첩 얼룩에서 망막으로 오는 빛은 파장이 약 650 nm이므로 빨간색으로 보인다.

케첩 얼룩이 650 nm 파장의 빛을 반사하는 이유는 화학적 구성과 관련이 있는데 대부분의 다른 물질과 마찬가지로 케첩은 분자를 형성하기 위해 여러 원소들이 화학적으로 결합하고 있다. 이 결합에 관여하고 있는 전자들은 화학 결합의 특성에 따라 어떤 파장의 빛은 흡수할 수도 있고 흡수할 수 없기도 하다. 전자가 특정 빛(파장)을 흡수할 수 없으면 그 빛은 반사되어 우리의 망막으로 들어오므로, 물질의 색으로 결정된다. 따라서 케첩 얼룩은 눈에 다시 반사되어 붉게 보이도록 만드는 650 nm 빛을 제외하고는 일반적인 빛의 모든 파장을 흡수한다. 이때 표백제가 티셔츠의 케첩을 산화시키면 케첩이 빛을 흡수할 수 없게 되며 셔츠의 나머지 부분과 마찬가지로 흰색[3]으로 나타난다. 케첩 물질 자체는 남아 있을 수 있지만 더 이상 얼룩을 볼 수 없는 것이며, 셔츠를 물에 담그고 세탁하면 보이지 않는 얼룩을 제거할 수 있다.

소독제로도 사용되는 염소계 표백제

염소계 표백제는 소독제로도 사용된다. 염소계 표백제를 의료 소독제로 처음 사용한 것은 1847년 오스트리아의 빈 종합 병원이었다. 출산 후 많은 여성을 죽게 한 심각한 감염인 '산욕열'이 산과병동 전체에 퍼지는 것을 막기 위해 한 직원이 이 표백제를 사용하기 시작했다는 기록이 있다. 현재는 투석 장비, 일부 수술 장비, 병원 및 의료 연구실의 바닥, 일부 의료 폐기물을 소독하는 데 사용되고 있다.

식품 가공 산업에서는 장비에 있는 리스테리아, 살모넬라, 대장균과 같은 유해 박테리아를 죽이기 위해 염소계 표백제를 사용하기도 한다. 또한 하이포염소산 소듐은 살모넬라, 장티푸스, 박테리아와 같은 위험한 수인성 유기체를 죽이기 위해 정수처리장에서 식수에 첨가하는 물 소독제로 사용되기도 한다.

염소계 표백제는 콜레라를 일으키는 박테리아인 비브리오 콜레라를 죽이는 데도 사용되는데 깨끗한 식수를 사용할 수 없는 국가에서는 여전히 이 박테리아에 의한 사망자들이 나타나기도 한다. 또한 세균이 특정 약물에 대해 면역을 발달시킬 수 없기 때문에 소독제로 특히 값어치가 있다.

3) 모든 빛을 반사하는 물체는 흰색으로 보인다. 반대로 모든 빛을 흡수하는 물체는 검은색으로 보인다.

수영장에서 나는 특유의 표백제 냄새는 클로라민 때문인데, 이는 물에 잔류하는 염소가, 사람의 몸에서 배출되는 땀이나 기름을 비롯한 분비물들이 내놓은 암모니아 같은 질소 화합물들과 결합하여 생성된다.

한편, 수돗물의 냄새는 정수장에서 세균을 없애기 위해 사용된 소독제의 잔류 염소 때문이다.

염소계 표백제를 사용할 때 주의해야 할 점

염소계 표백제는 강력한 산화제이기 때문에 적절하게 사용하지 않으면 위험하다. 염소계 표백제는 여러 물질과 반응하여 매우 위험한 물질을 형성할 수 있으므로 다른 가정용 제품과 절대로 혼합하지 말아야 한다. 예를 들어, 염소계 표백제와 암모니아 또는 식초를 혼합하면 유독한 염소 기체가 방출될 수 있다. 표백제라고 표시되지 않은 청소나 소독 제품에도 활성 성분 중 하나인 하이포염소산 소듐이 포함될 수 있으므로 이런 제품들을 사용하기 전에 항상 라벨의 주의사항을 꼼꼼히 읽는 것이 중요하다.

표백제를 사용하여 가구 표면을 소독하는 경우 환기가 잘되고 있는지 확인이 필요하며, 생성되는 기체를 흡입하지 않도록 조심해야 한다. 염소계 표백제의 연기는 기침, 인후통 및 기도 자극을 유발할 수 있으며 눈을 자극할 수도 있다. 특히 염소계 표백제에 반복적으로 노출되면 발적과 자극을 유발할 수 있으므로 피부에 닿지 않도록 하고 표백제가 눈에 들어간 경우 즉시 헹구고 병원에 가야 한다. 울, 실크 및 스판덱스와 같은 특정 직물은 염소계 표백제에 의해 손상될 수 있으므로 표백하기 전에 항상 의류 라벨을 읽어서 주의하여야 한다.

그렇다고 아예 표백제의 사용을 피할 필요까지는 없다. 미국 환경보호청EPA에서는 염소 처리된 식수의 영향에 대한 여러 과학적 연구를 평가했으나 조직에서는 암, 생식 문제 또는 선천적 결함의 위험에 대한 증거가 발견되지는 않았다. 유럽연합 집행위원회EC에서도 염소 소독된 소량의 수영장 물을 삼키는 것도 위험할 수 있지만 환경을 통한 심각한 간접 노출은 없으며 소량의 염소계 표백제에 장기간 노출되어 건강에 부정적인 영향을 미친다는 증거가 없다고 밝혔다. 미국 질병관리본부CDC에 따르면 하이포염소산 소듐은 대기로 방출될 때 햇빛과 환경의 천연 물질에 의해 분해된다. 수은과 같은 일부 물질처럼 먹이 사슬에 축적되지는 않으며 물이나 토양에 들어가면 소듐, 칼슘 및 하이포염소산 이온으로 분해된다. 이러한 이온은 잠재적으로 물의 다른 물질과 반응할 수 있지만 특별한 영향이 알려져 있지는 않다.

손난로와 발열 반응

손난로는 셀룰로스, 철가루, 활성탄, 질석(물이 함유된)… 공기에 노출되면 철이 열을 내며 산화하는 발열 반응의 원리….

겨울철에 주로 실외나 야외에서 이용하는 핫팩(손난로)은 차가운 손을 따뜻하게 하거나, 몸에 부착해 열을 생성하여 보온을 유지하기 위해 많이 사용된다. 이외에도 근육통이나 관절통을 진정시키는 데 사용하기도 하며, 종류와 열원에 따라 최대 10~13시간 동안 사용할 수 있다.

발열 반응과 흡열 반응

일반적으로 화학 반응이 일어나면 반응물의 화학 결합은 끊어지고 새로운 결합의 생성물이 형성된다. 이때 결합의 특성에 따라 주변 환경에 에너지(열)를 방출하거나 흡수한다. 주변으로 에너지를 방출하는 반응을 발열 반응이라 하고, 흡수하는 반응을 흡열 반응이라고 한다.

발열 화학 반응에서 볼 수 있는 효과는 일반적으로 반응이 일어나는 주변의 온도 상승이다. 이러한 종류의 반응이 잘 일어나게 하려면, 반응이 일어나는 동안에 해당 반응이 일어나는 계$_{system}$로 부터 열을 계속해서 빼내주어야 한다. 이를 위해서 화학 실험실에서는 반응이 일어나는 용기 주변을 얼음물이나 드라이아이스와 같은 것을 이용하여 차갑게 해주어 발열 반응을 가속화한다.

흡열 화학 반응의 효과는 일반적으로 반응이 일어나는 주변의 온도가 내려가는 것이다. 이러한 반응에서는 반응이 일어나는 곳에 열을 가해줌으로써 반응을 촉진시킨다.

핫팩 속 발열 반응

발열 반응을 실생활에 적용한 예로 겨울철에 흔히 볼 수 있는 공기 활성화 손난로(핫팩)가 있다. 핫팩 주머니에는 셀룰로스, 철가루, 활성탄, 질석(물이 함유된) 및 염분이 포함되어 있으며, 이 화학 성분들이 공기에 노출되면 철이 열을 내며 산화하는 발열 반응의 원리를 이용한 것이다.

공기 중의 산소 분자는 철과 반응하여 녹을 형성하는데 이 반응은 주변으로 열을 낸다. 소금은 이 과정을 촉진하는 촉매로 첨가된다. 활성탄, 즉 탄소는 생성된 열(평균 57℃)을 고르게 분산시키는 용도이며, 질석, 분쇄된 나무(셀룰로스), 폴리아크릴레이트와 같은 폴리머는 흡착제이다. 흡착제는 수분을 함유하고 있어서 반응을 돕는 역할을 한다. 구성 성분들을 넣는 폴리프로필렌 주머니는 내부에 수분을 유지하면서 공기는 투과시키는 성질을 가지고 있다.

손난로 내에 있는 철가루(Fe)가 공기 중의 산소(O_2)와 접촉하면 산화–

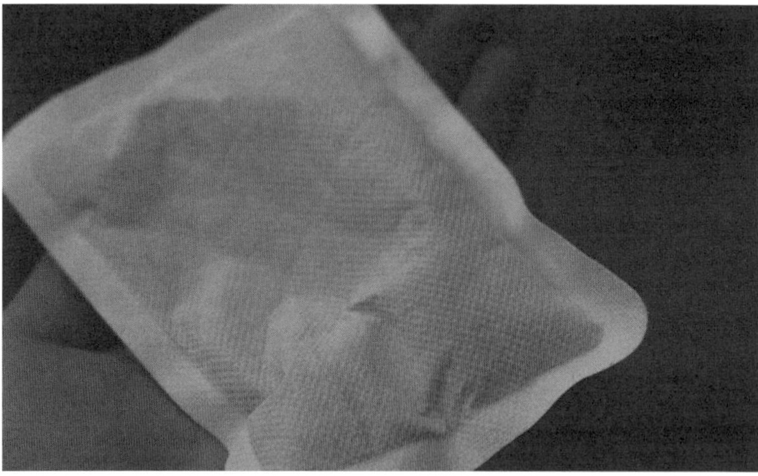

손난로 주머니의 미세한 구멍은 공기는 투과시키지만 수분은 빠져나가지 못하게 한다.

환원 반응이 일어나서 산화 철(Fe_2O_3), 즉 녹슨 철이 생성된다. 이 과정에서 열이 발생한다.

$$4Fe(s) + 3O_2(g) \rightarrow 2Fe_2O_3(s) + 열$$

손난로는 비닐로 밀봉이 되어 있어서 공기를 차단하고 있으며 사용 시에 비닐을 벗겨내면 공기(즉, 산소)가 핫팩 속으로 들어간다. 주머니를 흔들어주면 공기가 성분들에 고르게 침투하여 반응이 더 빨리 일어난다. 소금과 물(질석이 물을 함유하고 있음)이 존재하는 가운데 주머니 안으로 들어간 산소는 철가루와 반응하여 산화 철을 생성하고 동시에 열이 발생한다.

손난로를 호주머니에 계속 넣어두면 열이 식는데, 이는 공기가 잘 통하지 않게 되어 반응이 어려워지기 때문이다. 이럴 때는 다시 공기 중으로 꺼내 흔들어주면 금세 뜨거워지는 것을 알 수 있다.

냉각팩과 흡열 반응

팩을 비틀어서 내부의 물주머니를 터뜨리면 바깥쪽에 있는 고체들이 물에 용해되는데, 이 과정은 주변의 열을 흡수하면서 진행되는 흡열 반응….

아이스팩 또는 젤 팩은 물, 냉매 젤 또는 액체로 채워진 휴대용 비닐봉지이다. 이를 사용하려면 먼저 팩을 냉동실에 넣어야 한다. 얼음과 기타 무독성 냉매(대부분 물)는 휴대용 냉각기에서 음식을 차갑게 유지하는 데 사용하거나, 경미한 통증을 완화하기 위한 냉찜질로 사용되는데 데워지기 전까지 주변으로부터 상당한 양의 열을 흡수하게 된다. 운송하는 물건을 차갑게 유지하기 위해서는 단열이 잘된 운송 용기에 넣어야 한다.

아이스팩은 냉장고나 냉동고 밖에 있을 때 부패하기 쉬운 식품(특히 육류, 유제품, 달걀 등)을 낮은 온도로 유지하고 음료를 시원하게 보관하기 위해 사용된다. 물은 대부분의 물질보다 훨씬 더 높은 융해 잠열[4)]을 가지고 있는데, 예를 들어 가정용 냉동고로도 편리하고 쉽게 도달할 수 있는 용융 온도(즉 어는점)를 가지고 있다.

4) 물질의 상태가 기체와 액체, 또는 액체와 고체 사이에서 변화할 때 흡수 또는 방출하는 열

물의 성질을 향상시키기 위해 첨가제를 사용하는데, 예를 들어 팩에서 박테리아가 성장하거나 물이 응고되는 것을 방지하여 사용하는 내내 젤 상태를 유지할 수 있다. 젤 팩은 무독성 재료를 사용하여 천천히 흐르는 젤 상태를 유지하도록 만들어진다. 따라서 용기가 망가져도 쉽게 엎질러지거나 오염을 일으키지 않는다. 젤 팩의 주요 성분은 하이드록시에틸셀룰로스, 폴리아크릴산 소듐 또는 비닐 코팅된 실리카젤이다.

냉각 팩의 두 겹의 주머니

인스턴트 냉각 팩은 두 겹의 주머니로 구성되어 있는데 안쪽에는 물이 들어 있고 바깥쪽에는 질산 암모늄(NH_4NO_3), 질산 석회와 질산 암모늄이 혼합된 질안 석회 또는 요소가 들어있다. 팩을 비틀어 내부의 물주머니를 터뜨리면 바깥쪽의 고체들이 물에 용해되는데, 이는 주변의 열을 흡수하면서 진행되는 흡열 과정이다. 따라서 팩의 온도가 빠르게 낮아진다.

$$NH_4NO_3(s) + H_2O \rightarrow NH_4(OH)(aq) + HNO_3(aq) - \text{열}$$

인스턴트 냉각 팩에서 가장 일반적으로 사용되는 냉매인 질산 암모늄은 수용성이 크며 폭발물로도 사용된다. 통상 백색의 단단한 결정 형태이며, 접촉 시 피부 자극을 유발할 수도 있다. 요소는 비료로 많이 사용되며 경유차에서는 촉매로 사용되어 질소 산화물(NO_x)을 물과 질소로 분해하여 매연을 줄이는 기능을 하는데, 젤 팩에서는 흡열 반응의 생성을 돕는 역할을 하고 있다. 일부 인스턴트 젤 팩에서는 질산 암모늄보다 안전한 것으로 알려진 염화 암모늄(NH_4Cl)을 사용하기도 한다.

인스턴트 냉각 팩과 아이스 젤 팩

인스턴트 냉각 팩은 운동경기 중에 부상을 입은 선수들에 대한 응급 처치에서 얼음 팩 대신에 많이 사용되는 편리한 제품이다. 등산이나 여행, 운동 시 긴급하게 얼음이 필요할 경우를 대비해서 휴대할 수 있는 장점이 있으며 사용 시간은 15~20분 정도이고 재사용은 불가능하다. 활성화된(사용한) 인스턴트 냉각 팩은 내용물이 독성이 없는 것으로 간주되므로 쓰레기통에 안전하게 버릴 수 있다.

아이스 젤 팩은 물 또는 폴리머 젤로 채워진 폴리백인데 이들은 일반적으로 물에 기반한 물질이므로 0℃에서 상변화 즉, 고체에서 액체로 혹은 액체에서 고체로 변화하며 물과 거의 같은 속도로 동결되거나 해동된다. 온도가 −79℃까지 내려가는 드라이아이스 팩과는 다르게 아이스 젤 팩이 유지할 수 있는 온도 범위는 2~8℃이며 냉동에 민감한 부패하기 쉬운 식품들의 보관이나 이동 시에 적합하지만 드라이아이스보다 훨씬 빨리 해동된다. 이 팩은 사용하기 쉽고 완전히 폴리백으로 밀봉되어 있기 때문에 제품을 오염시킬 가능성이 없다. 젤 팩을 냉찜질용으로 사용하려면 냉동실에 2시간 이상 넣어두면 되고, 반면에 전자레인지에 넣어서 가열하면 온찜질 용도로도 사용할 수 있다.

재사용할 수 있는 젤 팩

재사용 가능한 젤 팩에는 일반적으로 물, 동결 온도를 낮추는 물질, 농축제, 실리카젤 및 무독성 파란색 착색제가 들어 있다. 온도를 낮추고 두

꺼운 젤 같은 느낌을 주기 위해 프로필렌글리콜(흔히 PG라 함)이 사용된다. 이 물질은 점성이 있으며 냄새가 없고 색깔이 없는 액체로 합성 식품 첨가물로도 사용된다. 알코올류에 속하는 이 화합물은 수분 흡수와 유지에 탁월한 성질을 가지고 있다. 다양한 식품 및 음료 제품에서 고체 입자의 응집을 방지하여 덩어리나 결합성의 케이크가 되지 않도록 사용되는 고결방지제(분말 따위의 물질이 수분을 흡수하거나 기타 다른 이유로 굳어지는 것을 방지하는 물질), 유화제(서로 혼합되지 않은 액체들를 안정된 에멀션으로 만들기 위해 사용되는 물질), 안정제, 증점제(용액 따위의 점도를 증가시키는 물질) 및 반죽 강화제로 사용되며 전자담배의 주요 성분으로도 사용된다.

소나무와 가문비나무 줄기에서 추출한 고무로 만든 하이드록시에틸 셀룰로스는 주로 화장품, 세정제 및 기타 가정용품에 증점제 및 젤화제로 사용되고 있는데 젤 팩에서도 젤 형태를 유지하는 데 사용된다. 비닐 코팅된 실리카젤은 성분을 함께 잡아주고 냉동실에서 팩을 꺼낸 후에도 차가운 온도를 유지하도록 하는 물질로, 무독성이며 수분 흡수를 잘하기 때문에 과자나 식품, 의약품에서 작은 봉지에 포장된 실리카젤이 용기 내에 포함되어 있기도 한다.

폴리아크릴산 소듐은 물 분자를 흡수하고 보유할 수 있어 증점제로 사용되며 수성 화합물의 안정성과 점도를 증가시키는 역할을 하고 있다. 아이스 젤 팩은 드라이아이스와 함께 넣어 드라이아이스의 냉각 시간을 연장하고 운송 중인 냉동 제품에 더 많은 적용 범위를 제공함으로써 드라이아이스 승화 과정을 도울 수 있다.

형광등, 백열등 그리고 LED

전자를 가열하여 광자 형태로 복사선(빛)을 방출하기 시작하는 온도까지 도달하려면 어느 정도 시간이 소요되며… 나머지 90%는 대부분 열에너지로 발산… 적외선을 생성하지 않기….

밤에 남산타워나 고층의 아파트에서 시내를 내려다보면 수많은 빛이 도시를 가득 채우고 있음을 보게 된다. 자동차의 전조등부터 가로등, 카페의 조명, 핸드폰의 불빛에 이르기까지, 이런 전기적 조명장치에는 어떠한 화학적 원리가 숨어 있을까? 가장 흔히 사용되는 형광등, 백열등, LED를 작동시키는 화학에 대해서 살펴보자.

이에 앞서 빛이 발생하는 일반 원리에 대해서 살펴보자. 만약 어떤 물체에 에너지가 가해지면 그 물체가 가지고 있는 전자는 에너지를 받아 들뜬 상태가 된다. 이후 다시 원래 상태(바닥 상태)로 돌아가면서 에너지를 다시 방출하는데, 이 방출되는 에너지가 바로 빛의 형태로 나타난다. 이를 복사 전이라고 한다.

가장 흔한 조명장치, 형광등

형광등은 가정, 사무실, 복도, 길거리 등 우리 주변에서 현재까지 가장 흔하게 볼 수 조명장치이다. 밀봉된 긴 유리관은 일반적으로 아르곤(Ar)과 같은 비활성 기체와 소량의 수은(Hg) 증기로 채워져 있으며 유리관 내부벽에는 형광체(엄밀하게는 인광체) 분말이 코팅되어 있다. 스위치를 켜서 전류가 가해지면, 전자는 관의 한쪽 끝에서 다른 쪽 끝으로 기체를 통해 이동하며 전자가 이동할 때 일부가 기체 수은 원자와 충돌한다. 이 충돌로 인해 수은 원자에 있는 전자는 더 높은 에너지 준위로 올라가는 것이 촉진되며 이 전자들이 원래의 에너지 준위로 되돌아갈 때 광자, 즉 빛의 형태로 에너지를 방출한다.

이때 방출되는 빛의 파장은 바닥 상태와 들뜬 상태 사이의 에너지 차에 해당하는데, 처음에 얼마나 큰 에너지를 흡수했는지, 또 원자의 종류는 무엇인지에 따라 빛의 파장이 결정된다. 수은 원자가 방출하는 빛은 자외선(UV) 파장에 해당하므로, 눈으로 직접 볼 수는 없다. 그러나 자외선이 튜브의 내부 표면에 코팅된 형광체(형광체)에 의해 가시광선(Vis) 파장으로 변환되면 우리가 빛을 볼 수 있게 된다. 즉, 수은에서 방출된 광자가 형광체 코팅과 충돌하면서 전달하는 에너지로 인해 형광체의 전자가 들뜨며, 이 형광체는 가시광선 파장에 해당하는 빛을 내며 광자를 방출한다. 보편적으로 형광체는 우리에게 친숙한 백색광을 발산하지만, 형광체의 조성을 다양하게 하면 여러 색상의 형광이 나타날 수 있으며, 주광색이니, 주백색이니 하는 형광등의 색은 이렇게 결정되는 것이다.

형광등은 동일한 환경에서 백열등보다 더 많은 양의 가시광선을 생성하므로 일반적으로 약 5배 더 효율적이다. 백열등은 사람의 눈으로 볼 수 없는 적외선(IR)을 생성하기 때문에 에너지가 낭비되기 때문이다. 그렇지만 백열등이나 할로젠 전구에 비해 형광등이 작동하는 데는 훨씬 더 높은 전압이 필요하다. 이는 전자가 필라멘트 대신 기체를 통해 이동할 때 더 큰 저항에 직면하기 때문이다. 따라서 더 높은 에너지의 전자를 제공하고 원자들이 원하는 파장의 광자를 방출하도록 정격 전압을 훨씬 더 높은 전압으로 변환하는 변압기가 사용된다. 변압기가 포함된 부품이 바로 형광등의 안정기인데, 이를 주기적으로 교체해주지 않으면 새 형광등으로 교체하더라도 빛이 발생하지 않는다.

또 유리관 안의 전자를 가열하여 광자의 형태로 복사선(빛)을 방출하기 시작하는 온도까지 도달하려면 어느 정도 시간이 소요되며, 이것이 형광등 스위치를 ON 시켜도 빛이 들어오는 데 1초 정도가 걸리는 이유이다. 최근에는 지연 시간이 많이 줄었지만, 과거에는 형광등을 켜면 깜빡깜빡하다가 빛이 들어오기 시작했다. 이런 지연 시간 때문에 동작이 굼뜨거나 이해가 더딘 사람을 형광등 같은 사람이라고 부른 것이다. 나아가, 형광등 튜브에는 인체에 유독할 수 있는 소량의 수은 증기가 포함되어 있으므로 깨진 형광등 튜브를 청소할 때는 세심한 주의를 기울여야 한다. 수명이 다 된 형광등 역시 안전한 처리를 위해 반드시 분리수거를 해야 한다.

최초의 전기적 조명장치, 백열등

일반적으로 백열등을 발명한 사람은 토머스 에디슨으로 알려졌지만, 실제로는 에디슨보다 먼저 백열등의 프로토타입을 설계하고 작업한 과학자들이 많이 있었다. 그중 한 사람이 영국의 물리학자 스완인데 기록에 따르면 백열등에 대한 최초의 특허를 받은 것으로 밝혀졌으며 나중에 에디슨과 스완이 합병하여 상업용 백열등을 생산했다고 한다.

백열등의 유리 전구는 진공 상태로 유지되거나 저압에서 소량의 질소(N_2)가 포함된 아르곤(Ar)과 같은 비활성 기체로 채워져 있다. 이는 금속 필라멘트가 타면서 빛을 낼 때, 산소가 있다면 위험하기 때문이다. 비활성 기체는 전구를 사용하는 동안 필라멘트의 증발을 최소화하는 데 사용되지만, 전구 내부의 비활성 기체의 대류 흐름으로 인해 작동 중에 필라멘트의 열을 잃을 가능성이 더 크기도 하다. 반면에 진공 상태는 열을 잘 차단하지만 작동 중 필라멘트의 증발을 가속화한다.

기체 충전 백열등의 경우 대부분 85%의 아르곤과 15%의 질소를 혼합하여 사용한다. 원자량이 훨씬 높은 크립톤(Kr) 기체를 사용하기도 하는데, 필라멘트 증발을 줄일 수 있기 때문이다. 전구에는 대기압의 약 80% 정도로 기체가 채워지며 40와트 이상의 전구에서는 이 정도로 기체들을 채우고 그 이하의 전기 용량에서는 기체를 사용하지 않는 것으로 알려져 있다.

백열전구는 전기 회로의 끝부분에 연결되는 두 개의 금속 접점이 있으며, 일반적으로 텅스텐으로 만들어진 얇은 금속 필라멘트에 부착된다. 전구가 전원 공급 장치에 연결되면 전류가 필라멘트를 통해 한 접점에서 다른 접점으로 흐르며 전자는 필라멘트를 통해 이동할 때 아르곤 원자와 지속적으로 충돌한다. 이 충격은 원자들을 진동시키고 전자가 일시적으로 더 높은 에너지 준위로 올라갈 수 있는 지점까지 필라멘트를 가열한다. 전자가 바닥 상태로 돌아가면서 광자 또는 빛의 형태로 에너지를 방출한다.

텅스텐 필라멘트는 2,200℃ 이상으로 가열되며 이 지점에서 방출된 광자가 사람이 볼 수 있는 파장, 즉 가시광선(Vis)이다. 백열등은 사람의 눈으로는 볼 수 없는 많은 적외선(IR) 파장의 빛들도 발산하는데 이것이 백열전구가 뜨거워지는 원인이다. 따라서, 백열등이 방출하는 빛의 약 10%만 사람의 눈으로 볼 수 있고 나머지 90%는 대부분 열에너지로 발산하므로 그만큼 백열전구는 빛의 생성 효율이 떨어진다.

백열등에는 대략적인 수명이 있는데 이는 높은 온도로 작동하기 때문에 일어나는 필라멘트 증발 현상 때문이다. 필라멘트는 사용할수록 증발하므로 유리 전구의 사용 기간이 오래되면 필라멘트가 얇아져 발광 효율이 떨어지게 되어, 점점 어두워지다가 결국 필라멘트가 끊어지면 백열전구를 교체해주어야 한다.

반도체로 구현한 빛, LED

LED$_{\text{light emitting diode}}$라고 하는 발광 다이오드는 작은 전구처럼 작동하며 오늘날 거의 모든 곳에서 볼 수 있다. 다이오드는 전류를 전도하는 다양한 능력을 가진 간단한 반도체 장치이다. LED에서 도체 재료는 일반적으로 AlGaAs(알루미늄–갈륨–비소)인데 순수한 AlGaAs에서 모든 원자는 완벽하게 결합하여 전기를 전도할 수 있는 이동 전자를 남기지 않는다.

하지만, 의도적으로 불순물을 첨가하여(이를 도핑$_{\text{doping}}$이라고 한다) 반도체에 이동 전자를 추가하거나 원자를 추가하여 전자가 이동할 구멍을 만들 수 있다. 즉 이 도핑 과정은 재료의 전도성을 증가시키는 것이다. 여분의 전자가 도핑된 반도체는 N-형 반도체라 하는데, 추가된 음전하$_{\text{negative}}$를 띤 입자가 양으로 하전된 영역으로 이동하는 경향이 있기 때문이다. 정공(구멍)이 있는 반도체는 양전하$_{\text{positive}}$를 띤 입자를 효과적으로 가지고 있기 때문에 P-형 반도체라 하며 전자는 음전하를 띤 영역에서 양전하를 띤 영역으로 이동하면서 구멍에서 다른 구멍으로 점프한다.

다이오드는 단순히 각 끝에 전극이 있는 P-형 반도체 부분과 N-형 반도체 부분이 결합된 형태이다. 전자를 움직이게 하기 위해 N-형 반도체는 회로의 음극 끝에 부착되고 P-형 반도체는 회로의 양극 끝에 부착된다. N-형 부분의 자유 전자는 음극에 의해 반발되어 양극 쪽으로 이동하고, P-형 부분의 구멍은 반대로 회로의 음의 끝으로 이동한다. 따라서 이 배열은 한 방향으로만 전기를 전도하며 전자와 정공 사이의 상호작용이 빛을 생성한다.

전자가 다이오드를 가로질러 이동할 때 P-형 층의 빈 구멍으로 떨어질 수 있으며 이 전자가 이동 상태에서 더 낮은 궤도로 떨어질 때 전자는 광자의 형태로 에너지를 방출한다. 예를 들어, 표준 실리콘 다이오드의 원자는 전자가 상대적으로 적은 양의 에너지를 방출하여 적외선을 생성하도록 배열된다.

P-형 및 N-형 반도체에 사용되는 재료의 특성을 조정하면 거의 모든 색상의 빛을 생성할 수 있다. LED의 주요 장점은 일반 백열등보다 효율성이 좋다는 것이다. LED는 가시광선의 특정 파장을 생성하도록 맞춤 제작되어 있어서 의도하지 않는 한 적외선을 생성하지 않기 때문에 열을 거의 생성하지 않는다. LED 전등이 그다지 뜨겁지 않은 이유가 바로 이 때

문이다.

LED는 백열등에 비해서 더 낮은 전력 소비, 더 긴 수명, 개선된 물리적 견고성, 더 작은 크기, 더 빠른 스위칭 등 이점이 많다. 그렇지만 저전압 및 직류 전력에 대한 전기적 제한이 있고, 펄스 직류나 교류 전원 공급 장치로부터 안정적인 조명을 제공할 수 없으며, 더 낮은 최대 작동 온도 및 저장 온도 등이 있다는 단점도 있다.

방향제와 유기 화합물

방향제는 주로 냄새 제거에 사용되지만… 특정 냄새를 선호해서 방향제를 사용하는 경우도… 특정 체질의 사람에게는 알레르기 및 천식 증상을 유발하거나 독성이 있는 화학 물질이 포함….

고대부터 냄새를 가리기 위해 향수가 사용되어 왔다. 그밖에도 쾌적한 향기를 만들거나 불쾌한 냄새를 제거하기 위해 지난 2천 년 동안 다양한 화합물이 사용되고 있다. 방향제는 일반적으로 향기를 방출하는 소비재로 가정이나 상업용 시설의 화장실, 현관, 복도, 현관, 내실, 회의실 뿐만 아니라 호텔 로비, 의료 시설, 공공 경기장과 같은 더 넓은 실내 공간 및 자동차 등 우리 주변의 곳곳에서 사용되고 있다.

방향제에는 다양한 형태와 노출 방법이 있는데, 선풍기 방향제, 중력식 위생 냄새 제어 청소 시스템, 수동 비기계식 증발 아로마 디퓨저, 시간 작동 미스트 디스펜서, 스프레이, 양초, 오일, 젤, 구슬, 플러그 형태 등이다. 방향제는 주로 냄새 제거에 사용되지만 선호하는 특정 냄새를 맡기 위해 사용하기도 한다. 그렇지만 일부 방향제에는 특정 체질의 사람에게 알레르기 및 천식 증상을 유발하거나 유해성이 있는 화학 물질이 포함되어 있을 수 있으므로 주의해야 한다.

방향제의 냄새 제어 메커니즘

방향제는 대부분 액체 상태로 판매되는데, 이 액체가 증기로 전환되면 분자 형태의 작은 방울이 되어 내부 공간의 공기로 도입된다. 이때 이 분자는 공기와 함께 확산되므로 다른 냄새를 가리거나 특정 냄새를 낼 수 있다. 방향제에 따라 냄새를 제어하는 데는 여러 종류의 메커니즘이 있다.

제올라이트, 활성탄, 또는 실리카젤과 같은 방향제는 냄새를 흡착하는 흡착제 역할을 함으로써 냄새를 제거한다. 오존(O_3), 과산화 수소(H_2O_2), 과산화물(Na_2O_2와 같이 O_2^{2-}를 가진 화합물), 수소(H_2), 염소(Cl_2), 염소산염(ClO_3^-를 가진 화합물) 및 기타 산화제는 표면이나 공기 중에서 냄새의 원인이 되는 분자를 산화시켜서 제거한다. 공기 중 박테리아

⮝ 스프레이, 양초, 디퓨저 등 다양한 형태의 방향제가 일상에서 흔히 사용된다.

활동으로 인한 냄새를 박테리아를 비활성화시키는 소독제로 제거하는 공기 소독방법, 냄새를 다른 냄새로 제압하는 마스킹 방법 등도 있다.

방향제에 포함되는 유기 화합물

앞에서 나열된 흡착제, 산화제, 소독제, 계면 활성제 외에도 방향제 성분에는 향기, 에어로졸 추진제, 방부제, 미네랄 오일 또는 2-뷰톡시에탄올 및 기타 글라콜 에터류와 같은 용매가 포함될 수 있다. 향기로서 일반 방향제에는 리모넨과 같은 테르펜류가 포함된다. 한편, 일부 방향제는 발암물질, 휘발성 유기 화합물, 프탈레이트 에스터와 같은 유해한 화학 물질이 성분으로 사용된 보고도 있으므로 그 성분을 잘 살펴야 한다.

방향제에 포함되는 휘발성 유기 화합물$_{VOC}$에는 리모넨, 알파-피넨, 베타-피넨과 같은 테르펜, 리날로올 및 알파-테르피네올과 같은 테르페노이드, 에탄올, 폼알데하이드, 벤젠, 톨루엔, 자일렌, 프탈레이트와 같은 반-휘발성 유기 화합물$_{semi-VOC}$이 포함되어 있을 수 있다. 이들은 그 자체로도 유독할 수 있지만 오존(O_3), 하이드록실 라디칼(OH) 및 질산염 라디칼(NO_3)과 같은 실내 산화물들과 반응하여 다양한 산화 생성물을 생성하기도 한다.

예를 들어, 테르펜과 같은 1차 방출물들은 오존과 쉽게 반응하여 폼알데하이드 및 아세트알데하이드, 글리콜 에터, 자유 라디칼(예: 하이드로퍼옥시 라디칼 및 알킬 퍼옥시 라디칼) 및 초미세 입자와 같은 2차 오염물질을 생성할 수 있다. 성분들의 조성과 농도, 화학 물질의 반응성, 사용 제품 등에 따라 다양한 2차 오염물질이 배출될 수 있다.

방향제의 1차 방출물질과 2차 오염물질들이 사람에게 노출되어 낮은 수준에서도 편두통, 천식 발작, 호흡 곤란, 호흡 곤란, 점막 증상, 피부염, 유아 설사 및 귀 통증, 신경학적 문제 및 심실세동을 포함하는 다양한 부작용 등이 관련되어 역효과를 나타낼 수 있으니 이 또한 주의해야 할 것이다.

배수구 세정제와 가수 분해

화학 세정제는 눈, 폐 및 피부를… 목재, 페인트, 알루미늄, 유리와 같은 자재… 탈색되거나… 약한 파이프가 파열… 열 발생으로 인해서 플라스틱 PVC관이 연화….

배수구 세정제에는 알칼리성(염기성)과 산성의 두 종류가 있다. 제품의 액성에 따라 분류하기는 하지만, 두 종류의 세정제 모두 가수 분해를 통해 오염물질을 제거한다는 공통점이 있다.

알칼리성 배수구 세정제와 알칼리 가수 분해

알칼리성 배수구 세정제는 수산화 소듐(NaOH)이 주요 성분이며, 수산화 포타슘(KOH)을 사용하는 제품도 일부 있다. 이들은 액체 또는 고체 형태로 사용할 수 있다. 부식성이 있는 알칼리성 배수구 세정제의 고체 제형은 부식성 물질(수산화 소듐 또는 수산화 포타슘), 알루미늄 입자, 첨가제로 구성되어 있다. 첨가제로는 알킬 아릴 설포네이트와 같은 습윤제가 알려져 있지만 이러한 첨가제의 정확한 특성은 해당 브랜드의 영업

비밀로 여겨지기 때문에 잘 알려지지는 않고 있다.

배수구의 막힘은 모발, 지방, 오일 등과 같은 물질들이 원인이 되는 경우가 많은데 이들은 염기와 트라이글리세라이드의 비누화 반응을 통해 분해된다. 알칼리성 세정제인 수산화 소듐이 물에 용해되면 Na^+와 OH^-로 해리되고, 수산화 작용기 OH^-가 오염물질의 용해 작용에 사용된다. 배수관 내에 있는 오염물질 중 머리카락의 주요 성분은 단백질인데, 단백질의 아마이드($RCONH_2$) 작용기가 알칼리 가수 분해를 통해 용해된다. 또 지방의 에스터(RCO_2R') 작용기도 알칼리 가수 분해를 통해 용해된다.

> $RCONH_2$ (단백질의 아마이드 작용기) + OH^- → NH_3 + $RCOO^-$
>
> RCO_2R' (지방의 에스터 작용기) + OH^- → $R'OH$ + $RCOO^-$

부식성 알칼리성 배수관 세정제의 액체 제제에는 하이포염소산 소듐(표백제) 및 잿물(수산화 소듐 또는 수산화 포타슘)이 최대 50% 농도로 포함될 수 있다. 배수구 내부에서 용액이 반응하여 기체를 방출하고 이 기체는 계면 활성제에 의해 비누 거품이 되어 거품 속에 갇혀있게 된다. 이 발포 작용의 목적은 배수관 내부를 코팅하여 막힘을 형성하는 물질을 더 많이 제거하기 위함이다. 액체 알칼리성 배수관 세정제는 기본적으로 물에 용해된 염기이기 때문에 물보다 밀도가 높고 막힘의 원인이 되는 것에 가라앉을 수 있다.

산성 배수구 세정제는 실험실에서만

산성 배수구 세정제는 일반적으로 고농도의 황산(H_2SO_4)을 함유하고 있으며 산 가수 분해를 통해 종이의 주성분인 셀룰로스, 모발과 같은 단백질 및 지방을 용해한다. 황산은 물과 격렬히 반응하며, 대부분의 금속과 접촉했을 때 폭발의 위험이 있는 수소 증기가 생성되는 등 잠재적인 위험성이 있다. 흡입, 섭취 또는 접촉 시 만성 및 급성 건강 위험(피부 화상, 시력 상실, 호흡기막 염증, 인체 모든 조직의 부식성 화상 포함)이 있으며 삼키면 치명적일 수도 있다. 이러한 산성 세정제는 일반 대중에게는 사용의 위험이 있기 때문에 화학 실험실 등 특별한 곳에서만 사용하는 것을 권장하고 있다.

화학 배수구 세정제 안전하게 사용하기

이러한 화학 배수구 세정제의 장점은 일반 소매점을 통해 쉽게 구할 수 있다는 점과 배수구를 막고 쌓이는 부드러운 머리카락과 그리스 막힘을 제거하기 위한 사용 용이성 좋다는 점이다. 그러나 배수구에서 멀리 떨어진 막힘(예: 화장실 또는 주 하수 배수관에서 발생하는 막힘)을 제거하는 데는 효과가 약하며, 단단한 막힘물을 제거하기 힘들다는 점과 화학 물질에 대한 안전을 고려해야 한다.

종종 자신도 모르는 사이에 두 가지 다른 유형의 배수구 세척제를 혼합하여 사용함으로써 치명적인 결과를 초래할 수도 있다. 이 반응은 산과 염기의 중화 반응으로써 무해하게 보일 수 있지만, 극렬한 발열 반응이므로 배수관이 폭발할 수도 있다. 산성 및 알칼리성 세정제를 혼합하면 다음과 같은 화학 반응이 일어난다.

H_2SO_4 (황산, 산성 세정제)+ 2NaOH (수산화 소듐, 염기성 세정제)
→ Na_2SO_4 + $2H_2O$

또한 산성 세정제와 표백제가 혼합되면 독성이 있는 염소 기체(Cl_2)가 방출되는데 이는 폐에 아주 해로우므로 가정에서 이렇게 혼합해서 사용하는 것은 매우 위험한 일이다.

2HCl (염산, 산성 세정제) + NaClO (하이포염소산 소듐, 표백제) →
H_2O + NaCl + Cl_2 (염소)

화학 세정제는 눈, 폐 및 피부를 손상시킬 수 있기 때문에 조심해야 한다. 목재, 페인트, 알루미늄, 유리와 같은 자재로 된 부분들이 손상될 수 있으며 옷에 묻어도 탈색되거나 손상될 수 있다. 강한 부식성 세정제와 산성 세정제의 경우는 특히 아이들이 있는 가정에서 매우 위험한 용품 중 하나이다.

강한 알칼리성 세정제는 심각한 화상의 원인이 될 수 있으며, 알칼리성이나 산성 세정제가 하수구로 씻겨 내려가는 것은 상수도 오염의 원인이 되기도 한다. 알루미늄이 포함된 세정제의 경우는 세정 과정의 화학 반응에서 수소 기체가 발생하는데 이 기체로 인한 압력 상승 때문에 약한 배수관이 파열될 수 있고, 발열 반응에 의한 열 발생으로 인해서 플라스틱 PVC관이 연화되어 약해질 수도 있다.

인공 눈물과 렌즈 세척액

안구건조증이나 가려움증, 충혈과 같은 단순 안구 자극을 치료하기 위해 인공 눈물… 병원체와 단백질을 분해하는 방부제로… 자극받은 눈을 정화하고 진정시키는 역할….

성인 안구의 지름은 약 2.5 cm이며 전체 표면적 중 전방 1/6만 외부 환경에 노출되어 있다. 이 노출된 영역은 눈꺼풀, 속눈썹, 눈썹, 눈물샘 장치 및 외부 눈 근육을 포함한 눈의 부속 구조에 의해 보호되고 있다. 각 눈꺼풀의 안쪽과 안구의 흰 부분을 덮고 있는 얇고 투명한 점막인 결막이 있는데, 결막에는 안검 결막과 안구 결막이 있다. 안구 표면을 덮고 있는 안구 결막은 매우 얇기 때문에 그 아래에 있는 혈관이 뚜렷하게 보이며 이 혈관이 국소 자극이나 감염(결막염)에 노출되면 확장되면서 눈이 충혈된다.

눈물은 눈의 눈물샘에서 생성되어 배출되며 염분, 약간의 점액, 항체, 라이소자임이라는 살균 효소를 포함하는 수용액으로, 사람의 하루 생산량은 약 150~300 mL 정도이다. 따라서 눈물은 눈 표면을 촉촉하게 하고 윤활 작용을 하여 눈 표면을 정화하며 보호하여 시야를 선명하게 한다.

하지만, 눈물샘은 나이가 들어감에 따라 활동이 줄어들기 때문에 나이가 들면 안구 건조, 감염, 자극에 더 취약해진다.

눈의 건강을 위한 인공 눈물

담배 연기, 일반 연기, 먼지, 공기 중 입자, 외부 온도 및 습도 변화를 포함한 다양한 요인으로 인해 안구 건조 증상이 나타날 수 있으며, 그 양상은 작열감, 따끔거림, 거친 느낌 등이다. 점안액 또는 인공 눈물이라 하는 눈 윤활제는 수분과 윤활을 눈에 제공한다. 이러한 안약은 노화, 특정 약물 치료, 의학적 상태, 안구 수술, 연기가 자욱하거나 바람이 많이 부는 조건과 같은 환경 요인으로 인한 안구건조증을 치료하는 데 사용할 수 있다.

안구건조증에 대해 처방전 없이 구입할 수 있는 안약은 식염수를 기반으로 하며, 폴리에틸렌글리콜, 글리세린, 하이드록시프로필메틸셀룰로스, 카복실메틸셀룰로스 소듐, 덱스트란, 폴리바이닐 알코올, 포비돈 등의 활성 안구 윤활 성분을 함유할 수 있다. 인공 눈물은 소량으로 사람의 눈 표면에 직접 적용되는 액체 방울로 대부분 눈의 염도[5]와 일치하도록 염분이 포함되어 있다. 식염수만으로 구성되거나 약간의 윤활제가 첨가된 인공 눈물은 안구건조증, 가려움증, 충혈과 같은 단순 안구 자극을 치료하기 위해 사용된다. 눈을 윤활하는 것 외에도 눈의 치료를 촉진하거나 눈물의 증발을 줄이는 역할을 하기도 하며 용액을 눈 표면에 더 오래 머물게 하는 농축제가 포함될 수도 있다.

---

5) 눈의 염도는 약 1% 미만이다. 바닷물의 염도는 3.5~4%이다.

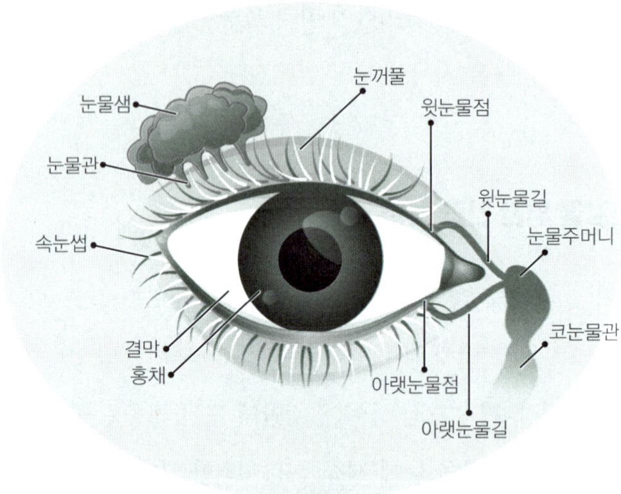

^ 우리 눈의 구조. 눈물은 눈물샘에서 분비되어 눈물관을 따라 눈에 공급된다. 이후 눈물점을 통해 눈물길을 거쳐 눈물주머니에 모였다가, 코눈물관을 통해 배출된다. 눈물의 분비가 많아지면 눈물이 눈물길로 들어가기 전에 눈에서 넘쳐 뺨을 따라 흐른다.

인공 눈물에는 다양한 안과 질환을 치료하기 위해 하나 이상의 약물이 포함될 수도 있다. 증상에 따라 스테로이드, 항히스타민제, 교감신경 유사제, 베타 수용체 차단제, 부교감신경흥분제, 부교감신경 용해제, 프로스타글란딘, 비스테로이드성 항염증제(NSAID), 항생제, 항진균제 또는 국소 마취제가 포함될 수도 있다. 따라서 점안액을 사용했을 때 증상이 심화되거나 다른 증상이 나타난다면 반드시 사용을 중지하고 의사 및 약사와 상의하여야 한다.

증상에 따라 사용하는 인공 눈물

안구 표면의 여러 증상을 치료하기 위한 다양한 형태의 인공 눈물이 있다.

스테로이드 및 항생제 안약은 안구 감염을 치료하는 데 사용된다. 이들은 특히 예방적 특성이 있어서 눈 수술 후 감염을 예방할 수 있다.

항생제 안약은 세균에 의한 감염으로 결막염이 촉발된 경우 처방되는 안약이며, 알레르기성 결막염에 사용되는 인공 눈물은 눈물막에 존재하는 자극적인 알레르기 항원을 희석하여 증상을 완화시킨다. 일부 안약에는 히스타민 길항제 또는 비스테로이드성 항염증제가 포함될 수 있다.

녹내장 관리에 사용되는 인공 눈물은 눈의 액체가 더 잘 배출되도록 돕고 눈에서 만들어지는 액체의 양을 줄여 안압을 감소시킨다. 활성 성분에 따라 분류되며 프로스타글란딘 유사체, 베타 차단제, 알파 작용제 및 탄산 탈수효소 억제제가 포함될 수 있다. 이와 같이 인공 눈물이라도 증상에 따라 성분들이 다르므로 용도에 맞게 사용하는 것이 눈의 안전에 유익할 것이다.

인공 눈물 속 방부제

인공 눈물은 방부제의 첨가유무에 따라 구분할 수 있다. 병에 들어 있는 인공 눈물은 대부분 방부제를 포함하는데, 병을 개봉한 후 박테리아의 성장을 억제하기 위해서이다. 방부제가 포함되어 있다고 하더라도 오염을 무한정 방지할 수는 없으며, 개봉 후 3개월 이내에 병을 폐기할 것을 권장하고 있다. 다만, 중증 이상의 안구건조증이 있다면 방부제가 눈을 자극할 수 있으니 사용에 주의해야 한다.

방부제가 없는 안약은 첨가제가 적으므로 일반적으로 하루 4회 이상 인공 눈물을 사용하는 경우에 권장하며, 보통은 1회용 바이알로 제공된다. 한 번 사용시 사람의 눈에 대해서 약 25 μL면 충분하지만, 제품에 따라 그보다 더 많은 양이 들어있어서 뚜껑을 닫아 여러 번 사용할 수 있는 제품들도 있다.

콘택트렌즈 세정 용액의 성분과 역할

한편, 콘택트렌즈 세정 용액도 용도에 따라 그 성분이 다르지만, 일반적인 다목적(All-in-one) 콘택트렌즈 용액의 성분과 역할은 다음과 같다. 폴리쿼터늄은 병원체와 단백질을 분해하는 방부제로 사용되며, 붕산은 항생제 성질이 있어 자극받은 눈을 정화하고 진정시키는 역할을 한다.

프로필렌글리콜은 눈의 염증을 완화하기 위해 점막 위에 층을 형성시키고, 과산화 수소는 소독제로 사용되며, 폴리아미노프로필 바이구아나이드는 콘택트렌즈의 표면을 세척하고 소독하는 방부제이다. 염화 소듐과 물의 혼합물인 식염수는 가장 많은 부분을 차지하는 성분으로서, 다른 성분들을 안정화시키고 접촉을 위생적으로 유지하는 역할을 한다.

사람에 따라 다목적 콘택트렌즈 용액에 있는 방부제 성분에 알레르기가 있다면, 눈의 충혈이나 자극을 유발할 수도 있다. 이때는 의사의 처방을 받아 과산화 수소 기반 용액을 사용할 수 있다. 다목적 용액과 달리 과산화 수소 용액은 방부제가 포함되지 않으므로 알레르기가 있거나 민감한 사람들에게 적합하다. 그러나 위험이 없는 것은 아니므로 적절한 주의를 기울여 사용해야 한다.

콘택트렌즈를 깨끗하고 자극없이 사용하려면

생리 식염수(0.9 % 염화 소듐 수용액)는 콘택트렌즈를 소독하지 못하므로 다른 용액으로 세척 및 소독한 후 렌즈를 헹굴 때만 사용해야 한다. 클리너도 소독이 아닌 세척용으로서 렌즈에 묻은 침전물과 이물질들을 제거하는 용도이다. 효소 단백질 제거제는 시간이 지남에 따라 렌즈에 쌓이는 단백질을 제거한다.

렌즈의 세척, 헹굼, 소독, 보관을 위해 사용되는 다목적 용액을 안전하게 잘 사용하는 방법은 다음과 같다. 먼저 콘택트렌즈는 문지르며 헹구고 꺼낼 때마다 새 용액에 보관하며, 케이스에 넣을 때도 새 용액을 사용하되 사용하지 않은 용액과 혼합해서 사용하는 것은 피해야 한다. 이는 소독 효과를 감소시키기 때문이다. 또 렌즈 보관 용기에 대해서는 물이 아닌 깨끗한 용액으로 매일 문질러가며 헹구는 것을 권장하고 있다. 보관 용기에서 남은 용액을 모두 비운 뒤 깨끗한 티슈로 물기를 닦아내고, 용기에 세균이 쌓이는 것을 방지하기 위해 사용 후 캡을 벗긴 상태로 깨끗한 티슈 위에 거꾸로 엎어서 보관하는 것이 좋다.

드라이클리닝 세탁과 석유 냄새

제품의 얼룩을 선택적으로 용해… 비극성이며 얼룩을 유발하는 화합물을 선택적으로 추출하는 경향… 천연 직물에 유용한데 이는 직물 내의 극성 그룹과 상호 작용하지 않기 때문….

가정에서 세탁할 때 보통은 세제인 비누나 기타 세탁 세제와 함께 용제(용매)로써 물이 사용된다. 드라이클리닝은 물을 사용하지 않는다는 점에서 물빨래와 대비되는 용어로 몸에서 나오는 분비물, 각종 먼지, 외부 얼룩, 음식물 등을 의류나 신발, 카펫 등에서 제거하기 위한 세탁 방법이다.

물빨래에서는 물에 의해 섬유가 팽창하므로 변형이나 변색이 쉬운 모나 견에서는 사용이 어려우며, 세탁 견뢰도가 낮은 염색물 등의 세탁에 유리하다. 또한 드럼 세탁의 경우에 밀도가 높은 물이 세탁물에 부딪치면서 가해지는 힘이 커서 약한 세탁물에 물리적 손상을 가할 수도 있다. 따라서 이와 같은 물빨래의 단점들을 보완하기 위해서 드라이클리닝 세탁을 사용하고 있다.

드라이클리닝의 시초는 1845년 프랑스의 염료 공장이다. 이 공장의 운영자는 등유와 가솔린을 사용하여 직물을 청소하는 방법을 개발하면서 최초의 세탁소를 열었다. 이후에도 많은 발전을 거듭하면서 가연성이 훨씬 낮고 세정력이 향상된 염소계 용제를 사용하기 시작했다. 1930년대 중반까지 드라이클리닝 업계는 세척력이 우수하고 불연성이며 쉽게 재활용이 가능하고 대부분의 의류와 호환되는 테트라클로로에틸렌(C_2Cl_4, 퍼클로로에틸렌으로도 명명되며 흔히 "퍼클로"라고 불리기도 함)을 채택하여 사용했다.

드라이클리닝 용제의 기준: 극성과 비극성

드라이클리닝에 사용되는 용제는 제품의 얼룩을 선택적으로 용해시킨다. 이 용제는 비극성이며 얼룩을 유발하는 화합물을 선택적으로 추출하는 경향이 있어야 한다. 물을 사용하여 이러한 얼룩을 제거하려면 고온의 수성 세제 혼합물을 사용해야 하는데, 이는 섬세한 직물을 손상시킬 수 있다.

비극성 용제는 특히 천연 직물에 유용한데 이는 직물 내의 극성 작용기과 상호 작용하지 않기 때문이다. 예를 들어 대표적인 천연 직물인 면

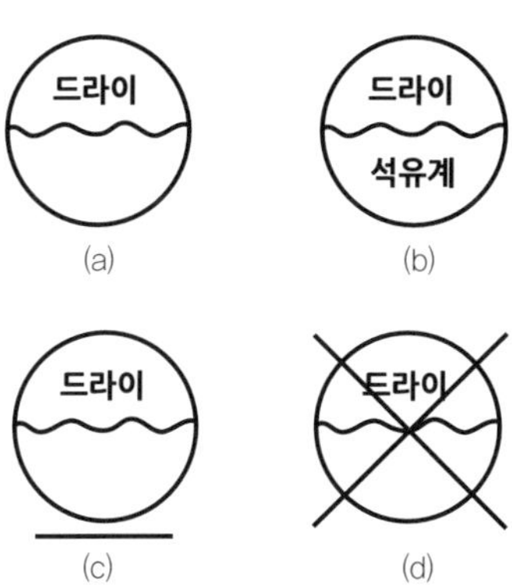

≪ 세탁물의 케어라벨. (a) 드라이클리닝 용제로 퍼클로로에틸렌 또는 석유계 용제 사용 (b) 드라이클리닝 용제로 석유계 사용 (c) 전문점에서만 드라이클리닝 가능 (d) 드라이클리닝 불가

의 주성분은 셀룰로스로, 많은 극성 작용기인 －OH기를 가지고 있다. 물빨래에서 용제인 물은 극성이 강한 물질이기 때문에 세탁하는 동안에 이 같은 극성 작용기에 결합한다. 그 과정에서 섬유 내의 단백질은 부풀고 늘어나며, 섬유 내의 약한 인력을 방해하여 섬유의 원래 형태를 상실하게 하고 주름을 만든다. 세탁 사이클이 끝난 후 물이 건조되더라도 섬유의 원래 모양이 이미 왜곡된 상태로 수축이 일어나게 된다. 반면에 비극성 용제는 이러한 상호 작용이 일어나지 않거나 매우 적게 일어나므로 섬세한 직물을 보호할 수 있다.

대표적인 드라이클리닝 용제, PCE

퍼클로로에틸렌(PCE)은 1930년대부터 사용되어온 드라이클리닝의 표준이 된 가장 일반적인 용제로 열적으로 안정하고 재활용이 가능하다. 하지만 높은 온도에서 색 번짐이나 변색을 유발할 수 있으며 경우에 따라 일부 의류의 특수 장식, 단추, 구슬 등이 손상될 수 있다. PCE는 비극성 물질이므로 일반적인 수용성 얼룩(커피, 와인, 혈액 등)보다 유성 얼룩(얼룩의 약 10%를 차지)에 더 효과적이다.

PCE의 급성 독성은 '중간에서 낮음'이며 드라이클리닝 및 탈지에서 광범위하게 사용됨에도 불구하고 인체 상해에 대한 보고는 드물다. 그렇지만 국제암연구소는 PCE를 2A군 발암물질로 분류하고 있는데, 이는 인간에게 발암 가능성이 있음을 의미한다. 많은 염소화 탄화수소와 마찬가지로 PCE는 중추신경계 억제제이며 호흡기 또는 피부 노출을 통해 신체에 들어갈 수 있고, 피부의 지방을 용해시켜 잠재적으로 피부 자극을 유발할 수도 있다.

다양한 드라이클리닝 용제

탄화수소계 용제는 석유 기반 용제로 덜 공격적이지만 PCE보다 덜 효과적이며 가연성이지만 적절히 사용하면 화재나 폭발의 위험을 최소화할 수 있다. 탄화수소계 용제는 시장의 약 10~12%를 차지할 만큼 보편적이며 세탁한 옷을 건조기에서 뜨거운 바람으로 말릴 때, 휘발된 용제들이 세탁물에 잔류하면서 특유의 냄새를 발한다. 그 종류로는 가장 일반적인 벤젠부터 시작하여 에틸벤젠이나 자일렌 등이 있으며, 환경 오염물질이라는 단점이 있다.

트라이클로로에틸렌(TCE)은 PCE보다 더 공격적으로 얼룩을 제거하지만 드라이클리닝에서는 매우 드물게 사용된다. 탈지성이 우수하여 과거 산업용 작업복/전체 청소용으로 많이 사용되었다. TCE는 미국 EPA에 의해 인간에 대한 발암물질로 분류되고 있다.

초임계 이산화 탄소(CO_2)는 PCE의 대안인데, 이산화 탄소는 무독성이며 온실가스 잠재력 또한 다른 유기 용매의 잠재력보다 낮다. 물질은 온도와 압력에 따라 기체, 액체, 고체와 같은 여러 가지 상을 가지는데, 초임계유체는 액체–기체 임계점보다 임계 온도와 임계 압력보다 높은 온도, 압력 조건에 존재하는 물질의 상태이다. 초임계 유체의 중요한 특성 중 하나는 용매로 사용할 때의 용해도로 액체–기체 경계면이 존재하지 않기 때문에 표면 장력이 거의 없고, 액체보다 빠른 확산 속도를 가지므로 시료 침투성이 좋다.

얼음이 미끄러운 이유는 간단하지 않다

압력이 얼음을 녹이기 때문… 마찰이 얼음을 녹이기 때문이라는… 얼음 위에 있는 액체 상태의 아주 작은 층 때문….

쇼트트랙이나 스피드 스케이팅 선수는 시속 50~60 km/h로 얼음 위를 질주하고, 피겨 스케이팅 선수는 아찔한 원을 그리며 빙판에서 아름다운 동작들을 선보인다. 또 18 kg의 컬링 스톤은 얼음 위를 부드럽게 움직이며 아찔한 긴장감을 선사한다. 이런 빙상 스포츠가 가능한 이유는 무엇일까? 겨울의 빙상 스포츠는 얼음이 미끄럽다는 단 한 가지 사실에 의존하고 있다. 얼음은 일반적인 땅보다 마찰이 적기 때문에 그 위에서 평소보다 적은 힘으로 움직일 수 있다.

그렇다면 얼음이 미끄러운 이유는 무엇일까? 얼음이 미끄럽다는 것은 단지 현상이며, 이를 해석하는 것은 간단치가 않다. 과학자들은 정확히 왜 얼음이 미끄러운지, 그리고 스케이트가 얼음 위에서 잘 미끄러지는 이유(또는 얼음 위를 걸을 때 왜 미끄러지는지)를 설명하기 위해 노력했다.

물의 독특한 성질, 밀도와 육각 구조

대부분의 물질은 액체상보다 고체상에서 밀도가 높다. 물질이 고체를 형성할 만큼 충분히 냉각되면 분자들은 촘촘하게 배열하여 결합하기 때문이다. 하지만 물은 냉각될 때 4℃까지는 밀도(kg/m^3, 즉 단위 부피당 무게)가 증가(부피는 감소)하지만, 그 이하의 온도로 내려가면 밀도가 감소(부피는 증가)한다. 이는 수소 결합을 통해서 육각형 구조를 형성하기 시작하면서 중앙에 빈공간이 생기기 때문이다.

그러다가 0℃에서 물은 얼게 되는데, 4℃에서 0℃로 될 때 부피의 증가율은 약 10% 정도이다. 이와 같이 밀도의 감소(부피의 증가)로 인하여 얼음은 물보다 가벼워서 물 위에 뜨게 되며 겨울철에 수도관 계량기 등이 동파되는 이유도 이 때문이다.

종종 밀도와 비중이 혼동되어 사용되기도 하는데, 비중은 4 ℃ 물의 밀도에 대한 해당 물질의 밀도의 비로 정의되며 단위가 없다. 따라서 비중이 1보다 큰 물질은 물에서 가라앉고 1보다 작은 물질은 물 위에 뜨게 된다.

가설 1: 압력을 가하여 얼음을 녹인다

고체 얼음이 액체 물보다 밀도가 낮다는 사실은 얼음이 왜 그렇게 미끄러운지 알아내는 단서가 된다. 먼저, 압력이 얼음을 녹이기 때문이라는 가설이 있다. 이는 오래전부터 얼음이 왜 미끄러운지에 대한 가장 일반적인 답변으로 얼음이 압력을 받으면 녹기 때문이라는 것이었다. 날카로운 아이스 스케이트에 선수가 올라가서 얼음을 밟으면 압력이 가해져서 얼음을 녹여서 물로 되고 마찰이 줄어들어 미끄럽게 된다는 것이다.

대기압에서 얼음은 0℃에서 녹지만, 압력이 가해지면 얼음의 녹는점은 더 낮아지는 것이 과학적 사실이다. 즉, 얼음이 더 낮은 온도에서도 녹는다는 뜻이므로 얼음이 더 쉽게 물로 바뀐다고 생각할 수 있다. 그러나 계산에 의하면 스케이트날 위에 서 있는 68 kg 체중의 사람은 얼음의 녹는점을 0℃에서 −0.01667℃로 낮출 뿐이다. 즉, −1℃의 얼음 표면에서 스케이트를 타고 있다고 할 때 녹는점을 −1℃로 낮추려면 계산상으로는 약 140기압의 압력이 필요한데, 스케이트 날과 얼음 표면 사이의 접촉 면적이 10 cm^2라고 가정하면 이 압력을 가하기 위해 스케이트 선수의 무게가 1400 kg이 되어야 한다.

게다가 피겨 스케이팅을 위한 아이스링크는 일반적으로 −4.4℃ 정도를 유지하기 때문에 얼음의 녹는점을 −1℃로 낮춘다고 하여도 얼음이 녹지 않는다. 이는 간단히 말해서 스케이터는 얼음을 녹일 만큼 충분한 압력을 가할 수 없다는 것이다. 즉, 기본 아이디어인 '압력을 가하여 얼음을 녹인다' 자체는 틀리지 않지만, 현실적으로 이를 달성한다는 것은 불가능

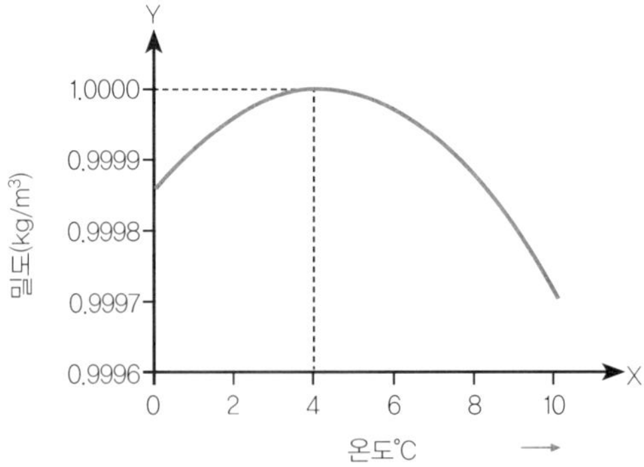

물의 밀도는 4℃에서 가장 크며, 온도가 더 내려가면 밀도가 다시 감소하기 시작한다.

한 셈이다. 연구에 의하면 얼음이 −20℃로 매우 차가울 때 스케이팅을 할 수 있을 만큼 충분히 녹기 위해서는 39,680 psi의 압력이 필요하다고 한다. 이는 바다의 가장 밑바닥에서 느낄 수 있는 압력의 두 배 이상이다.

따라서, 압력 변화로 인한 용융은 우리가 얼음 위에서 자유롭게 스케이트를 탈 수 있는 이유를 설명할 설득력 있는 이유가 될 수 없다. 또한 압력에 의한 얼음의 용해는 순간적으로 일어나지 않기 때문에 스케이터가 얼음 위의 특정 지점에 있을 때 수백분의 일 초 안에 압력에 의해 물층을 녹일 수 있다는 것은 상상할 수 없다는 것이 연구자들의 설명이다.

가설 2: 마찰이 얼음을 녹인다

두 번째는 마찰이 얼음을 녹이기 때문이라는 가설이 있다. 그러나 이 또한 답의 일부는 될 수 있지만 처음부터 얼음이 비정상적으로 미끄러운 이유를 설명하지는 못한다. 미끄러운 보도를 걸어본 사람이라면 발이 얼음에 닿는 순간 미끄러질 수 있다는 것을 알고 있다. 이는 얼음을 녹이는데 필요한 마찰을 생성하기에 충분한 시간이 아니다. 즉, 마찰로 얼음이 녹아 미끄러워지는 것이 아니라, 얼음은 이미 미끄러운 상태인 것이다. 마찰은 아이스 스케이트가 움직일 때 더 빠르게 움직일 수 있는 이유를 이해하는 데 도움이 되지만 처음 시작의 원인은 될 수 없다.

가설 3: 얼음 위의 미세 층

현재까지는 가장 설득력이 있는 가설로는 얼음 위에 있는 액체 상태의 아주 작은 층 때문이라는 것이다. 얼음의 표면에는 얇은 액체층이 있는데 이는 간단한 실험으로도 설명이 된다. 냉동실에 있는 두 개의 얼음 조각을 서로 쌓아 놓고서(단, 얼음이 녹는점에 이르지 않도록 매우 빠르게) 몇 시간 후에 이를 관찰하면 얼음 조각 둘은 함께 붙어있는 것을 발견할 수 있다. 이는 개별 얼음을 둘러싸고 있는 액체 층이 만나서 함께 얼기 때문이다. 이 매우 얇은 액체층은 또한 얼음을 더욱 매끄럽게 만드는데 −1℃에서의 두께가 1~94 nm(나노미터, 10^{-9} m) 정도이다.

얼음의 내부 결정 구조를 보면 개별 물 분자는 모든 방향의 분자와 수소 결합을 이루어 서로를 붙들어 고정한다. 그러나 얼음의 표면에 있는

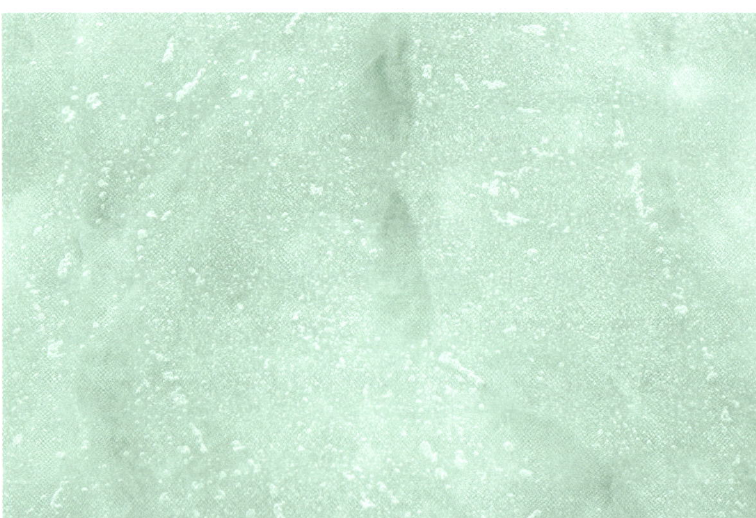

얼음의 표면에는 눈으로 얼음과 구분할 수 없는 매우 미세한 물 층이 존재한다.

분자들은 얼음 안쪽의 분자들과만 결합할 수 있기 때문에 질서 있는 결정 구조를 이루지 못하여 물 층이 된다. 이 층의 두께는 너무 얇아서 얼음과 구별할 수는 없지만, 이 물 층으로 인해 얼음은 미끄러워질 수 있다는 것이다.

이와 같이 아주 얇은 액체 층이 스케이트가 얼음 위에서 순간적으로 움직이기 '시작'할 수 있는 이유라고 설명할 수 있다. 이후 알루미늄이나 강철로 만든 스케이트가 얼음에서 미끄러지기 시작하고 블레이드가 점점 더 빠르게 움직일수록 더 많은 마찰이 발생하여 얼음이 더 많이 녹는다. 결국 물도 더 많이 생성되고, 빠르게 스케이팅을 할 수 있는 환경이 되는 것이다.

파마와 암모니아 냄새

이황화 결합이 끊어지면 케라틴 분자가 자유롭게 움직일 수 있게 되어 모발이 약해지는데 이때 화학 반응은 수소가 첨가되는 환원 반응이며 이 과정에서 암모니아가 생성….

알칼리성 물질과 특정 산성 화학 물질을 사용하면 모발 내부 구조의 화학적 결합이 변하여 머릿결을 변화시킬 수 있다. 이를 잘 이용하면 모발 피질의 구조와 외부 구조를 영구적 혹은 일시적으로 바꾸어 원하는 머리 모양으로 꾸밀 수 있다. 미용실에는 모발의 결합을 변경하기 위해 사용되는 여러 가지 화학 제품이 있다. 그러나 이런 제품들은 모발의 pH[6]에 영향을 미칠 수 있으므로 극도로 주의를 기울여야 한다. 사용 시간과 강도를 적절하게 조절하지 않으면 머리카락과 피부가 화상을 입을 수 있기 때문이다.

6) pH는 산성도를 나타내며, pH가 7보다 낮으면 산성, 높으면 염기성이다. 모발은 pH가 4.5~5.5인 약산성 수치를 나타낼 때 가장 안정적이다. 이 범위를 벗어나면 모발을 구성하는 단백질 사이의 결합이 약해져 쉽게 끊어질 수 있다.

step 1: 머리카락을 느슨하게

모발의 주요 성분은 케라틴이라는 단백질이다. 단백질은 여러 개의 아미노산으로 구성되는데, 케라틴은 시스테인 아미노산을 많이 함유하고 있으며 이는 머리카락 전체의 14~18% 정도이다. 케라틴 분자는 이황화 결합(–S–S–)을 통해 모발을 곧게 하는 힘을 준다. 즉, 한 케라틴 분자의 시스테인이 이황화 결합을 통해 인접한 케라틴 분자의 시스테인과 연결되면서 머리카락이 곧아진다. 이 결합은 강한 결합이지만 각 케라틴 분자 내의 다른 결합보다는 약하기 때문에 환원제에 의해서 쉽게 끊어질 수 있다.

일반적인 파마에서는 환원제로 염$_{salt}$[7)]으로 된 싸이오글리콜산 암모늄($HSCH_2CO_2NH_4$)을 사용하는데 이 물질은 이황화 결합을 끊을 수 있는 싸이올(–SH) 작용기를 가지고 있다. 이황화 결합이 끊어지면 케라틴 분자가 자유롭게 움직일 수 있게 되어 모발은 약해진다. 이때의 화학 반응은 수소가 첨가되는 환원 반응이며, 이 과정에서 코를 찌르는 냄새의 암모니아(NH_3)가 생성된다.

> 케라틴–S–S–케라틴 + $2HSCH_2CO_2NH_4 \rightarrow HO_2CH_2CS{-}SCH_2CO_2H$ + $2NH_3$ + 2HS–케라틴

7) 산과 염기의 반응에 의해 생성된 이온성 화합물

step 2: 머리카락을 다시 고정하기

파마 염인 싸이오글리콜산 암모늄 용액을 샴푸한 머리에 바르게 되면 이황화 결합이 끊어지면서 머리카락이 느슨해진다. 이후에 롤러(파마 롯드라고 함)를 사용하여 머리를 말아 놓던지, 가열된 헤어 아이롱(고데기)로 원하는 모양을 만든다. 원하는 머리 모양이 되면 다시 머리카락을 강화해야 스타일이 고정된다. 이를 위해 이황화 결합을 재결합하는 과정이 필요한데 이때 사용되는 물질이 과산화 수소(H_2O_2)이며 이를 중화제라 한다. 이 화학 반응은 앞선 반응과 반대로 수소가 제거되는 산화 반응이다.

$$2\text{케라틴}-SH + H_2O_2 \rightarrow \text{케라틴}-S-S-\text{케라틴} + 2H_2O$$

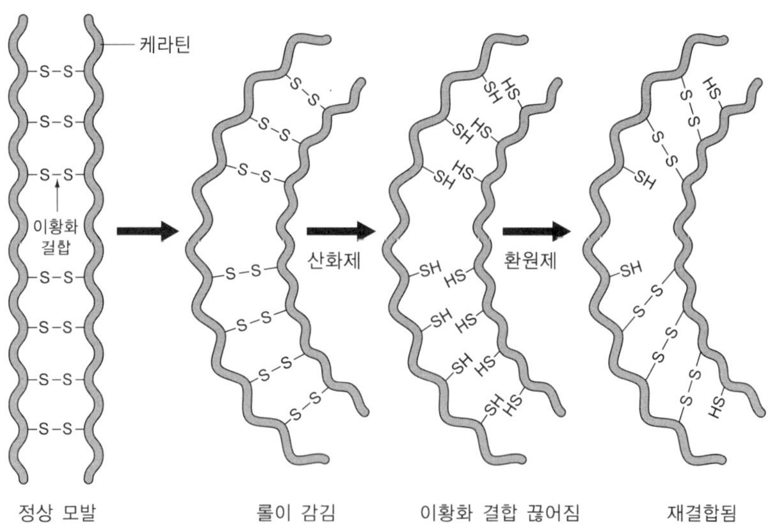

^ 모발의 케라틴 단백질 사이에서 이황화 결합이 끊어지고 재결합되는 양상에 따라 곧았던 머리카락을 말 수 있다.

흑연과 다이아몬드의 차이는 배열

화학적으로는 둘 다 탄소로 구성되어… 결정 구조(배열)가 다른 광물을 동소체….

이렇게도 동일하면서 다른 것이 또 있을까?

다이아몬드와 흑연은 아주 흥미로운 광물로 이들은 화학적으로는 둘 다 탄소(C)로 구성되어 있다. 탄소 원자의 정렬과 연결 방식이 물리적으로 매우 달라서 외관, 경도 및 용도뿐만 아니라 가격에도 엄청난 차이가 있다. 화학적으로는 동일하지만 결정 구조(배열)가 다른 광물을 동소체라고 하는데 이 둘이 바로 대표적인 동소체이다. 흑연의 결정 구조는 윤활제나 연필심의 특성을 제공하며, 다이아몬드의 결정 구조는 값비싼 귀금속이나 산업 현장에서 매우 강한 물질을 절단하거나 다듬을 수 있는 물리적 특성을 제공한다.

이 두 물질이 물리적으로는 확연히 다르기 때문에 화학적으로 동일하다고 상상하기 어렵다. 흑연은 불투명하며, 금속이나 흙이 섞여 있는 것 같이 보인다. 흑연의 모스 경도 척도[8]는 약 1로 부드러운 광물이다. 반면에 다이아몬드는 투명하고 찬란하게 보이며, 모스 경도 척도는 10인 가장 단단한 천연광물이다.

단단한 다이아몬드의 특성

천연 다이아몬드는 100 km가 넘는 지하 깊숙한 곳의 맨틀에서 형성되는데, 탄소 원자가 다이아몬드의 결합 구조 방식이 되기 위해서는 고온·고압의 조건이 필요하기 때문이다. 다이아몬드의 결정 구조에서 탄소 원자는 전자를 공유할 수 있는 특정한 방식으로 배열되어야 하며 규칙적인 3차원 기하학적 패턴으로 간섭 없이 성장하면 크고 순수한 다이아몬드 결정이 생성된다. 화산 폭발로 인해 땅속 깊은 곳에 있던 다이아몬드는 그 높은 열을 견디면서 땅 밖으로 나올 수 있다.

다이아몬드를 만드는 데 필요한 높은 온도와 압력은 혜성이나 운석이 지구에 충돌할 때도 형성될 수 있다. 매우 큰 충격이 가해지면 광물이 한 형태에서 다른 형태로 변할 수도 있는데, 이에 따라 흑연 역시 다이아몬드로 재형성되기도 한다.

화학자들은 다이아몬드의 훌륭한 성질을 이용하기 위해서 인공적으로 만드는 방법을 개발했다. 인조 다이아몬드는 고압고온법$_{\text{HPHT}}$과 화학기상증착법$_{\text{CVD}}$의 두 가지 방법으로 만들어진다. HPHT 방법에서는 천연

8) 광물의 경도를 1(가장 부드러움)에서 10(가장 단단함)까지 상대적으로 비교한 척도이다. 서로 다른 광물을 긁었을 때 긁히거나 쪼개지는 양상을 상대적으로 비교한다.

≫ **흑연과 다이아몬드의 물리적인 특성 비교**

	흑연	다이아몬드
겉보기 특성	불투명 금속이나 흙이 섞여 있는 것 같음	투명하고 찬란
모스 경도 척도	1~2	10

다이아몬드와 유사한 고압 고온 조건 속에서 흑연을 씨앗으로 해서 키우는 방식으로 다이아몬드를 만들며, 드릴링 또는 절단과 같은 산업적 목적에 유용한 결정을 생성한다. CVD 방법에서는 작은 다이아몬드를 씨앗으로 하며, 탄소가 함유된 기체에 마이크로파를 투영하여 기체로부터 탄소를 분리시킨 뒤 그 탄소를 씨앗 다이아몬드의 탄소와 결합시키는 방식으로 다이아몬드 결정을 키운다.

다이아몬드에서 각 탄소는 4개의 다른 탄소 원자와 전자를 공유하여 4개의 단일 결합을 형성한다. 다이아몬드가 녹으려면 3차원 구조로 작동되는 매우 강한 탄소–탄소 공유 결합이 끊어져야 한다. 이 과정이 매우 어렵기 때문에 다이아몬드의 용융점은 4,000℃ 정도로 매우 높다. 모든 전자가 원자들 사이에 단단하게 고정되어 있어 자유롭게 움직일 수 없으

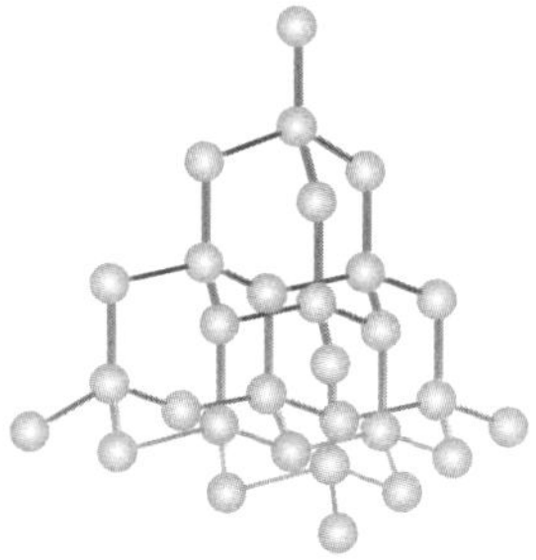

다이아몬드

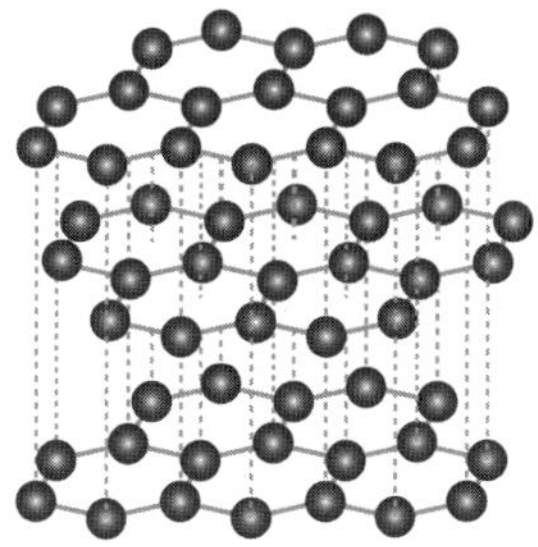

흑연

≪ 다이아몬드와 흑연은 모두 탄소 원자로만 이루어져 있지만, 그 배열하는 방식이 다르다.

므로 전기전도가 되지 않는다. 또한 공유 결합된 탄소 원자 사이의 인력을 끊을 만큼 강한 용매 분자와 탄소 원자들 간의 인력이 존재하기가 어려워서 물과 유기용매 모두에 녹지 않는다.

부드러운 흑연의 특성

흑연의 결정 구조는 3차원 구조가 아닌 시트가 쌓인 층 구조이다. 각 탄소 원자는 3개의 전자를 사용하여 3개의 가까운 이웃 탄소와 단일 결합을 형성하고, 결합 수준에서 네 번째 전자가 남게 된다. 이 전자는 한 층의 원자 시트 전체에 걸쳐 비편재화되어 더 이상 특정 원자나 원자 쌍과 직접적으로 연관되지 않고 전체 시트에서 자유롭게 돌아다닐 수 있다. 비편재화된 전자가 시트 내에서 이동함에 따라 매우 큰 임시 쌍극자가 생성될 수 있으며 이는 전체 흑연 결정에 걸쳐 위와 아래 시트에서 반대 쌍극자를 유도할 수 있어서 각 층의 시트를 함께 고정할 수 있다.

흑연을 녹이기 위해서도 한 장의 시트를 다른 시트에서 느슨하게 하는 것만으로는 충분하지 않고 전체 구조에서 공유 결합을 끊어야 하므로 흑연은 녹는점이 다이아몬드와 비슷하다. 흑연은 플라스틱 카드를 쌓아 놓은 것과 같다고 생각할 수 있다. 즉, 개별 카드는 강력하지만 서로 미끄러지거나 떨어져 나갈 수 있는데 연필의 경우 종이에 글씨를 쓸 때 흑연 가루(층)가 종이에 붙게 되는 것이다. 흑연은 다이아몬드보다 밀도가 낮은데 이는 각 시트 사이의 공간이 있기 때문이다. 흑연도 다이아몬드와 같은 이유로 물과 유기용매에 녹지 않지만, 비편재화된 전자들이 자유롭게 움직일 수 있으므로 전기를 전도한다.

2장

식품과 화학

차갑게 마셔야 제맛인 탄산음료

기체의 물에 대한 용해도는 온도에 반비례… 물의 온도가 낮을수록 이산화 탄소가 물에 녹는 양은 증가….

음료에 이산화 탄소를 첨가하면 제품에서 '스파클링', '발포성', '화끈거림'이 나타나고, 이산화 탄소로부터 생성된 탄산이 맛의 예민도를 향상시킨다. 일부 사람들에게는 자극적이어서 고통스럽기도 하지만 그런 감각을 즐기기 때문에 또한 구매 유인이 되기도 한다.

탄산음료에는 이산화 탄소(CO_2)가 용해되어 있다. 액체에 용해된 CO_2가 바로 탄산음료 기포의 발생 원인이다. 대기압 수준의 일반적인 압력에서는 이산화 탄소가 액체에 잘 녹지 않는다. 기체인 이산화 탄소를 액체에 녹이려면 고압이 필요한데, 이미 녹은 이산화 탄소라도 압력이 다시 낮아지면 용액에서 작은 기포 형태로 방출된다. 탄산음료나 맥주, 샴페인 등의 뚜껑을 열면 압력이 낮아지므로 '픽'하면서 기포가 올라오는 것이다. 일상에서 가장 일반적인 예는 물에 이산화 탄소를 용해시켜 탄산수를 만드는 것이다.

헨리의 법칙과 기체의 용해도

좀 더 자세히 살펴보면 이는 헨리의 법칙으로 설명될 수 있다. 헨리의 법칙에 따르면 일정한 온도에서 기체의 용해도는 용매와 평형을 이루고 있는 그 기체의 부분 압력에 비례한다. 즉, 기체(이산화 탄소)의 용해도(액체(물)에 녹는 정도)를 증가시키려면 물이 들어있는 병 속에서 물 위의 기체의 부분 압력을 높여야 한다. 대기 압력에서 이산화 탄소는 물에 적은 양이 녹아있지만, 대기 압력보다 높은 압력에서는 물에 더 많이 용해된다는 것이다. 따라서 탄산음료를 제조할 때는 이산화 탄소가 채워진 고압 탱크를 이용해서 물에 이산화 탄소를 더 많이 녹여준 후에 이산화 탄소가 빠져나가지 않도록 밀봉한다.

탄산음료에 이산화 탄소를 많이 용해되게 하는 또 다른 방법은 액체(물)의 온도를 낮춰주는 것이다. 일반적으로 일정 압력하에서 기체의 물에 대한 용해도는 온도에 반비례한다. 즉, 물의 온도가 낮을수록 이산화 탄소가 물에 녹는 양은 증가한다는 것이다.

일반적으로 CO_2의 농도가 포화 평형 값보다 3~5배 높을 때 기포가 생성되는 것으로 알려져 있다. 따라서 탄산음료는 냉장고에 보관하고, 마실 때도 얼음을 넣어서 마시면 탄산이 물에 녹아있는 시간을 연장할 수 있다. 컵에 따라서 마실 때는 얼음을 먼저 컵에 넣은 다음에 탄산을 붓는 방식을 택하면 거품이 일어나는 것(탄산이 날아가는 것)을 최소화할 수 있다.

탄산음료의 마개가 닫혀 있다고 하더라도 온도가 높아지면 물에서의 용해도가 낮아져서 물 밖으로 빠져나오게 된다. 급격한 온도 상승이 일어날 경우에는 마개나 병에 미치는 압력 또한 매우 강해지므로, 알루미늄 재질로 만든 음료 캔이 압력을 견디지 못하고 폭발하기도 한다.

에틸렌 기체는 과일 숙성 호르몬

에틸렌 기체는 과일을 수확한 후 숙성시키는… 토마토, 바나나, 배와 같은 과일은 숙성이 시작되기 직전에 수확함으로써… 장기간 저장과 장거리 운송이 가능….

모든 식물은 생애 주기 동안 약간의 에틸렌($H_2C{=}CH_2$) 기체를 생산한다. 그 생산량은 상처를 입거나 하는 특정 단계에서 최대 100배 이상 증가하기도 한다. 고대 이집트인들은 무화과의 숙성을 촉진하기 위해 무화과를 자르곤 했는데, 손상된 과일 조직에서 생성된 에틸렌이 숙성 반응을 촉발하기 때문이다. 마찬가지로 고대 중국인들은 배를 보관한 밀폐된 방에서 향을 태웠는데, 이는 향을 태울 때 부산물로 방출되는 에틸렌이 배를 숙성시킬 수 있었기 때문이었다. 영어 속담인 "One rotten apple spoils the barrel(하나의 나쁜 사과가 전체 바구니를 망친다)"는 썩은 사과에서 방출된 에틸렌이 주변의 다른 사과를 빨리 숙성시키는 데 그 근거를 두고 있다 할 수 있을 것이다.

숙성의 두 얼굴

과일은 익어야(숙성되어야) 제맛을 느낄 수가 있지만, 일단 숙성된 과일은 금세 부패한다. '숙성'이라고 부르는 단계는 애초에 과육의 단단함이 없어지고 당이 많이 생성되어 달아지는 단계로서, 박테리아와 병원체에 취약해지기 때문이다. 망고, 바나나와 같은 열대 과일의 경우 과도한 연화는 운송 중 부패의 주요 원인이 되고 있는데, 신선한 과일을 빠르게 운송하거나 과일 숙성을 늦춤으로써 부패를 줄일 수 있다.

과일들의 숙성을 늦추는 방법에는 여러 가지가 있다. 한 가지 방법은 온도를 낮추는 것이며, 일반적으로 0℃보다 약간 높은 저온이 사용된다. 모든 과일은 얼릴 수 있지만, 해동하면 과일의 맛과 질감을 잃게 되고 곤죽같이 되기도 한다. 바나나를 비롯한 여러 과일은 냉각하면 손상을 입을 수 있기 때문에 이런 과일들은 냉장고에 넣지 않는 것이 좋다.

숙성을 늦추는 또 다른 방법은 과일이 있는 주변 대기 환경을 제어시키는 방법으로, 이산화 탄소 농도는 높이고 산소 농도는 줄이는 것이다. 과일이 익기 위해서는 산소가 필요하므로 대기에 산소가 적으면 과일이 더 천천히 익게 된다.

숙성을 늦추는 마지막 방법은 에틸렌의 작용을 차단하는 것이다. 에틸렌은 과일 숙성을 유발하는 데 필요한 '과일 숙성 호르몬'인데, 1–메틸사이클로프로펜(1–MCP)과 같은 합성 화합물을 사용하여 차단할 수 있다. 이 1–MCP는 꽃꽂이나 꽃다발, 화환 등에 사용되는 절화의 신선도를 유지하는 데 사용되기도 한다.

에틸렌 폭발

과일이 익기 시작할 때 방출되는 에틸렌의 양이 급등하는 경우도 있다. 숙성되는 동안 에틸렌에 대한 반응에 따라 과일은 두 가지 주요 그룹으로 분류할 수 있다. 첫 번째 그룹은 '호흡 급등형 과일'이라고 불리며 숙성과 함께 에틸렌 폭발이 동반된다. 이 과일들은 또한 숙성 속도를 높여 외부 에틸렌에 반응할 수 있는데, 토마토, 아보카도, 사과, 멜론 복숭아, 키위, 바나나와 같은 다육질 과일이 이 그룹에 속한다. 두 번째 그룹은 숙성 중에 에틸렌 생산이 증가하지 않는 '호흡 비급등형 과일'인데 이 종류의 과일은 익어가고 있는 호흡 급등형 과일 같은 외부 에틸렌 공급원에 노출되면 숙성될 수 있으며 딸기, 포도, 감귤류가 이 부류에 속한다.

호흡 급등형 과일의 경우 초기에 적은 농도의 에틸렌에 노출되면 최대 농도에 도달할 때까지 과일에서 더 많은 양의 에틸렌이 생성된다. 이러한 에틸렌 농도의 증가는 과일의 신진대사를 증가시키고 숙성 중에 발생하는 과일의 변화를 유발하게 된다. 따라서 과일이 만드는 에틸렌의 양을 줄이거나 에틸렌의 작용을 차단함으로써 호흡 급등형 과일의 숙성은 느려질 수 있다.

에틸렌을 조절하는 방법

에틸렌을 생성하는 데 산소가 필요하므로, 과일 주변의 산소량을 제한함으로써 에틸렌의 생성량을 조절한다. 에틸렌 작용은 이산화 탄소와 1-MCP에 의해 억제된다. 숙성을 늦추는 또 다른 방법으로는 과망가니

즈산 포타슘과 같이 에틸렌을 흡수하는 물질을 사용하여 저장·운송 환경에서 에틸렌을 제거하는 것이다. 장거리 운송이 끝나고 과일이 목적지에 도달하면, 다시 에틸렌 기체에 노출되기 시작하므로 익을 수 있게 된다.

숙성에 대한 에틸렌의 영향은 많은 요인에 따라 달라지며, 과일은 에틸렌에 효과적으로 반응할 수 있을 만큼 충분히 성숙해야 한다. 멜론이나 바나나와 같이 매우 민감한 과일들은 에틸렌에 의해 즉시 숙성이 촉진되지만, 덜 익은 과일일수록 숙성을 일으키는 데 필요한 에틸렌 농도는 높아진다. 토마토나 사과와 같이 덜 민감한 종을 에틸렌 처리하면 숙성이 일어나는 시간을 단축시키며 아보카도와 같은 일부 과일은 나무에 붙어 있는 동안에는 익지 않고 수확 후 시간이 지남에 따라 에틸렌에 대한 민감도가 점차 증가한다.

≪ 신선도를 유지하기 위해 익지 않은 상태에서 수확하여 판매하는 식물들도 있다. 수확 후에라도 에틸렌 기체에 노출되면서 숙성이 진행될 수 있기 때문이다.

에틸렌 기체는 과일을 수확한 후 숙성시키는 데 상업적으로 사용된다. 토마토, 바나나, 배와 같은 과일은 숙성이 시작되기 직전(일반적으로 단단하고 녹색이지만 성숙한 단계)에 수확함으로써 장기간 저장과 장거리 운송이 가능하게 한다. 과일이 목적지에 도달하면 통제된 조건에서 숙성이 수행되는데, 일반적으로 최적의 숙성 온도와 습도, 그리고 에틸렌 농도로 특별히 제작된 숙성실에서 숙성을 진행한다. 이러한 특별한 조건으로 인해 과일이 일정한 속도로 익게 된다.

일반적으로 낮은 농도의 에틸렌이 과일 숙성을 위해 상업적으로 사용되고 있다. 이는 이것이 과일의 자연 숙성 반응을 자극하기 때문이다. 에틸렌 처리된 과일이 소비자에게 도달할 때쯤이면 상업적으로 사용되는 에틸렌은 사라지고 과일은 자체적으로 에틸렌을 생산하게 된다. 에틸렌과 더불어 널리 사용되는 또 다른 숙성제는 메틸 자스모네이트이다. 참고로 에틸렌은 PVC 파이프와 플라스틱 봉지를 만드는 데 사용되는 원료 물질이기도 하다.

에틸렌 기체를 공급하는 다양한 방법

에틸렌 기체를 직접 공급할 수 없는 상황에서 숙성이 필요할 때는 종전에는 칼슘 카바이드(CaC_2)를 사용하였다. 이는 칼슘 카바이드가 공기 중의 물과 반응하여 에틸렌 기체를 생성하기 때문인다. 그러나 공업용 칼슘 카바이드에는 발암성 물질로 알려진 비소(As)와 인(P) 등과 같은 불순물이 존재하므로 이에 대한 사용을 금지하고 있다. 칼슘 카바이드는 다음 반응으로 에틸렌 기체를 생성한다.

$$CaC_2\text{(칼슘 카바이드)} + 2H_2O \rightarrow Ca(OH)_2 + C_2H_2\text{(에틸렌)}$$

따라서 이를 대체하는 방법으로 활성탄, 식물성 전분, 야자 열매 등을 사용한 분말 흡착제에 고압에서 에틸렌 기체를 미리 흡착시켜서 밀봉된 파우치에 넣은, 소위 에틸렌 파우더 봉지를 사용하기도 한다. 사용이 필요할 때 봉지의 구멍을 열면, 공기 중 수분과의 상호작용으로 에틸렌 기체가 방출된다. 보통 한 봉지로 20 kg의 과일을 숙성시킬 수 있다고 한다.

생활 속의 응용으로는 덜 익은 아보카도를 잘 익은 바나나와 함께 종이 봉지에 넣어 두는 방법이 있다. 숙성되고 있는 바나나에서 발생하는 에틸렌 가스에 의해 아보카도의 숙성 속도가 빨라진다.

비타민은 식품 섭취를 통해서

비타민은… 사람에게는 13가지가 있으며… 대부분의 비타민은 체내에서 생성되지 않으므로 식품이나 직접적인 비타민 보충….

복잡한 생물학적 유기체 내에서 단백질, 탄수화물, 지방과 같은 영양소는 다양한 다른 물질과 결합하여 에너지를 생성하고 세포 기능을 유지한다. 이러한 화학 반응은 특정 신체 부위에 위치한 개별 효소에 의해 촉진된다. 비타민은 특정 유형의 반응 촉매 과정을 수행하기 위해 각 효소와 함께 개별적으로 작용하는 조효소 또는 조효소의 일부인 탄소 기반의 강력한 유기 화합물이다.

영국의 생화학자 F. Hopkins는 식품에 단백질, 탄수화물, 미네랄, 물 외에도 필요한 보조 인자가 포함되어 있음을 발표하였다. 이후 폴란드 화학자 C. Funk가 당시 백미에서 발견한 항각기성 보조 성장 인자 물질인 'vital amine[9]'을 설명하기 위해 'vitamine'이라는 단어를 사용하였는데, 13

9) 한 개 질소(N)에 3개의 수소(H) 원자가 결합된 아민기(-NH_3)가 포함된 생명 유지에 필수적인(vital) 화합물

가지 보조 성장 인자들의 구조를 규명하다 보니 모든 것에 아민기가 포함된 것이 아니라는 것 때문에 'e'를 삭제하여 'vitamin'이라는 이름이 되었다. 신체 기능에 따라 분류되었으며, 단순화하기 위해 문자 이름이 매겨졌고, 그들의 화학 구조가 결정됨에 따라 화학 이름도 사용되고 있다.

비타민 섭취의 중요성

비타민은 지방에 잘 녹는 지용성과 물에 잘 녹는 수용성으로 분류할 수 있다. 인체에는 13가지의 비타민이 있으며, 지용성 비타민(A, D, E, K)은 섭취한 지방과 결합하여 소화 생성물과 함께 체내로 흡수된다. 비타민 K를 제외한 지용성 비타민은 일반적으로 체내에 저장된다. 수용성 비타민(8가지 B 복합체 및 C)은 위장관에서 물과 함께 흡수되며, 예외적으로 B_{12}의 경우에만 위점막에서 분비되는 내인성 인자라는 당단백질과 먼저 결합한 뒤 흡수된다. 체내 대사에서 사용되지 않은 수용성 비타민은 저장되지 않고 소변으로 배설되기 때문에 일관된 섭취가 중요하다.

이러한 필수 유기 화합물은 생물학적으로 소량만 필요하지만 결핍되면 질병의 증상이 나타나기도 한다. 몇 가지 예외(비타민 D, K, B_3)를 제외한 대부분의 비타민은 체내에서 생성되지 않으므로 식품 등을 통해 직접적으로 보충해야 한다. 건강을 유지하는 데 필요한 특정 식품의 중요성은 최초의 비타민이 실제로 분리되고 특성화되기 오래전부터 인식되었다. 예를 들어, 거의 3,500년 전에 이집트인들은 비타민 A 결핍으로 인한 야맹증이 특정 음식으로 치료될 수 있음을 알았다. 18세기에는 식단에 감귤류를 추가하면 비타민 C 결핍으로 인한 괴혈병 발병을 예방할 수 있음이 입증되었고, 19세기에는 쌀로 만든 식단에서 백미를 도정하지 않은 쌀로 대체하면 비타민 B_1 결핍으로 인한 각기병 발병을 예방할 수 있다는 것이 밝혀졌다.

인간의 비타민 요구량은 일반적으로 권장 식이 허용량$_{RDA}$으로 표시된다. 미국 국립과학원 식품영양위원회와 식품농업기구, 세계보건기구가 다양한 전 세계 인구 그룹에 대해 설정한 RDA 값은 필수 영양소의 양을 나타내는데, 매일 섭취하는 경우 집단 내 대부분의 건강한 개인의 알려진 영양 요구량을 충족하기에 충분한 것으로 간주된다. 많은 비타민은 함께 작용하여 여러 신체 과정을 조절하며, 비타민이 과잉되거나 결핍되면 신체 내부 균형 또는 항상성을 방해하여 질병 상태가 되고, 심해지면 사망으로 이어질 수도 있다.

지용성 비타민(A, D, E, K)은 고도로 전문화된 기능을 한다. 창자는 지용성 비타민을 흡수하고 림프계는 이러한 비타민을 여러 신체 부위로 운반한다. 지용성 비타민은 지질(지방), 탄화수소 및 유사한 용매에 쉽게 용해되기 때문에 일반적으로 세포막을 통해 지방 조직 및 간 내의 지질 함유물을 비롯한 신체의 다른 지질로 확산된다. 따라서 신체는 일반적으로 이러한 비타민의 상당량을 저장하여 비축하며, 비타민의 식이 공급원이 배제된 후에도 정상적인 신진대사가 상당히 오랜 시간(보통 몇 개월) 지속될 수 있다.

비타민 C

영국의 의사인 J. Lind는 감귤류의 영양소가 긴 바다 항해 동안 영국 해군 선원들의 괴혈병이라는 질병을 예방하는 데 도움이 된다는 것을 발견

⋀ 감귤류에 많이 포함된 비타민 C는 괴혈병을 예방하며, 체내에서 다양한 기능을 한다.

했다. 괴혈병의 증상으로는 잇몸 출혈, 빈혈, 쉽게 멍이 드는 피부, 근육과 연골의 퇴화, 골다공증, 체중 감소 등이 있다. 이후 부신에서 헥수론산이라는 물질이 분리되었고, 같은 시기에 레몬에서 화학 물질을 분리하여 헥수론산과 동일한 물질이라는 것을 확인했는데, 이 물질이 나중에 비타민 C라고 불리게 되었다. 이 산은 괴혈병을 예방하는 감귤류의 필수 화합물로 밝혀졌다.

1935년 인공 합성된 최초의 비타민인 비타민 C는 아스코르브산($C_6H_8O_6$)이라고도 하며 포도당에서 유도된 화합물이다. 열, 빛, 알칼리 화합물에 의해 빠르게 파괴되는 비타민 C는 부신, 눈의 망막, 장, 뇌의 뇌하수체를 비롯한 신체 부위에 소량 저장되어 있다. 저장 부위 조직에서 비타민 C가 포화될 때 과도한 비타민 C는 소변으로 배설된다. 비타민 C의 식이 공급원에는 과일과 채소, 특히 감귤류, 멜론, 딸기, 토마토, 신선한 감자 및 잎이 많은 녹색 채소 등이 있다.

비타민 C의 활성 형태는 아스코르브산 그 자체이며 주요 기능은 다양한 반응에서 환원제로 작용한다는 것이다. 우리 몸에서의 산화 반응은 대부분 호흡 과정에서 일어나는데, 이때 산화가 진행될수록 세포는 노화되고 손상된다. 비타민 C의 항산화 작용은 분자 산소는 물론이고 호흡 사슬의 사이토크롬 a와 사이토크롬 c를 감소시켜서 세포를 손상시키는 산화 반응을 예방할 수 있으며 정상적인 결합 조직의 유지와 상처 치유 및 뼈 재형성에 필요하다.

비타민 A

발달에 필요한 성장 촉진 및 지용성 영양소가 버터 속에 들어 있다는 사실이 발견되었고, 이 물질은 곧 비타민 A로 알려졌으며 1947년에 처음 합성되었다. 비타민 A는 세 가지 생물학적 활성 분자, 즉 레티놀, 레티날, 레티노산으로 구성된다. 이들 화합물 각각은 식물 전구체 분자인 β-카로틴에서 유래된다. β-카로틴은 레티날 두 분자가 말단 알데하이드를 통해 연결된 형태이며, 비타민 A의 프로비타민 형태라고도 한다.

자외선은 비타민 A를 불활성화하므로 열, 빛, 공기에 노출되면 산화에 의해 파괴되는 경우가 많다. 섭취된 β-카로틴은 장 내에서 효소를 통해 절단되어 처음에는 레티날을 생성한 다음 효소를 통해 레티놀로 환원된다. 레티놀은 에스터화되어 혈액으로 전달되고, 이후 간으로 전달되어 지질 에스터로 저장된다. 체내 비타민 A의 약 90%가 간에 들어 있다. 비타민 A의 식이 공급원에는 당근, 짙은 노란색 및 짙

은 녹색 잎 채소, 생선 간유, 달걀노른자, 간, 전유, 버터 및 치즈 등이 있다. 신체 내에서 비타민 A의 세 가지 주요 역할은 유전자 조절, 적절한 시각 기능, 그리고 일반적인 신체 기관 건강 및 유지 등이다.

비타민 D

구루병이라고 하는 뼈 질환에 대한 해결책을 연구하는 동안 비타민 D가 발견되었다. 미국에서 이 비타민이 농축되어 함유된 우유는 성장하는 어린이의 뼈와 치아가 부드러워지는 병인 구루병에 매우 효과적이었다. 일반적으로 비타민은 생명을 유지하는 신체 대사 과정의 유지에 필수적인 물질이지만 신체 자체에서 합성되지 않는 물질이다. 하지만 예외적으로 비타민 D는 피부에서 합성될 수 있으며, 직사광선(자외선)에 노출된 경우에만 합성된다.

비타민 D의 생물학적 활성 형태는 칼시트라이올이며, 에르고스테롤(식물에서 생성)과 7-데하이드로콜레스테롤(피부에서 생성)에서 유도된다. 자외선을 쪼여주면 에르고스테롤은 식물에서 에르고칼시페롤(비타민 D_2)로 전환되고, 7-데하이드로콜레스테롤은 피부에서 콜레칼시페롤(비타민 D_3)로 전환된다.

비타민 D는 열, 빛, 산, 알칼리 및 산화 작용에서도 안정하며, 간, 피부, 신장에 농축된 지용성 화합물로서 동물의 칼슘과 인 대사에 필수적이다. 뼈와 연골의 정상적인 무기질화, 신경근 기능, 치아 형성 및 혈액 응고에 중요하다. 비타민 D의 주요 식이 공급원에는 생선 간유, 달걀노른자, 버터 및 강화 우유가 있다.

달걀 속의 공기

달걀을 가열하면 열로 인해 달걀 내부의 압력이 높아지며 공기 주머니 속의 공기가 달걀 껍데기를 밀어내는데….

달걀 껍데기의 주요 성분은 조개껍데기와 마찬가지로 탄산 칼슘($CaCO_3$)이다. 분필과 석회암의 주요 성분이기도 한 탄산 칼슘의 나노 입자는, 달걀 내부 단백질에 의해 정렬된 결정으로 배열되어 있다. 사실 껍데기가 완전한 고체는 아니다. 껍데기는 바깥 환경으로부터 내부 성분을 보호하지만, 평균적으로 약 9,000개의 작은 구멍이 있어 공기가 드나들 수 있다. 이 구멍들은 요리 과정에 영향을 미치기도 한다. 달걀은 투명하고 걸죽한 흰자(알부민)와 노른자로 구성되어 있는데, 흰자는 전체 무게의 약 60%, 노른자는 약 40%를 차지한다.

달걀의 구성 성분

건강을 염려하는 사람들은 지방이 없고 칼로리가 낮으면서도 단백질이 풍부한 달걀흰자의 섭취를 선호하고 있다. 달걀흰자는 여러 층으로 구성되어 있으며, 대부분(약 88%)이 물이다. 나머지 약 12%는 대부분 여러 가지 단백질로 구성된다. 흰자 속 단백질의 약 54%를 차지하고 있는 오브알부민은 발육 중인 병아리에게 영양을 공급하는 동시에 소화 효소의 작용을 차단하고, 콘알부민(흰자 속 단백질의 양 15%)은 철(Fe) 원자를 단단히 결합시켜 박테리아에 의한 사용을 방지하여 감염을 예방할 뿐만 아니라 발달 중인 병아리에게 철분을 공급한다. 오보뮤신 단백질은 달걀흰자를 두껍게 하고 끈적함을 유지시켜 준다.

달걀노른자에는 포화 지방과 콜레스테롤이 많아서 심장질환을 일으킬 수 있다는 염려 때문에 그 섭취를 꺼리는 사람들도 있었다. 그러나 달걀노른자는 흰자보다 오히려 더 많은 영양성분을 포함하고 있는데, 여러 개의 구형 구획으로 구성되어 있으며 물 50%, 지방산 34%(약 4.5~6그램), 단백질 16%, 그리고 소량의 철분(Fe^{2+}), 콜레스테롤(약 213밀리그램), 지용성 비타민인 비타민 A, D, E, K 등이 포함되어 있다. 달걀노른자가 포함하는 지방산은 올레산, 팔미트산, 리놀레산 등이며, 이는 지방이 거의 없는 흰자와는 다르다. 노른자의 색은 카로티노이드 화합물로 분류되는 색소인 잔토필(루테인과 제아잔틴) 때문이다.

날달걀에서 긴 분자 사슬로 접혀 있던 단백질은 요리를 위해 달걀을 가열하면 사슬이 풀리기 시작하는데 이를 변성이라 한다. 펼쳐진 단백질은 3차원 네트워크를 형성하여 네트워크의 작은 주머니에 물을 가두면서 응고된다. 이렇게 되면 흰자는 빛을 통과시키는 대신 빛을 굴절시키는 클러스터된 단백질 네트워크로 인해 투명에서 불투명으로 바뀌게 된다.

달걀 속의 황화 수소

달걀의 풍미에 어떤 화합물이 역할을 하는지 잘 알려져 있지는 않지만, 일반적으로 황화 수소가 달걀 특유의 냄새에 가장 중요한 역할을 한다. 달걀흰자에 있는 황 함유 단백질이 요리하는 동안 반응하면 황화 수소가 생성된다. 달걀을 오래 삶을수록 생성되는 황화 수소의 양이 더 많아지고 오래된 달걀을 요리할 때도 더 많은 양의 황화 수소가 생성된다. 오래된 달걀은 내부가 알칼리성으로 변하는데, 이런 달걀을 가열하면 달걀 단백질의 −SH기가 −OH기로 대체된다. 즉, 시스테인이 세린 모듈로 변환되는 것인데, 이때 황화 수소가 발생한다. 오래된 달걀을 삶으면 더 높은 농도의 황화 수소 때문에 불쾌한 냄새가 더 많이 난다.

우리는 종종 달걀노른자 주위에 녹색 층이 형성되는 것을 볼 수 있다. 그 녹색 층의 원인이 되는 것이 바로 황화 수소이다. 노른자와 흰자 경계면에는 철 양이온(Fe^{2+})이 분포하고 있는데, 흰자에서 시스테인/세린 변환에 의해 방출된 황화 수소(H_2S)와 만나면 불용성 갈색-검정 황화 철(FeS)이 형성되어 녹색으로 보이는 것이다.

$$Fe^{2+} + H_2S \rightarrow FeS + 2H^+$$

달걀을 장기간 가열하거나 오래된 삶은 달걀에서 흔히 보이는 이 녹색 층은 인체에 무해하지만 달걀을 익힌 후 찬물에 담가 재빨리 식혀주면 이를 예방할 수 있다.

달걀이 오래될수록 삶은 달걀의 껍데기는 더 쉽게 벗겨진다. 이는 시간이 지남에 따라 달걀흰자의 알칼리도가 변하기 때문이다. 앞서 달걀껍데기에는 수천 개의 작은 구멍이 있어서 공기가 드나들 수 있다고 했는데, 시간이 지날수록 이산화 탄소가 달걀 밖으로 확산되므로 달걀흰자의 pH는 중성(약 7.6)에서 알칼리성(약 9.2)으로 변한다. 가열된 달걀은 pH가 낮을수록, 즉 신선할수록 흰자가 껍데기 내부에 더 강하게 달라붙어 있어서 껍데기를 벗기기가 어렵다.

신선한 삶은 달걀의 껍데기를 쉽게 벗기려면 삶는 물에 베이킹소다를 첨가하는 것도 하나의 방법이 될 수 있다. 이는 달걀이 알칼리성으로 변하는 데 도움을 준다. 하지만 이렇게 하면 삶은 달걀에서 약간 더 유황 맛이 날 수도 있다.

껍데기가 깨지지 않게 달걀을 삶는 법

달걀을 삶을 때 터지는(깨지는) 주요 원인은 달걀 내부의 공기 때문이다. 껍데기 아래에는 두 개의 멤브레인 층이 있는데, 그 사이에 공기 주머니가 있다. 공기 주머니에는 통기성 있는 산소가 들어 있다. 알에서 태아는 이 산소를 흡입하며 시간이 지남에 따라 산소 농도가 낮아지므로 공기 주머니에 산소가 보충되어야 한다. 따라서 알은 공기를 더 많이 들여보내고 이산화 탄소를 배출하여 공기 주머니를 다시 채운다. 이는 앞에서 설명한 바와 같이 껍데기 전체에 미세한 구멍이 있기 때문에 가능한 것이다.

한편, 달걀을 가열하면 열로 인해 달걀 내부의 압력이 높아지며 공기 주머니 속의 공기가 달걀 껍데기를 밀어낸다. 일부는 미세 구멍을 통해 나가지만 껍데기에 가해지는 압력이 너무 커지면 결국은 껍데기가 깨진다. 달걀이 깨지는 다른 이유도 있다. 물을 끓이면 물에 녹아있던 기체가 밖으로 나오면서 기포가 생기며 온도가 높을수록 기포가 더 많이 생긴다. 이 기포들이 달걀을 여러 방향으로 움직이게 한다. 이때 달걀끼리 충돌하거나 조리 용기와 충돌하여 균열이 발생할 수 있다.

따라서 달걀이 깨지는 것을 방지하는 방법은 달걀 내부의 공기를 제거하거나 서로 부딪히지 않게 조심해서 삶는 것이다. 달걀 내부 공기의 압력 상승으로 균열이 발생하는 것을 방지하기 위해서는 달걀을 물에 15분 이상 담가두면 된다. 삶을 그릇에 달걀을 넣은 후 물을 채워서 달걀이 완전히 잠기게 한다. 공기는 물보다 가볍기 때문에 달걀이 물에 잠기면 공기가 표면으로 올라오고 싶어 하므로 달걀 껍데기에 있는 구멍을 통해서 공기가 빠져나간다. 달걀 표면에 작은 기포가 보이는 것이 공기가 밖으로 빠져나오고 있다는 증거이다. 시간이 지난 후, 용기를 가열 기구에 올려놓고 가열을 시작하면 달걀이 깨지는 것을 방지할 수 있다.

양파의 보호 본능

양파의 세포가 손상되었을 때… S-1-프로페닐-L-시스테인 설폭사이드가 함께 반응하여… 1-프로페닐 설펜산… 프로판싸이알-S-옥사이드가 휘발되어… 감각 뉴런을 자극….

양파를 자르거나 마늘을 다듬을 때 눈이 따갑고 눈물이 나는 경험을 해 보았을 것이다. 그 원인이 되는 성분은 프로판싸이알 S-옥사이드로, 싸이오카보닐 S-옥사이드라고도 알려진 유기 황 화합물인데, 휘발성 액체이며 눈에 닿으면 눈물이 나고 따끔거림을 유발한다. 하지만 양파 자체에는 프로판싸이알-S-옥사이드가 전혀 포함되어 있지 않다. 그러면 눈을 따갑게 하고 눈물을 나게 이 화학 물질은 어디에서 오는 것일까?

스스로 몸을 보호하는 양파

이 화학 물질은 두 단계를 거쳐서 생성된다. 양파를 얇게 썰면, 즉 양파의 세포가 손상되면 효소인 알리네이스$_{\text{alliinase}}$로 채워진 작은 생물학적 벽이 열리면서 물과 S-1-프로페닐-L-시스테인 설폭사이드가 함께 반응하여 다양한 유황 화합물이 생성된다. 그중 하나인 1-프로페닐 설펜산은 또 다른 효소인 누액 인자 합성 효소(LFS)에 의해 휘발성 액체인 프로판싸이알-S-옥사이드로 전환되는 것으로 밝혀졌다. 이 프로판싸이알-S-옥사이드가 휘발되어 공기를 통해 확산되고 눈과 접촉하면 물과 반응하여 감각 뉴런을 자극하여 따끔거리고 고통을 준다. 눈물이 나는 이유는 이 자극물을 희석하고 씻어내기 위한 일종의 몸의 보호 작용이다.

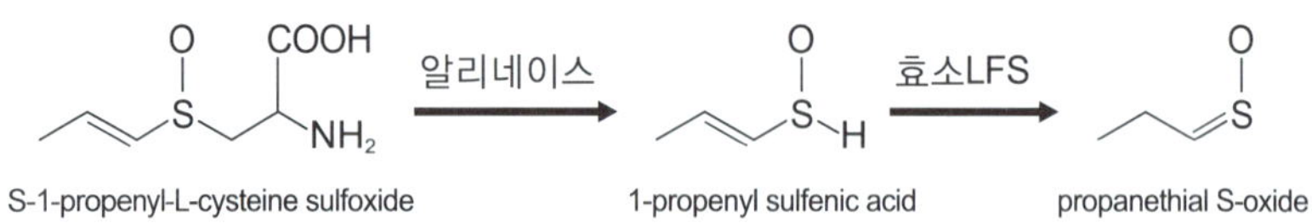

양파, 마늘 등 파 계열의 채소 중에서 눈을 자극해서 눈물을 가장 많이 나게 하는 것은 붉은 양파와 흰 양파이다. 이는 프로판싸이알 S-옥사이드 생성과 관련된 효소의 농도가 상대적으로 높기 때문이다. 이 눈물을 유발하는 물질인 프로판싸이알 S-옥사이드는 양파 자체로서는 동물이 먹는 것에 대한 자연적인 방어 수단으로 작용하며 박테리아와 곰팡이를 죽일 수 있어 유용한 항생제가 되기도 한다. 실제로 양파 주스는 미국 남북 전쟁에서 총상을 치료하는 데 사용되었으며 고대 로마에서는 개에게 물린 것부터 탈모와 구강 궤양에 이르기까지 모든 치료에 양파를 추천했고, 시력을 개선하는 데도 사용될 수 있다고 믿었다고 한다.

산성비는 양파를 더 맵게 한다

양파 계열의 채소는 약용 식물보다 영양학적 이점으로 더 선전되고 있다.

⩓ 눈을 자극하는 화학 물질 자체가 양파에 있지는 않지만, 양파를 썰 때 생성이 촉진된다.

그들의 유황 화합물은 암 예방에서 천식, 심혈관 질환 및 당뇨병 퇴치에 이르기까지 광범위한 건강상의 이점이 있다는 주장도 있다. 양파는 자라는 땅에서 뿌리를 통해 황(S)을 흡수하는데, 이는 1-프로페닐 설펜산의 함량을 증가시켜서 결국은 프로판싸이알 S-옥사이드의 생성량에 영향을 미친다. 저유황 토양에서 자란 일부 양파 품종이 덜 매운 이유이다.

토양에 있는 대부분의 황은 석탄 연소와 같은 산업 공정에서 대기로 방출되는 이산화 황(SO_2)이 일차 원인이다. 이산화 황이 대기 중에서 수증기를 만나면 황산(H_2SO_4) 형성되어 산성비로 내리면 땅에 축적된다. 세계 각국에서는 이산화 황의 배출량을 줄여 산성비의 양을 절감하기 위해 노력하고 있으므로 양파를 비롯하여 황을 함유한 채소의 효능, 풍미, 영양학적 관점도 영향을 받고 있다. 하지만 황이 줄었음에도 양파는 여전히 꽤 맵다.

웃으면서 양파 썰기

그러면 양파를 썰 때 눈물을 덜 흘리는 방법은 무엇이 있을까? 콘택트렌즈를 끼는 사람들은 아무래도 눈에 자극을 덜 받는다. 그리고 매우 날카로운 칼은 양파의 세포 손상을 최소화하므로 진행 중인 프로판싸이올-S-옥사이드 반응의 양을 줄여준다. 또 다른 방법은 양파를 썰기 전에 30분 정도 찬물에 담그거나 10~15분 정도 냉동고에 얼려 두는 것이다. 눈물을 유발하는 기체의 휘발성이 줄어 약간의 도움이 될 수 있다.

아울러 미국 양파협회에서는 윗부분을 잘라내고 뿌리 쪽은 그대로 두고 겉껍질을 까도록 권장하고 있다. 이는 황 화합물의 농도가 가장 높은 곳이 뿌리 부분이기 때문에 뿌리를 자르면 프로판싸이올-S-옥사이드가 더 많이 생성될 수 있기 때문이다. 봄에 수확한 작은 양파도 효소의 양이 작아서 덜 맵고, 비데일리아 양파와 같은 단맛이 나는 품종의 양파들도 유황 성분이 적게 들어 있어서 상대적으로 덜 맵다고 알려져 있다.

알고 마시자, 스포츠 음료

수분과 전해질은 땀으로 손실되므로… 단기간 운동에 유익한지는 확실하지 않은데… 저소듐증을 예방하는 데 도움이 될 수 있지만 4시간 이상 운동 활동을 지속한 후에만 도움….

물은 인체 체중의 상당 부분을 차지하고 있으며 신체가 적절한 기능을 수행하는 데 매우 중요한 역할을 한다. 물이 인체 내에서 하는 역할 몇 가지를 살펴보면 다음과 같다.

- 체온 조절
- 눈, 코, 입 조직의 수분 유지
- 신체 기관과 조직의 보호
- 영양소와 산소를 세포로 운반
- 노폐물을 배출시켜 신장과 간의 부담을 경감
- 관절 윤활 작용
- 미네랄과 영양소를 용해하여 몸에 쉽게 흡수되도록 함

그러나 인체는 소변, 땀, 대변을 통해 수분을 잃을 뿐만 아니라 피부와 숨을 내쉬는 공기를 통해서도 지속적으로 수분을 잃는다. 이러한 손

실을 대체하고 건강과 운동 능력을 향상시키기 위해 정기적으로 수분을 섭취하는 것이 좋은데, 개인에 따라 요구되는 물의 양은 다르지만 권장되는 일일 수분 섭취량은 성인 여성의 경우 2.7 L이고 성인 남성의 경우 3.7 L이다.

사람의 몸에서 물의 비율은 평균적으로 60%이며 사람에 따라 45~75%까지 차지하고 있다. 여성은 남성보다 낮은 비율로 수분을 함유하는데, 이는 여성의 지방 비율이 높기 때문이다. 즉, 체지방 비율이 높은 사람들이 체내 수분 비율이 낮을 가능성이 크다는 것을 의미한다. 체내 수분 비율은 나이에 따라서도 변하는데 유아는 매우 높은 반면에 노인은 상대적으로 적다.

스포츠 음료의 구성 성분

스포츠 음료의 주요 성분은 물이지만 성능을 향상시키기 위해 탄수화물과 전해질을 비롯한 다른 물질도 포함하고 있다. 스포츠 음료에 있는 탄수화물은 포도당, 자당, 과당과 같은 당(설탕)의 형태이지만 다른 형태로도 존재한다. 일반적으로 스포츠 음료의 6~8%는 탄수화물이며 6% 용액에는 240 mL당 약 14 g의 탄수화물이 들어 있다. 그러나 일부 스포츠 음료는 추가 칼로리 없이 물과 전해질을 원하는 사람들에게 어필하기 위해 저탄수화물 또는 제로 탄수화물 제품들도 있다.

스포츠 음료가 만능은 아니다

전해질 음료라고도 하는 스포츠 음료는 비록 운동경기와 훈련에서 그 수행의 향상에는 의문의 여지가 있으나 훈련이나 경기 전, 도중, 특히 그 후에 물, 전해질 및 에너지를 대체하도록 돕는 것이 명시된 목적을 가진 기능성 음료이다. 일반적으로 스포츠 음료(355 mL 한 병당 대략 21 g)에는 일반 청량음료(355 mL 한 병당 대략 47 g)에 함유된 설탕의 2/3 정도가 포함되어 있다. 이 양은 어린이의 하루 권장량[10]을 초과하고 있다.

또한 인체가 이미 좋은 영양을 통해 전해질을 받고 있다면 전해질의 보충이 크게 중요하지 않다는 의견도 있다. 우리 몸의 체액에 녹아있는 이온들을 전해질이라 하는데 소듐(Na^{+}), 칼슘(Ca^{2+}), 포타슘(K^{+}), 마그네슘(Mg^{2+}) 등을 말하며 인체 내의 신진대사에 관여하는 물질들로 전해질 농도 균형에 이상이 생기면 구토, 근육경련, 두통, 심실세동 등이 나타날 수 있다.

스포츠 음료의 종류

스포츠 음료는 크게 세 가지 유형으로 나눌 수 있다. 등장성(혹은 등삼투압성) 스포츠 음료에는 인체와 유사한 농도의 소금과 설탕이 포함되어 있다. 고장성 스포츠 음료는 인체보다 높은 농도의 염분과 설탕을 함유하고 있다. 반면에 저장성 스포츠 음료는 인체보다 낮은 농도의 염분과 설

10) 성인 하루 권장량은 40 g 정도이다.

탕을 함유하고 있다. 대부분의 스포츠 음료는 등장성이며, 250 mL당 13~19 g의 설탕이 함유된다.

효능을 알고 마시자, 스포츠 음료

스포츠 음료의 주요 구성요소인 물, 탄수화물 및 전해질은 각각 운동 수행의 다양한 측면에서 중요하다. 수분과 전해질은 땀으로 손실되므로 특히 장기간 운동하는 동안 이를 보충하는 것이 중요하다. 신체는 근육과 간에 글리코젠의 형태로 탄수화물을 저장하고 있다가 운동 중에 연료로 사용한다. 만약 운동 전이나 운동 중에 탄수화물을 섭취하면 몸에 저장된 탄수화물이 고갈되는 속도를 늦출 수 있다.

스포츠 음료가 단기간 운동에 유익한지는 확실하지 않은데 점프, 전력질주 및 민첩성 운동과 같은 단기 활동에 대한 스포츠 음료의 이점을 뒷받침하는 강력한 증거는 없으며, 마찬가지로 웨이트 트레이닝에 대한 명확한 이점을 입증하는 보고도 없다. 스포츠 음료는 청량음료로 판매되고 있는데 장시간 운동하지 않은 상태에서 탄수화물이 포함된 스포츠 음료를 마시면 체중 증가로 이어진다는 주장도 있으며, 높은 당분 함량으로 인해 충치를 유발하는 것으로도 나타났다.

열심히 훈련하고 경기하는 운동선수는 땀을 흘리고 에너지를 소비하면서 수분과 전해질을 잃게 된다. 그러나 스포츠 음료를 연구한 뉴멕시코 대학의 운동 생리학자는 90분 이상 운동이나 경기를 하지 않은 경우는 설탕과 전해질이 과도하게 함유된 음료를 마실 이유가 없다고 하며, 호주 스포츠 연구소는 운동 중 과도한 염분 보충이 위장 문제 혹은 체액

균형의 추가 손상을 초래할 수 있고 염분 유발 경련을 유발할 수 있다고 도 얘기한다. 음료에 포함된 소듐(Na)은 저소듐증을 예방하는 데 도움이 될 수 있지만 4시간 이상 운동 활동을 지속한 후에만 도움이 된다는 것이다. 즉 소듐이 함유된 스포츠 음료는 강렬하고 장기간의 훈련이나 경기 후 회복에 도움이 될 수도 있다는 것이다.

게토레이의 유래

1965년에 미국 플로리다 대학교 게이터스 미식축구 감독인 레이 그레이브스는 선수들이 훈련과 경기 중에 체중이 많이 줄고 있다는 사실을 알게 되었다. 물을 많이 마셔도 소변을 보지 않았고 선수들은 열사병에 시달렸다. 코치는 이 대학의 의과대학 신장 질환 전문가와 팀을 이루어 문제를 해결하고자 하여 운동선수들이 땀으로 잃은 탄수화물(대부분 설탕), 소금, 전해질을 보충할 음료를 개발했다.

음료의 초기 버전은 물, 소듐, 설탕, 포타슘, 인산염 및 레몬 주스의 혼합물로 구성되었었다. 이 대학의 미식축구팀은 게토레이가 1967년 조지아 공과대학 옐로우 재킷을 상대로 오렌지 볼의 첫 우승에 기여한 것으로 인정했으며 이 시점에서 이 음료는 운동계에서 주목을 받기 시작했다.

플로리다 대학 연구원들은 처음에 제품 이름을 'Gator-Aid'로 하려 했으나 과학적으로 검증된 제품이 아닌 상업용 제품을 만들고 싶어서 'Gatorade'라는 이름을 사용하기 시작했다. 악어의 영문은 alligator인데 gator라고도 한다. 플로리다 대학의 마스코트가 'Gator'이고 이 대학의 스포츠 팀명도 플로리다 게이터스(Florida Gators)라는 것에서 착안했을

플로리다 대학교의 미식축구팀의 마스코트인 Gator를 따서 스포츠 음료 게토레이가 만들어졌다.

것이다.

과자 봉지 속의 화학 물질

아르곤으로 식품을 포장하면 유통 기한이 연장되고 신선도가 유지되며 전반적인 품질이 향상… 실리카젤은… 수분을 제거하여 곰팡이 발생이나 기타 식품 부패를 방지….

마트나 편의점에서 과자를 하나 구매해서 포장을 뜯어 보자. 과자 봉지 안에는 과자만 있는 것이 아니다. 과자 봉지를 뜯는 순간, 빵빵함을 유지해 주었던 봉지 속 기체가 날아가면서 봉지가 홀쭉해지며, 과자의 종류에 따라 방부제나 방습제가 들어 있다. 또 과자 봉지의 내부는 은색으로 코팅되어 있다.

봉지 속의 기체

빵빵하게 부푼 과자 봉지에 과자가 가득 차 있기를 바라는 마음으로 봉지를 뜯었다가 실망한 적이 누구나 있을 것이다. 외관과 다르게 지나치게 적은 양에 과대 포장이 아닌지 제조사에 불만을 품기도 했을 것이다. 그렇다면 왜 과자 봉지 속에 기체를 채우는 것일까? 만약 기체를 채우지 않는다면 무슨 일이 벌어질까?

제조사들이 제품을 봉지에 가득 채우지 않고 느슨하게 담는 방법을 'slack-fill'이라고 한다. 이는 배송 과정에서 거친 취급으로 인한 손상으로부터 제품을 보호하기 위한 것이다. 제품이 다른 제품 위에 쌓이거나 좁은 공간에 빽빽하게 들어차면 배달 트럭 뒤에서 이리저리 흔들린다. 또 운반될 때, 내부 제품들이 파손되어 부스러기가 된다. 따라서 이를 방지하는 에어 쿠션 역할을 하도록 공기를 채우는 것이다.

1980년대 이전까지만 해도 일반 공기를 이런 목적으로 채웠다. 그런데 일반 공기에는 약 21%의 산소(O_2)가 포함되어 있다. 이 산소가 있는 오일과 반응하여 감자 칩이 판매점에 도착하기 전부터 변질되어 좋지 않은 냄새가 났으며, 공기 중 수증기에 의해 눅눅해졌다. 이는 산화 과정을 통해서 유지가 공기 중에 방치되면 산성이 되어 불쾌한 냄새가 나고 맛이 변질되거나 빛깔이 변하는 화학적 산패가 일어났기 때문이다.

이후 감자 칩 제조업체들은 새로운 방법인 질소 불활성화를 개발하였다. 수증기를 포함한 일반 공기를 제거하고 대신에 산화되지 않는 안정적이고 반응성이 없는 질소(N_2) 기체를 감자 칩 봉지에 채우기 시작했다. 이를 통해 소비자가 봉지를 열 때까지 칩을 원래 제조할 때와 거의 같은 상태로 유지할 수 있었다.

한편, 질소 대신 아르곤을 사용하면 유통 기한이 연장되고 신선도가 유지되며 전반적인 품질이 향상된다는 연구 결과에 의해 감자 칩, 가공육, 상추, 와인과 같은 제품들을 아르곤으로 포장하기도 한다. 질소로 포장하더라도 미량의 산소가 남아 있어 음식이 산화되어 감자 칩이 썩고 잘게 썬 사과가 갈색으로 변하는 화학 반응이 일어나 부패할 수 있다. 하지만, 아르곤은 질소보다 밀도가 높고 공간을 더 완벽하게 채우기 때문에 질소를 아르곤으로 대체하면 산소가 더 효율적으로 제거된다.

실리카젤

실리카젤은 이산화 규소(SiO_2)의 다공성[11] 형태를 말한다. 이 다공성 공극은 물 또는 기타 액체를 담을 수 있거나 가스 또는 진공으로 채워질 수 있다. 평균 기공 크기가 나노미터인 실리카젤은 비표면적이 높으며 물 분자에 강한 친화력을 가지고 있어 건조제로 널리 사용된다. 단단하고 반투명하지만 유리나 석영보다 상당히 부드러우며 물에 포화되면 더 단단해진다.

스낵류나 알약이 들어 있는 포장지 속에는 실리카 겔이 들어있는 작은 봉지를 발견할 수 있는데 이는 탈수된 진공 밀봉 식품을 조금 더 신선하게 유지하기 위함이다. 실리카젤은 포장지 내에 존재하는 수분을 제거하여 곰팡이 발생이나 기타 식품 부패를 방지할 수 있는데, 제품들로부터 방출되거나 포장시에 포함된 수분들이 실리카 젤 다공성 표면에 결합되기 때문이다.

과자 봉지 안쪽이 은색인 이유

과자 봉지는 폴리프로필렌, 폴리에틸렌, 알루미늄박 등 3~4겹의 포장으

11) 고체의 내부 또는 표면에 여러 개의 작은 구멍이 있는 상태이며, 표면적이 넓다.

로 이루어져 있다. 한 겹의 비닐에는 산소 분자보다 큰 미세한 구멍이 있어서, 공기가 출입하여 포장지 내의 제품들을 변질시킬 수 있다. 얇은 알루미늄 필름을 입히면 공기(산소)를 차단함은 물론이고 내열성, 내한성, 내구성이 강하고 햇빛도 차단해서 내용물들의 맛이나 냄새 등의 변질을 막는 역할을 한다.

사과의 갈변과 산소

효소적 갈변은 산소에 노출되어야 하며 폴리페놀 산화 효소에 의해 페놀이 퀴논으로 산화되면서 시작… 중합되어 결국 음식 표면에 갈색 색소를 형성….

사과를 비롯한 껍질이 벗겨진 과일 조각이 공기에 노출되면, 산소와의 반응으로 인해 표면이 갈색으로 변한다. 이를 효소적 갈변이라 하는데 이는 과일에 있는 폴리페놀 산화 효소(PPO)가 공기 중의 산소(O_2)와 화학 반응하여 갈색으로 변하기 때문이다.

$$\text{폴리페놀 산화 효소} + O_2 \rightarrow \text{멜라닌(갈색)}$$

식품의 색과 맛을 결정하는 효소적 갈변

효소적 갈변은 대부분의 과일과 채소 및 해산물에서 일어나는 가장 중요한 반응 중 하나이다. 이 과정은 이들 식품의 맛, 색상, 가치에 영향을 미치며, 일반적으로 천연 페놀에서 멜라닌과 벤조퀴논을 생성하는 폴리페놀 산화 효소, 카테콜 산화 효소 및 기타 효소가 관여한다.

식품의 산화라고도 하는 효소적 갈변은 식품이 산소에 노출될 때 폴리페놀 산화 효소에 의해 페놀이 퀴논으로 산화되면서 시작한다. 퀴논이라는 물질은 전자를 매우 좋아하고, 단백질은 전자를 줄 수 있기 때문에 이 둘의 반응은 매우 민감하게 일어난다. 퀴논은 일련의 반응으로 중합되어 결국 음식 표면에 갈색 색소를 형성하게 된다. 효소적 갈변 속도는 식품에 존재하는 활성 폴리페놀 산화 효소의 양에 의존한다.

모든 식품의 갈변 현상이 부정적인 영향을 미치는 것은 아니다. 커피, 코코아 콩, 차의 색깔과 맛을 내고, 무화과와 건포도와 같은 말린 과일의 색깔과 맛을 내는 것도 갈변 현상의 결과이다. 유익하지 않은 경우는 사과, 감자, 바나나, 아보카도와 같은 신선한 과일과 채소의 갈변 현상이다.

산업적으로 효소적 갈변을 제어하는 방법

효소적 갈변을 제어하는 것은 식품 산업에서 항상 도전 과제였는데, 이는 크게 물리적 방법과 화학적 방법으로 나눌 수 있다. 물리적 방법으로는 크게 열처리 방법, 저온 처리법, 산소 제거법, 방사선 조사의 네 가지가 있다.

- **열처리 방법**: 데치거나 굽는 등 열로 식품을 처리하면 효소가 변성되고 갈변을 일으키는 반응물이 파괴된다. 포도주 양조, 차(茶) 가공, 견과류와 베이컨의 저장, 냉동 보존을 위한 채소 준비에는 데치는 방법이 사용된다. 고기는 갈변을 덜 일으키는 저온에서 요리하기 위해 고열로 부분적으로 갈변하는 경우가 있다.

- **저온 처리법**: 냉장 및 냉동은 부패를 막으면서 식품을 저장하는 가장 일반적인 방법이다. 저온 환경에서 갈변 효소의 활성, 즉 반응 속도는 저하되므로 냉장은 신선한 채소와 과일의 초기 모양, 색 및 맛을 유지하는 데 도움이 된다.
- **산소 제거법**: 산소의 존재가 효소적 갈변에 중요하므로 환경에서 산소를 제거하면 갈변 반응을 늦추는 데 도움이 된다. 진공 포장 또는 대체 기체 포장로 포장하는 것과 같이 보존하는 동안에 공기를 빼거나, 일반적인 공기 대신에 질소나 이산화 탄소로 대체하는 방법, 불침투성 필름 또는 식용 코팅제 사용, 와인 또는 주스의 밀봉 작업, 소금이나 설탕 용액에 담그기, 식품이 산소와 직접 접촉하지 못하게 하는 방법 등이 있다. 플라스틱 또는 기타 재료로 만들어진 불투과성 필름은 식품이 공기 중의 산소에 노출되는 것을 방지하고 수분 손실을 방지한다.
- **방사선 조사법**: UV-C, 감마선, X선, 전자빔 등을 식품에 조사하는 것도 식품 저장 수명을 연장하는 또 다른 방법이다. 이온화 방사선은 식품 부패의 원인이 되는 미생물의 활성을 억제하고 보존 채소와 과일의 성숙과 발아를 지연시키기도 한다.

화학적 방법으로는 산성화법, 산화 방지제 사용, 킬레이트제 사용의 세 가지 방법이 있다.

- **산성화법**: 갈변 효소는 다른 효소와 마찬가지로 특정 pH 범위에서 활성화되는데, 예를 들어 폴리페놀 산화 효소는 pH 5~7에서 최적의 활성을 나타내고 pH 3 미만에서는 억제된다. 산성화제 및 산도 조절제는 식품에서 원하는 pH를 유지하기 위한 식품 첨가물로 사용되는데, 구연산, 아스코르브산, 글루타싸이온과 같은 산미료가 갈변 방지제로 사용되며 이러한 제제 중 다수는 킬레이트화 및 항산화 활성과 같은 다른 갈변 방지 효과도 나타낸다.
- **산화 방지제**: 많은 산화 방지제가 식품 첨가물로 식품 산업에서 사용된다. 산소와 반응하여 갈변 과정의 시작을 억제하며 반응의 중간생성물을 방해하여 멜라닌 생성을 억제한다. 아스코르브산, N-아세틸시스테인, L-시스테인, 4-헥실레조르시놀, 에리소르빈산, 시스테인 염산염, 글루타티온이 대표적인 갈변 방지 항산화제이다.
- **킬레이트제**: 폴리페놀 산화 효소가 기능하려면 구리가 보조 이온으로 필요하다. 킬레이트제는 구리와 강하게 결합하여 구리의 활성을 없앨 수 있으므

로, 산화 효소의 활성도 억제된다. 킬레이트 활성을 갖는 물질로는 시트르산, 소르브산, 폴리포스페이트, 히노키티올, 코직산, EDTA, 포르피린, 폴리카복실산 및 다양한 단백질이 있다. 이러한 화합물 중 일부는 산성화 또는 항산화제와 같은 다른 갈변 방지 효과도 있다.

» 효소적 갈변을 제어하는 물리적 방법과 화학적 방법

물리적 방법	화학적 방법
열처리 방법 저온 처리법 산소 제거법 방사선 조사법	산성화법 산화 방지제 킬레이트제

추가적으로 천연 제제에 의한 갈변을 억제하는 방법이 있는데, 양파, 파인애플, 레몬 및 화이트 와인과 같은 다양한 천연 제품 및 추출물은 일부 제품의 갈변을 억제하거나 늦추는 것으로 알려져 있다. 양파와 그 추출물은 PPO 활성을 억제하여 강력한 갈변 방지 특성을 나타내고, 파인애플 주스는 사과와 바나나에 갈변 방지 효과가 있으며, 레몬주스에 있는 구연산과 아스코르브산이 제과 제품을 더 밝게 만들기 위한 반죽을 만드는 데 사용되기도 한다.

일상에서 쉽게 사과의 갈변을 방지하는 방법

따라서, 쉽게 사과가 갈변하는 것을 방지하려면 레몬주스 1 테이블스푼을 물 1컵에 섞은 용액이나 소금 1/8 티스푼을 물 1컵에 섞은 용액에 사과 조각을 3~5분 동안 담그면 된다. 이후 물기를 제거하고 헹구면 사과가 몇 시간 동안 갈변되지 않는다. 식당에서 후식으로 나오는 사과를 먹을 때 조금 짠맛이 나는 것도 이런 방법을 사용하여 미리 껍질을 벗겨놓은 사과의 갈변을 막았기 때문이다.

다른 방법으로 자른 사과를 곧바로 공기(산소)가 드나들지 않는 밀봉할 수 있는 봉지나 밀폐 용기에 담아서 냉장고에 보관할 수도 있다. 3~5일 동안은 갈변하지 않고 보관 가능하다.

과수원 과일과 상점 과일

수분 손실을 줄이는 동시에 과일 표면에 광택을 주는 장벽 역할을 하는 천연 왁스 층으로 덮여… 천연 왁스가 제거되면 과일에서 수분이 과도하게 손실….

농장에서 귤이나 딸기를 따 본 사람은 가지에서 딴 직후의 과일과 슈퍼마켓이나 과일가게에서 구입한 과일의 차이점을 알고 있을지도 모르겠다. 나무에서 갓 딴 사과에는 먼지가 묻어있으며 긁힘, 흉터, 벌레 물림으로 찔려 있을 수 있다. 그러나 가게에 있는 과일은 부드럽고 광택이 난다. 이는 인공 과일 왁스 때문으로, 과수원에서 과일이 출하될 때는 소비자에게 좋은 인상을 주고 수분의 손실을 줄이기 위해 코팅제가 발라진다.

왁스는 최대 50가지 다른 화합물의 혼합물이다. 대부분은 에스터 화합물이며 트라이아콘테인($C_{30}H_{62}$)과 같은 탄화수소를 비롯하여 헵타코사놀 및 말롤과 같은 알코올류들도 포함되어 있다. 왁스는 실온에서 친유성이며 펼쳐 발라질 수 있는 고체이다. 일반적으로 녹는점이 약 40℃ 이상인 긴 사슬 알케인과 지질이 포함되어 있어 용융되면 점도가 낮은 액체가 된다. 왁스는 물에 녹지 않지만 유기 비극성 용매에는 잘 녹는 성질이 있다.

과일에는 애초에 천연 왁스가 발라져 있다

물은 신선한 과일이나 채소의 주요 성분으로 전체 무게 중 약 80~90%를 차지하고 있다. 과일은 원래 천연적으로 수분 손실을 줄이는 동시에 표면에 광택을 주는 장벽 역할의 천연 왁스 층으로 덮여 있다. 천연 왁스 결정체로 이루어진 흰색 흔적은 자두의 갈색 표면에서는 더 쉽게 눈에 띄며 먼지 같아 보이기도 한다.

이 천연 분말은 과일이 자라면서 건조되거나 비에 젖는 것을 방지하는데 과일을 수확하고 판매하기 전에 먼지나 흙과 같은 오염물질들을 세척할 때 표면에 있는 상당량의 천연 왁스도 함께 제거된다. 천연 왁스가 제거되면 과일에서 수분이 증발되어 과도하게 손실될 수 있다. 그렇게 되면 제품이 쪼그라들거나 시들 뿐만 아니라 제품의 외관과 식용 품질에 부정적인 영향을 미치는 바람직하지 않은 질감 변화가 발생한다. 이를 미연에 방지하고 과일을 보호하기 위해서는 새로운 인위적인 코팅이 필요하다.

과일 왁스의 장점과 단점

인공 과일 왁스는 식품 보존과 더불어 과일을 한층 먹음직스럽게 보이게 하는 효과도 있다. 수분 손실을 방지함으로(특히 감귤류와 사과류는 천연 왁스가 씻겨나간 것을 보충) 과일의 수축과 부패를 지연시키고 때로는 살균제를 첨가하여 곰팡이 증식을 억제하며 숙성을 지연시키기 위해 과일 호흡을 조절하기도 한다.

또한, 껍질이나 표면의 작은 균열과 움푹 파인 곳을 봉인하여 곰팡이나 박테리아 병원균이 침입하는 것을 막아주며, 병원균의 성장과 발달에 도움이 되지 않게 물과 호환되지 않은 표면을 생성시킨다. 운송 중의 멍으로부터 보호하고, 과일의 외관을 향상시키는 색조를 추가하기도 하여 광택을 낸다. 이와 같이 과일은 왁싱을 통해서 수명이 연장되어 나무를 떠나서도 몇 주 또는 몇 달 후에 수확, 포장, 배송 및 판매될 수 있도록 하며 외관도 개선되어 먹음직스럽게 된다.

그렇지만 왁스를 바른다고 해서 열등했던 제품의 품질이 우수해지는 것은 아니다. 오히려 왁스를 많이 바르면 과일의 품질에 부정적인 영향을 줄 수 있다. 예를 들어, 과도한 열이나 습기에 노출되면 과일 표면에 왁스 백화(백악이라고도 함)가 발생하기도 한다. 이것은 종종 왁스 제품, 특히 셸락으로 알려진 왁스로 심하게 코팅된 제품을 냉장 보관했다가 매우 더운 환경으로 꺼냈을 때 발생한다. 수분의 응결로 인해 셸락이 부분적으로 용해되어 결과적으로 외관이 반투명한 흰색 침전물이 생성되며, 왁스를 많이 바르면 과일 가스 교환이 차단되어 풍미가 상실될 수도 있다.

천연 왁스의 사용

왁싱 재료는 합성으로 만들거나 천연 공급원에서 추출할 수 있다. 천연 왁스는 곤충 또는 식물에서 얻어 낸다. 폴리에틸렌도 사용될 수 있는데 이는 옥수수의 발효에 의해 생성되는 에탄올로부터 만들어진 에틸렌으로 만들어지며, 비극성 포화 고분자량의 탄화수소로 파라핀과 유사하다.

≫ 천연 공급원에서 얻는 왁스

곤충에서 얻는 천연 왁스	식물에서 얻는 천연 왁스
• 밀랍: 벌집을 만들기 위하여 꿀벌이 분비하는 물질 • 셸락: 암컷 락깍지벌레에 의해 분비되는 수지	• 카르나우바 왁스: 야자수 잎에서 추출 • 칸데릴라 왁스: 사막의 식물에서 추출

식품 등급 왁스로 코팅된 과일은 일반적으로 먹어도 안전하다. 그러나 항상 믿을만한 상점에서 과일을 구입하고, 남아 있는 먼지를 제거하기 위해 흐르는 수돗물에서 씻은 후에 껍질을 벗기고 잘라서 먹는 것이 안전하다. 인공 왁스는 소화가 잘되지 않아 분해되거나 흡수되지 않고 인체의 소화 시스템을 통과하여 몸 밖으로 배출되므로 건강에는 문제가 없다고 한다. 그렇다고 해도 잘 씻어서 표면에 붙어 있을 수 있는 박테리아를 제거하는 것이 좋다. 밀랍이나 카르나우바 왁스와 같은 천연 원료를 사용하여야 한다는 조건을 지킨다면, 유기농 농산물에 사용하여도 기준을 위반하는 것이 아니다.

자체발열 식품 꾸러미의 발열 반응

소량의 철과 합금된 분말 마그네슘 금속이 소금이 약간 가해진 물을 만나면 발열 반응을 이용한다… 발열제와 소금물이 들어 있으며… 발열제가 물에 닿아 발열 반응….

화학 반응은 크게 흡열 반응과 발열 반응의 두 가지 반응이 있다. 두 가지 이상의 물질(반응물)이 반응하여 생성물을 만들 때, 외부의 열이 필요하면 흡열 반응이고, 외부로 열을 발산하면 발열 반응이다.

자체 발열 식품 꾸러미는 열원이나 전원 없이 식품 내용물을 가열할 수 있는 포장으로 이는 발열 화학 반응을 이용한 것이다. 이런 포장은 군사 작전, 자연재해, 등산 및 야외 활동처럼 열원을 구하기 어려운 상황에서 찌개, 라면, 국물 등과 같은 비상식량을 따뜻하게 데울 때 유용하게 사용되고 있다. 따뜻한 음식을 선호하는 우리나라 사람들에게는 꽤나 유용한 물품이라고 할 수 있겠다.

자체발열 꾸러미의 발열제

자체발열 꾸러미의 열원은 물과 발열제로써 두 물질이 만나면 발열 반응이 일어나 식품을 가열한다. 발열제는 여러 종류가 있는데 대표적인 예는 산화 칼슘(CaO)이다. 이 물질이 물과 섞이는 반응에서는 열을 외부로 방출한다.

$$CaO(\text{산화 칼슘}) + H_2O(\text{물}) \rightarrow Ca(OH)_2(\text{수산화 칼슘}) + \text{열}$$

황산 구리($CuSO_4$)와 아연(Zn) 분말을 발열제로 사용할 수도 있다.

$$CuSO_4(s) + Zn(s) \rightarrow ZnSO_4(s) + Cu(s)$$

무화염 배급히터의 발열 메커니즘

일반적인 화학 반응 외에 전기화학적 원리를 이용한 방법의 무화염 배급히터Flameless Ration Heater, FRH도 군사용 비상식량Military Ready-to Eat, MRE으로 개발되었다. FRH는 소량의 철과 합금한 분말 마그네슘 금속, 그리고 약간의 소금으로 구성된다. 여기에 물을 가하면 발열 반응이 일어난다. 이 반응은 산화-환원 반응의 일종으로, 물이 금속 마그네슘(Mg)을 산화시켜서 수산화 마그네슘($Mg(OH)_2$)과 열을 생성한다.

$$Mg + 2H_2O \rightarrow Mg(OH)_2 + H_2 + \text{열}$$

이는 철이 산소에 의해 녹스는 것과 유사하다.

원하는 수준의 열을 생성하기에는 너무 느린 속도로 반응이 일어나기 때문에, 철(Fe) 입자와 식염(NaCl)을 마그네슘 입자와 혼합하여 반응 속도를 빠르게 한다. 철과 마그네슘 금속이 전해질에 현탁되면, 전기를 생성할 수 있는 일종의 갈바니 전지(배터리)를 형성한다. 따라서 FRH에 물을 넣으면 소금을 녹여 소금물 전해질을 형성하여 마그네슘과 철의 각 입자를 작은 배터리로 만든다. 마그네슘과 철 입자가 접촉하고 있기 때문에 본질적으로 수천 개의 작은 단락 배터리가 되어 빠르게 연소하면서 '초부식 갈바니 전지'라고 부르는 과정으로 열을 생성한다.

이론적으로는 마그네슘 24 g이 355 kJ의 열을 내는데, 이는 물 1 L를 끓이기에 충분하다. 반응이 진행되면 마그네슘은 산화 표면을 형성하므로 더 이상의 산화가 방해되지만, 염화 소듐(소금)과 철을 가해주면 계속해서 반응이 일어난다.

FRH(왼쪽)이 동봉되어 있는 MRE(오른쪽)

휴대성을 개선한 자체발열 식품

자체발열 식품은 보통 이중 포장되어 있으며 가열 주머니로 둘러싸여 있다. 이 주머니에는 발열제와 소금물이 들어 있고 당김 끈이 있어서 끈을 당기면 발열제가 물에 닿아 발열 반응을 일으킨다. 초기의 자체발열 패키지는 발열 용기로써 캔을 이용하였지만, 휴대성이 떨어진다는 단점이 있었다. 이후 여러 겹의 PP–EVOH 중합체인 고열처리 플라스틱을 이용한 용기를 사용하여 일반인들도 편리하게 사용할 수 있게 발전되었다.

간장과 된장의 화학

정교한 화학 및 생화학 반응… 콩과 밀의 주요 성분인 단백질, 탄수화물을 저분자의 아미노산이나 펩타이드 또는 향과 맛에 기여하는 물질들로 변화시키며 아울러 지질도 분해….

대두(콩)와 밀에 있는 단백질은 단백질 분해 효소를 통해서 유리 아미노산과 펩타이드로 분해되며 탄수화물은 녹말 분해 효소에 의해서 분해되어 설탕으로 바뀐다. 이러한 단백질과 탄수화물의 화학적 변화 과정에 관여하는 분해 효소는 누룩에서 공급된다. 이러한 단백질의 변성[12] 및 전분의 젤라틴화와 관련된 화학 반응에는, 볶고 삶고 살균하는 단계의 열처리 과정에서 일어나는 마이야르Maillard 갈변 반응, 열에 의한 향 발생, 캐러멜화 등이 있다.

12) 단백질이 온도나 농도 등의 원인으로 불활성화되는 것

간장을 구성하는 화합물

간장을 가공하는 전체 과정에서는 정교한 화학 및 생화학 반응이 일어난다. 간장의 주요 원료는 대두, 밀, 소금, 물이며 이들이 원료가 되어 콩과 밀의 주요 성분인 단백질, 탄수화물(전분), 셀룰로스, 헤미셀룰로스[13], 리그닌, 펙틴 물질 등을 저분자의 아미노산이나 펩타이드 또는 향과 맛에 기여하는 물질들로 변화시키며 아울러 지질도 분해된다. 이렇게 만들어진 간장은 총질소 1.0~1.65%, 환원당(포도당, 갈락토스, 글루코스, 다당류 등) 2~5%, 유기산(아세트산 시트르산, 젖산, 숙신산 등) 1~2%, 에탄올 2.0~2.5%, 염화 소듐 17~19%를 함유하고 있다. 질소의 약 45%는 단순 펩타이드에서 발견되고 45%는 아미노산(글루탐산, 아스파라긴산 등)에서 발견된다.

장의 기본, 메주

우리나라의 「식품 및 식품첨가물 공전」에 따르면 "장류라 함은 동·식물성 원료에 누룩균 등을 배양하거나 메주 등을 주원료로 하여 식염 등을 섞어 발효·숙성시킨 것을 제조·가공한 것"으로 규정된다. 이 중 메주는 한식메주와 개량메주, 간장은 한식간장과 개량간장, 된장은 한식된장과 된장으로 구분하고 있다.

한식메주는 대두를 주원료로 하여 찌거나 삶아 발효시킨 것이다. 공

13) 다당류 중에서 펙틴질을 뺀 것

기 중에서 발효시킬 때 누룩곰팡이를 비롯한 다른 곰팡이들도 생성된다. 이 중에는 인체에 유해한 균들도 있으므로 이를 보완하기 위해 선별된 종균(누룩곰팡이)만 발효시키는 방법으로 만든 것이 개량메주이다.

메주에서 간장과 된장까지

메주(콩의 단백질)에 식염수 등을 섞어서 메주 속의 미생물을 이용하여 발효·숙성시키면 아미노산과 펩타이드로 분해되는데, 이것이 한식간장이다. 이 한식간장이 여러 가공을 거쳐 개량간장이 된다.

개량간장은 양조간장, 산분해간장, 효소분해간장, 혼합간장으로 구분될 수 있다. 양조간장은 대두, 탈지대두 또는 곡류(쌀, 보리, 밀 등) 등에 누룩곰팡이균을 넣어 배양하고, 식염수 등을 섞어 발효·숙성시킨 후 그 여액을 가공한 것이다. 산분해간장은 단백질(탈지 콩) 또는 단백질을 함유한 원료(글루텐)를 염산으로 가수 분해한 후 알칼리(수산화 소듐 또는 소다회)로 중화한 아미노산액이다. 여기에 소금, 물엿, 카라멜 등을 넣어서 향미와 색깔을 간장과 동일하게 한다.

효소분해간장은 산분해간장과 동일한 원료를 사용하되 효소로 가수분해한 후 그 여액을 가공하여 만든다. 혼합간장은 한식간장 또는 양조간장에 산분해간장 또는 효소분해간장을 혼합하여 가공한 것이나 산분해간장 원액에 단백질 또는 탄수화물 원료를 가하여 발효·숙성시킨 여액을 가공한 것 또는 이의 원액에 양조간장 원액이나 산분해간장 원액 등을 혼합하여 가공한 것을 말한다.

한편, 한식된장은 한식메주에 식염수를 가하여 발효한 후 여액을 분리

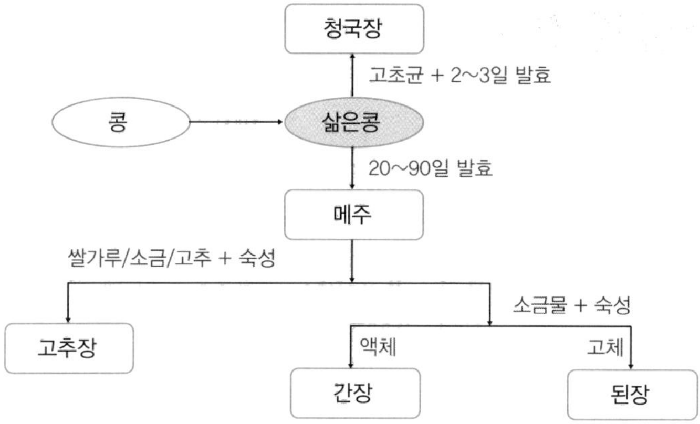

한 것이다. 된장은 대두, 쌀, 보리, 밀 또는 탈지대두 등을 주원료로 하여 누룩균 등을 배양한 후 식염을 혼합하여 발효·숙성시킨 것 또는 메주를 식염수에 담가 발효하고 여액을 분리하여 가공한 것을 일컫는다.

소금과 간수

소듐의 대부분은 소금의 형태이며… 전해질 및 삼투성 용질의 역할… 간수는 소금을 석출할 때 남은 모액… 두부를 만들 때를 비롯하여 사업폐수 처리 공정에서 응고제로….

우리에게 필수적인 소금

우리가 섭취하는 소듐(나트륨)의 대부분은 소금의 형태이며 가공식품과 음식물로부터 유래된 것이다. 인체에서 전해질 및 삼투성 용질의 역할을 하므로, 몸이 건강하게 작동하려면 소듐은 필수적인 영양소이다. 그렇지만 너무 많은 소듐의 섭취는 혈압, 심장병, 뇌졸중의 위험을 증가시키므로 주의해야 한다.

소금은 주로 염화 소듐(NaCl)으로 구성된 미네랄이다. 짠맛은 인간이 느끼는 기본적인 맛 중 하나로서, 소금 역시 가장 오래되고 보편적인 식품 조미료 중 하나이다. 소금은 방부제 역할도 하는데, 소금에 음식을 절이는 염장은 식품을 보존하는 전통적인 방법이다. 소금은 암염에 천연 결정 광물 형태로도 존재하지만 바닷물에 대량으로 들어 있고 그 농도

(염도)는 3.5%(바닷물 1 L에 고체 NaCl 약 35 g)이다. 염화 소듐은 많은 다세포 유기체의 세포 외액의 염도를 가장 많이 담당하고 있다.

소금의 화학적 성질과 활용

화학식이 NaCl인 염화 소듐은 이온 화합물로 물에 녹으면 소듐 이온(Na^+)과 염소 이온(Cl^-)으로 해리되어 1:1로 존재한다. 즉, 물속에서 NaCl로 존재하지 않고 이온 상태인 Na^+과 Cl^-으로 존재한다는 것이다. Na 원자 하나와 Cl 원자 하나의 질량비가 약 23 : 35.4이므로, 100 g의 NaCl에는 39.38 g의 Na와 60.62 g의 Cl이 포함되어 있다.

반투명 결정 고체인 NaCl은 입방체 모양을 하고 있으며 일반적으로는 흰색으로 보이지만 불순물들이 포함되면 파란색 혹은 옅은 보라색을 띤다. 각광을 받는 재료인 히말라야 핑크솔트가 분홍색을 띄는 것도 소금에 미량의 미네랄 성분들이 포함되어 있기 때문이다. NaCl의 녹는점은 약 800℃이며,[14] 소금이 물에 녹은 23.3% 소금 용액의 어는점은 −21.1℃이고 포화 소금 용액의 끓는점은 약 108.7℃이다.

어는점이 내려가는 특성을 이용하여 도로의 제설작업(보통은 염화 포타슘(KCl)을 이용함)을 실시하기도 한다. 소금물의 끓는점이 높다는 것을 이용하여 라면을 끓일 때도 끓는 물에 면과 스프를 넣지 않고 라면 스프를 먼저 넣은 뒤에 물을 끓이기도 한다. 이렇게 하면 더 높은 온도에서

14) 이와 같이 높은 녹는점 때문에 소금을 높은 온도에서 구울 수 있어서 일부 간수 성분을 비롯한 유해 성분들을 제거할 수 있다.

물이 끓으므로, 면이 더 빠르게 익고, 더 쫄깃한 라면을 맛볼 수 있다. 염화 소듐은 물에 대한 용해도가 높은데 25℃의 물 1 L에 약 350 g이 용해된다[15]. 그 이상의 NaCl을 녹이려 하면 침전이 일어나는데, 소금물로 배추를 절일 때 바닥에 녹지 않은 소금이 존재하는 것은 이 때문이다.

소금의 제조와 판매

소금은 소금 광산의 암염을 처리하거나 바닷물이나 미네랄이 풍부한 샘물을 염전에 가둔 후에 열을 가해 끓이거나 바람과 햇볕으로 물을 증발시켜서 얻는다. 소금은 폴리염화바이닐, 플라스틱, 종이 펄프 및 기타 여러 제품의 제조를 포함한 많은 산업 공정에서 사용되며 전 세계 연간 약 2억 톤의 소금 생산량 중 약 6%만 식용으로 사용된다. 다른 용도로는 수질 조절 공정, 도로의 제설, 농업용 등 많은 곳에 유용하게 사용되고 있다.

식용 소금의 경우 소금의 응결을 방지하기 위해 고화 방지제[16]인 소듐 페로사이안화물을 첨가하여 판매하기도 한다. 최근에는 불균형적인 영양 섭취로 인한 건강 문제를 해결하기 위해서 아이오딘(I)이나 철(Fe), 플루오린(F)을 첨가한 소금도 판매되고 있다. 아이오딘 결핍은 갑상선 기능 저하나 갑상선 비대 등을 유발하며, 철이 결핍되면 빈혈이 잦아진다. 플루오린의 첨가는 충치의 발병률을 낮춰준다.

15) 이렇게 물(용매)에 소금(용질)이 최대한으로 녹은 용액을 포화 용액이라고 한다.
16) 가루나 입자가 굳어 단단한 덩어리로 되는 것을 방지하는 첨가제

간수의 다양한 활용

간수는 바닷물에서 소금을 석출하고 남은 모액이다. 주성분으로는 염화 마그네슘($MgCl_2$)이 15~19%, 황산 마그네슘($MgSO_4$)이 6~9%, 염화 포타슘(KCl)이 2~4%, 염화 소듐(NaCl)이 2~6% 정도 포함되어 있다. 따라서 간수에는 마그네슘, 칼슘, 포타슘 이온뿐만 아니라 염화물, 황산염, 아이오딘화물 등 많은 이온들이 포함되어 있다. 간수는 두부를 만들 때를 비롯하여 사업폐수 처리 공정에서 응고제로 사용되고 있다. 간수의 주요 성분인 염화 마그네슘이 콩물 속에 있는 단백질과 반응하여 응결이 생겨서 두부를 만들 수 있는 것이다.

글루텐-프리와 현대인의 식단

글루텐을 완전히 분해할 수는 없어서 소화되지 않은 글루텐은 소장으로 이동… 어떤 사람들에게는 글루텐이 심각한 자가면역 반응이나 기타 불쾌한 증상을 유발….

최근에는 별다른 체강 질병의 징후나 증상이 없어도 건강과 체중 감소 등을 위해 글루텐-프리 식단gluten-free diet을 선호하는 사람들이 늘고 있다. 이에 따라 "Gluten Free" 라벨을 부착하여 판매되고 있는 식품들을 심심찮게 볼 수 있게 되었다. 우리나라 식약청KFDA을 비롯한 미국 FDA의 규정에 따르면 글루텐이 20 ppm(즉, mg/kg) 이하가 함유되어 있을 때 이 라벨을 달 수 있다. 즉, 이 라벨이 곧 글루텐이 전혀 포함되어 있지 않다는 뜻은 아니다.

GLUTEN FREE

글루텐이란?

글루텐은 밀 외에도 호밀, 보리, 및 삼백초(호밀과 보리의 교배종)에 함유되어 있는 단백질로 귀리에는 포함되어 있지 않다. 글루텐은 자연적으로 발생하지만, 이를 추출하여 농축한 다음 단백질이나 질감, 풍미를 추가하기 위해 식품 및 기타 제품에 첨가할 수 있으며, 가공식품을 한데 모아 모양을 잡아주는 결합제 역할도 한다. 따라서 이 화합물은 빵, 파스타, 국수, 시리얼, 맥주 등의 식료품 뿐만 아니라 화장품 및 영양 보조제에 이르기까지 거의 모든 것에 포함되어 있다.

글루텐과 체강 질병

인간에게는 음식을 분해하는 데 도움을 주는 소화 효소들이 있다. 프로테이스는 우리 몸의 단백질을 소화하도록 도움을 주는 대표적인 효소이지만, 글루텐을 완전히 분해할 수는 없어서 소화되지 않은 글루텐은 소장으로 이동한다. 대부분의 사람들에게는 소화되지 않은 글루텐이 문제를 일으키지는 않지만, 어떤 사람들에게는 심각한 자가면역 반응이나 기타 불쾌한 증상을 유발할 수 있다. 글루텐에 대한 자가면역 반응을 체강 질병이라고 하는데, 여기서 체강은 내장과 체벽 사이의 빈 곳을 말하는 것이다. 이 체강에 질병이 생기면 소장을 손상시킬 수 있다. 체강 질병이 없는 사람이라도 글루텐이 함유된 음식을 먹고 나서 설사, 두통, 피부 발진 등을 경험하기도 한다.

3장

건강과 화학

선크림과 피부 보호

자외선 차단 지수(SPF)는… 피부 화상을 입을 가능성의 비율을 나타내는데… SPF 15는 피부에 도달하는 자외선의 1/15만 피부에 직접 들어오고 나머지는 모두 차단….

기원전 7500년경에 나일강 유역의 이집트 양치기와 사냥꾼들은 태양 노출로부터 피부를 보호하기 위해 피마자 열매에서 으깬 기름을 사용했다. 1932년에는 호주의 화학자가 페닐살리실레이트를 이용하여 UV 필터로 제형화하였으며 이것이 현대적인 선크림의 시초이다.

일상생활에서 선크림, 선블럭, 선로션 등으로 불리고 있는 선스크린은 태양 자외선UV의 일부를 반사하거나 흡수하여 피부를 화상으로부터 보호하고 피부암 등을 예방하는 데 도움을 주는 광 보호 물질이 함유된 제품이다. 로션, 스프레이, 젤, 스틱, 파우더 등 다양한 형태로 판매되고 있다.

우리의 피부를 위협하는 자외선

햇빛은 대표적인 전자기 복사선이다. 전자기 복사선은 그 파장이 짧아질

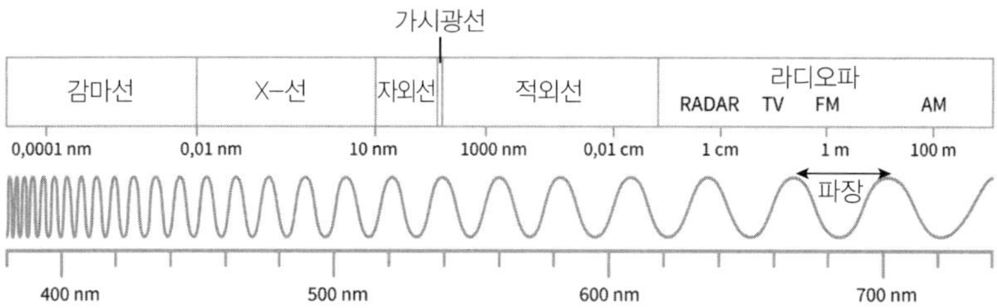

수록 에너지가 증가하는데, 이에 따라 파장별로 분류하여 다양한 목적으로 사용하고 있다.

라디오파는 전자기 복사선 중에서 가장 긴 파로 파장이 1 m 이상이며 고정 및 이동 무선 통신, 방송, 레이더 및 무선 항법 시스템, 위성 통신, 무선 컴퓨터 네트워크 및 기타 여러 응용 분야를 위한 기술에서 매우 널리 사용되고 있다. 마이크로파는 약 1 m~1 mm 파장이며 전자레인지를 비롯하여 무선 네트워크, 레이더, 위성 및 우주선 통신, 의료 투열 요법 및 암 치료, 원격 감지, 전파 천문학, 입자 가속기, 산업용 난방, 충돌 방지 시스템, 차고 도어 오프너, 열쇠가 없는 출입 시스템에서 사용되고 있다.

피부는 내부 진피와 외부 표피의 두 조직 층으로 구성된 기관으로, 표피의 4가지 서로 다른 세포층 중 가장 바깥쪽의 각질층은 자외선을 포함한 환경적 요인에 대한 물리적 보호막을 제공한다. 태양으로부터 나와서 우리 피부에 전달되는 자외선은 적외선$_{IR}$이나 가시광선$_{vis}$보다 파장이 짧다. 즉 에너지가 크기 때문에 피부의 손상을 가져온다. 자외선의 파장 범위는 약 100~400 나노미터(nm)이다.

자외선 자세히 알아보기

자외선을 세부적으로 파장에 따라 UVA(315~400 nm), UVB(280~315 nm), UVC(100~280 nm)로 구분하기도 한다. 개중에 파장이 가장 짧아 에너지가 가장 큰 UVC는 오존층에 의해서 거의 100% 흡수되므로 피부에 대한 노출을 염려할 수준은 아니다. UVB는 약 95%, UVA는 약 5%가 대기권에서 흡수되며, 나머지가 지표면에 도달하므로 우리의 피부도 이에 노출된다.

자외선들의 종류에 따른 성질들을 좀 더 자세히 살펴보자. UVA는 자외선 중에 파장이 가장 길고 에너지가 낮으며 오존층에 거의 흡수되지 않고 지구 표면에 도달한다. 이후 사람들의 피부 깊숙이 침투하여 검버섯, 기미, 주근깨 등을 만들거나 피부를 구릿빛으로 만드는 색소 침착 반응을 일으킨다. 진피층의 콜라겐을 파괴해 피부 탄력을 감소시키거나 주름을 형성하는 등 피부 노화의 주범이다. 구름이나 유리창에 효과적으로 차단되지 않기 때문에 실내에도 침투가 되며, 모든 계절과 날씨에 상관없이 낮에는 계속 영향을 준다.

UVB는 대부분이 오존층에 흡수되지만, 일부는 지표면에 도달하는데 여름철에 가장 문제가 되는 자외선이 이 UVB 자외선이다. 파장이 짧아서 구름이나 유리창에도 차단되며, 피부의 진피층까지는 도달하지 못하지만, 에너지가 UVA보다는 훨씬 크므로 표피 세포에 도달했을 때 피부가 빨갛게 되는 일광화상과 피부 손상, 물집, 백내장, 심한 경우 피부암까지 일으키게 된다. '햇볕에 탔다'라고 얘기하는 증상은 대부분 UVB 때문이다. 피부에서 프로비타민 D를 활성화시켜 비타민 D로 전환하는 역할을 하기도 한다.

UVC는 오존층에 완전히 흡수되어 지표면까지는 거의 도달하지 않는데, 파장이 짧아서 에너지가 크므로 염색체 변이를 일으키고 단세포 유기물을 죽이며 눈의 각막을 해치는 등 생명체에 해로운 영향을 미친다.

몸속의 자외선 차단제 멜라닌과 합성 자외선 차단제

태닝은 피부 내에서 일어나는 과정이며 멜라닌이라고 하는 흑갈색 안료 중합체를 생성하는 것이다. 표피 내 멜라닌 세포에서 생성되는 밝은색의 산화되지 않은 멜라닌 과립은 자외선에 노출되면 암갈색의 산화된 형태로 바뀐다. 이 어두운 멜라닌은 피부의 더 깊은 층이 추가적인 UV 노출로 손상되는 것을 물리적으로 방어한다. 더 지속적인 멜라닌 기반 태닝은 전구체 아미노산 티로신으로부터 새로운 멜라닌 색소를 생성하는 2차 태닝 단계를 통해 달성할 수 있다. 상업용 선탠 제품은 UVB를 선택적으로 차단하여 UVA가 천천히 황갈색을 생성하도록 하며, 선스크린 제품은 지표면에 도달하는 전체 UV 스펙트럼, 즉 UVB와 UVA를 모두 차단하여 피부를 보호하는 역할을 한다.

자외선 차단 지수(SPF)는 UVB 차단 지수로서 특정 기간 차단제 없이 태양에 노출되는 경우에 비해 자외선 차단제를 바른 소비자가 피부 화상을 입을 가능성의 비율을 나타낸다. 예를 들어 SPF 15는 피부에 도달하는 자외선의 1/15만 피부에 직접 들어오고 나머지는 모두 차단되며, SPF 50은 자외선의 약 1/50만 실제로 피부에 영향을 미

치므로 약 98%의 차단율을 나타낸다. 즉, SPF 수치가 높을수록 UVB의 차단 효과가 높다는 뜻이다. 또한, PA는 UVA에 대한 차단지수로 +기호로 나타내며 +기호가 한 개 늘어날 때마다 차단력이 두 배 정도 늘어난다. +는 1/2, ++는 1/4, +++는 1/8만 피부 속으로 침투한다는 뜻이다.

유기 화합물 계열 자외선 차단제: 유기자차

자외선 차단제 제품은 또한 유기 화합물 계열과 무기 화합물 계열로 구분될 수 있다. 유기 화합물 계열에서 사용되는 주요 물질로는 파라아미노벤조산$_{PABA}$, 아보벤존, 옥시벤존, 옥틸메톡시신나메이트 등이 있는데 이들은 피부에 흡수되는 자외선을 대신 흡수하여 에너지가 좀 더 낮은 적외선 등 열의 형태로 내보낸다. 이 유기 화합물들은 카보닐(−C=O)기와 콘쥬게이트된 방향족 분자이다. 이와 같이 화학 물질이 자외선을 흡수하여 분해될 때 발생하는 작은 분자로 인해서 얼굴에 자외선 차단제를 바른 경우에 눈 시림 현상이 나타나기도 하며, 자외선이 바뀌어서 방출되는 열에 의해서 피부 노화가 일어날 가능성도 있다.

오랫동안 많은 선스크린 로션과 선크림의 활성 성분으로 사용된 유기 화합물은 파라아미노벤조산 또는 이의 에스터 유도체화 물질 중 하나였다. 이들은 UVB 보호제로 탁월하여 빠른 태닝 전달과 일광화상 보호의 최적 비율을 억제하지만 많은 소비자에게 알레르기 반응을 유발하는 것으로 나타났다. 따라서 대체물질로 옥틸메톡시신나메이트, 옥틸살리실레이트, 호모살레이트를 비롯한 다른 UVB 보호 활성 선스크린 성분이 사용되고 있다. UVA 보호 화합물로는 옥시벤존, 데옥시벤존 또는 멘틸 안트라닐레이트가 사용되고 있다.

무기 화합물 계열 자외선 차단제: 무기자차

한편, 무기 화합물 계열 차단제로는 이산화 타이타늄(TiO_2)과 산화 아연(ZnO) 등이 사용되는데, 이들은 자외선을 물리적으로 반사 또는 산란시켜서 자외선을 차단한다. TiO_2는 가시광선까지 대부분 반사시켜서 얼굴이 하얗게 되는 현상(백탁 현상)을 심하게 나타내기도 한다. 이들 무기 금속 산화물은 UVA 및 UVB 파장 스펙트럼의 대부분에 걸쳐 흡수 특성을 나타내기 때문에 일반적으로 비알레르기성 자외선 차단제의 대체재로 사용되고 있다.

제형을 만드는 데 있어서는 어떤 계열의 자외선 차단제이든지 화장품 베이스에 용해되어야 하지만 몇 시간 동안 각질층에서 고농도를 유지해야 하기 때문에 물과 땀에 강해야 제 역할을 할 수 있다. 따라서, 피부에 안정적이고 지속적이고 응집력이 있는 필름을 형성하도록 용매, 유화제, 내수성 물질, 보존제, 그리고 방향제 등이 첨가된다.

하지만 사람들이 사용했던 선스크린은 피부를 세정하는 과정에서 씻겨 나온다. 이때 옥시벤존과 옥티녹세이트 성분을 함유한 자외선 차단제들은 해양 환경과 생태계에 유해한 영향을 끼치므로 미국 하와이는 2021년부터 이들 함유 제품에 대한 판매를 금지하고 있다. 따라서 가능하면 무기 자외선 차단제를 사용하는 것이 좋으나, 나노 사이즈의 무기 자외선 차단제 성분들은 산호로 흡수될 수 있어서 이 또한 문제가 될 수 있다는 점을 명심해야 한다.

치과용 아말감과 수은

일부 물고기에서 검출되는 수은과는 다른 형태… 치과용 아말감과 관련된 수은의 형태는 수은 증기를 방출하는 원소 수은… 수은 증기 및 메틸수은에 대한 내성 수준이 다른 것….

치과용 아말감은 주로 은(Ag)과 주석(Sn)을 포함하고 있는 금속 합금의 일부와 액체 수은(Hg)의 조합이다. 150년 이상 썩은 치아를 복원하는데 사용되어 왔지만, 초기부터 다소 논란이 되는 소재였다. 아말감을 만들기 위해 수은이 다른 금속과 혼합되어 썩은 치아 구멍에 붙일 수 있는 반죽이 되고, 이 혼합물은 비교적 빨리 경화되어 단단한 합금을 형성하게 된다.

아말감 사용의 장단점

아말감이 치과에 도입될 당시에는 금도 사용할 수 있기는 했지만 과도한 비용으로 인해 널리 사용되지는 못했다. 19세기에는 물리적 단단함의 특성과 설치 작업 용이성을 모두 갖춘 다른 합성 재료가 없었다. 금속 합금으로서 아말감은 특별히 좋아 보이지는 않았지만 당시 충치 발생이 증가함에 따라 이는 사소한 고려 사항에 불과했다. 20세기 전반에 걸쳐 식품에 정제당을 광범위하게 사용함으로써 충치가 더욱 심해지면서 치과용 아말감 충전재 사용이 증가하게 되었다.

치과용 아말감은 매우 강하고 내구성이 있으며 여전히 어금니의 일부 충전재로 선택되고 있지만 몇 가지 단점도 있다. 먼저 아말감은 치아색이 아니기 때문에 앞니의 경우는 눈에 잘 띈다. 그리고 치아 구멍의 표면에 달라붙지 않기 때문에 충전재를 단단히 고정하기 위해서는 일부러 치아에 비교적 큰 구멍을 추가로 뚫어야 한다. 또한 어떤 형태로든 유독하다고 알려진 수은이 포함되어 있다. 아말감을 배치하거나 정상적인 부식 및 마모 시에 그리고 충전재 제거 중에 수은이 방출될 수 있어서 구강 내 국부적 영향뿐만 아니라 신체 전체, 예를 들어 신경계에 영향을 미칠 수 있다는 우려가 있다.

아말감 치료는 건강보험이 적용되어 비용이 저렴한 것이 장점이지만,

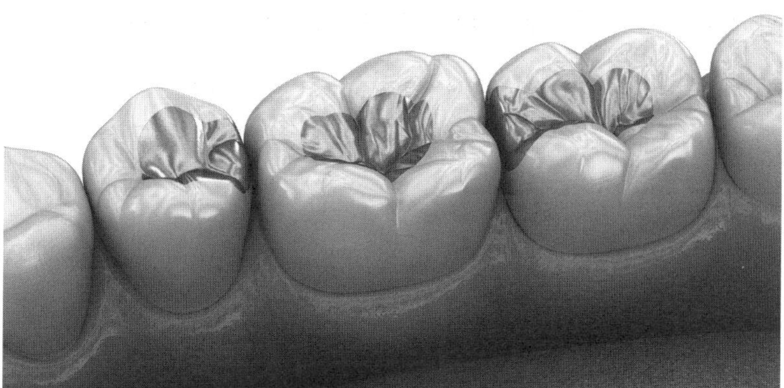

아말감은 많이 사용되며, 가장 저렴한 어금니용 충전재이다.

재료가 약하여 은 색깔에서 검은색으로 쉽게 변색되거나 부식되고, 아말감과 치아 사이의 틈이 벌어지거나, 아말감에 크랙이 가거나 일부분이 잘 깨져나가고, 아말감과 치아 사이의 틈과 깨져나간 부위로 음식물과 세균이 침투하여 2차 부식이 잘 생기는 것이 가장 큰 단점으로 지적되고 있다.

근래에는 치아 수복물을 위해 복합재료, 유리 아이오노머 시멘 등 다양한 하이브리드 구조를 사용한 치아색과 동일한 대체 재료가 개발되어 사용되고 있다. 심지어 EU 등지에서는 2018년부터 아말감 사용이 법으로 금지된 국가도 있으며 우리나라에서도 점점 사용 비율이 줄어드는 추세이다.

아말감 속의 수은

수은은 순수한 원소로 존재하거나 다른 원소와 결합하여 무기 및 유기 화합물을 형성할 수 있는 금속이며, 결합되지 않은 순수한 형태인 원소 수은은 실온에서 액체이다. 수은은 공기 중에서 천천히 증기를 형성한다. 화학 반응과 생물학적 과정을 통해서 수은을 한 형태에서 다른 형태로 변형시킬 수 있는데, 일반적으로 유기 화합물(유기 수은)이 가장 독성이 강한 형태의 수은이고 그다음이 원소 수은, 무기 화합물(무기 수은) 순이다.

치과용 아말감은 은과 주석을 주성분으로 하는 금속 합금에 50%의 원소 수은을 혼합한 것으로 액상 수은은 합금 분말과 1:1 중량비로 혼합된다.

$Ag_3Sn + Hg \rightarrow Ag_2Hg_3 + Sn_xHg + Ag_3Sn$ (반응하지 않은 합금)

대부분의 치과용 합금에는 은과 주석이 3:1의 중량비로 혼합되어 있으며 구리(Cu)와 아연(Zn)은 더 적게 포함되어 있는데, 기존 치과용 아말감 합금은 은 67~74%, 주석 25~28%, 구리 6%, 아연 2%, 수은 3%를 함유하고 있다.

과거에는 치과 의사가 손으로 아말감을 혼합했기 때문에 수은 증기에 노출될 수 있었다. 하지만 오늘날에는 두 개의 구획이 있는 밀봉된 캡슐에 아말감을 만들기 위한 재료들을 넣어서 공급하고 있는데, 한쪽에는 액체 수은이 들어 있고 다른 쪽에는 분말 또는 정제 형태의 합금 혼합물이 들어 있어서 캡슐을 기계에 넣으면 두 구획 사이의 막이 부서지면서 내용물이 혼합된다. 걸쭉한 반죽의 혼합 아말감을 취해서 치아 공동에 넣어서 단단히 누르면 아말감은 거의 즉시 경화되기 시작하지만 충전물 내에서는 매우 천천히 반응하는 일부 잔류 수은이 있다. 치과용 아말감에 함유된 수은은 액체 수은과 매우 다른 형태로서 경화된 아말감에서 방출되는 수은 증기는 액체 금속에서 방출되는 것보다 훨씬 적다. 미국 식품의약품안전국에서 보고한 치과용 아말감의 장단점은 뒷 장의 표에서 확인할 수 있다.

치과용 아말감의 수은은 일부 물고기에서 검출되는 수은과는 다른 형태이다. 앞에서 언급된 바와 같이 수은에는 원소 수은, 무기 수은, 메틸 수은(유기 수은) 등 여러 가지 화학적 형태가 있는데, 치과용 아말감과 관련된 수은의 형태는 수은 증기를 방출하는 원소 수은으로 유기 수은에 비해 상대적으로 독성이 적으며 생선에서 발견되는 수은의 형태는 유

» US FDA에서 보고한 치과용 아말감의 장점과 단점

장점	단점
• 강하고 오래 지속되므로 다른 유형의 충전재보다 파손될 가능성이 적다. • 충치의 위험이 높은 환자, 큰 치아 준비 및 습기로 인해 레진과 같은 다른 재료가 치아에 결합하기 어려운 경우에 유용하다. • 가장 저렴한 형태의 치과용 충전재이다. • 150년 이상 전 세계 수억 명의 환자에게 사용되었다.	• 원소 수은을 포함하고 있어서, 폐에 의해 흡입 및 흡수될 수 있는 증기 형태로 낮은 수준의 수은을 방출하며, 일부 작업 환경에서 발생할 수 있는 높은 수준의 수은 증기에 노출되면 뇌와 신장에 악영향을 미칠 수 있다. • 태아와 어린이의 신경계 발달은 수은 증기의 신경독성 영향에 더 민감할 수 있다. • 기존의 신경계 질환이 있는 사람, 신장 기능이 손상된 사람, 수은 또는 치과용 아말감의 기타 성분(은, 구리, 주석)에 대한 민감(알레르기)한 사람은 주의가 요구된다.

기 수은의 일종인 메틸수은이다. 수은 증기는 주로 폐에 흡수되지만 메틸수은은 주로 소화관을 통해 흡수된다. 인체는 이 두 형태의 수은을 다르게 처리하며, 수은 증기 및 메틸수은에 대한 내성 수준이 다른 것으로 알려져 있다.

포화 지방산과 불포화 지방산

지방은 트라이글리세라이드이며… 3개의 지방산과 글리세롤이 결합… 포화 지방산은 단일 결합으로만… 불포화 지방산은 하나 이상의 이중 결합….

세계보건기구WHO를 비롯한 많은 의료기관에서 발표한 지침에 따르면, 건강을 증진하고 심혈관 질환의 위험을 줄이기 위해서는 포화 지방의 섭취를 줄여야 한다.

지방은 신체 내에서 가장 농축된 형태의 에너지로 1 g당 37.37 kJ의 에너지를 가지고 있으며, 지용성 비타민인 A, D, E, K 및 기타 지용성 생물학적 활성 성분의 흡수를 돕는 역할을 한다. 식품에 있는 대부분의 지방은 트라이글리세라이드이며, 같거나 다른 3개의 지방산과 글리세롤이 결합하여 생성된다. 트라이글리세라이드들의 차이는 주로 지방산의 차이 때문이다. 포화 지방은 주로 동물성 식품에서 발견되며 다중불포화 및 단일불포화 지방은 식물성 식품에서 우세하게 나타난다.

지방산의 분류

자연적으로 생성되는 지방산에는 크게 3가지 종류가 있다. 바로 포화 지방산, 시스–단일 불포화 지방산, 시스–다중 불포화 지방산이다. 이외에도 트랜스 지방산이 있는데, 이는 식품의 가공과정 중 다중 불포화 지방산에서 부분적인 수소화 반응이 일어나 생성되는 것이 일반적이며, 간혹

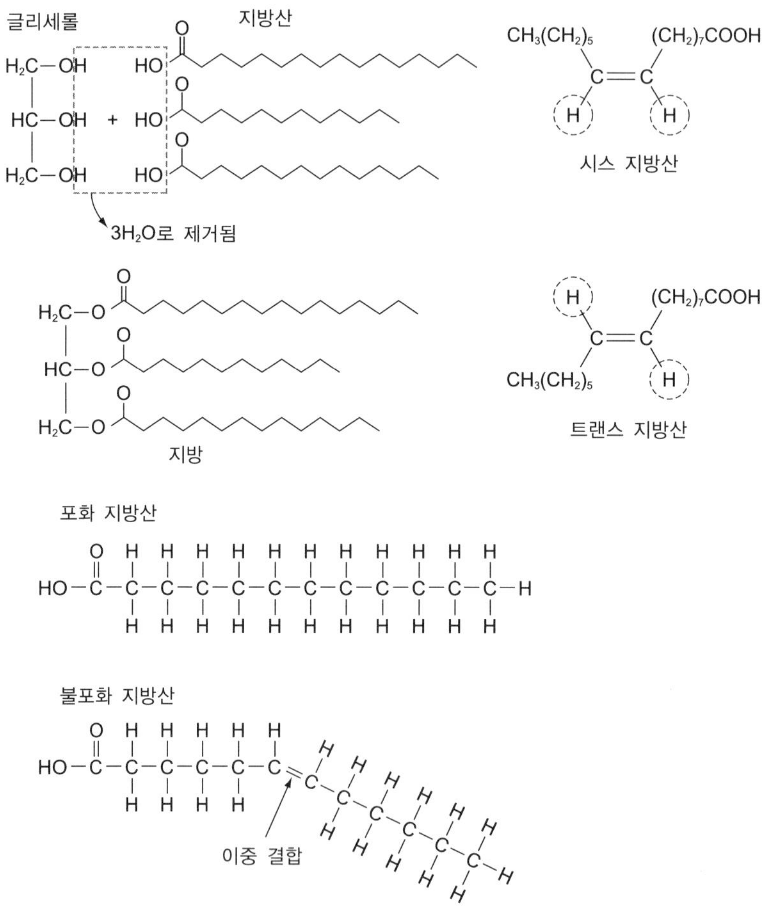

지방의 합성, 지방산의 분류와 종류

반추동물 식품에서 자연적으로 생성되기도 한다.

포화 지방과 불포화 지방의 차이는 그 화학적 구조이다. 포화 지방산은 단일 결합(−C−C−)으로만 연결된 탄화수소 사슬을 가지고 있지만, 불포화 지방산은 하나 이상의 이중 결합(−C=C−)을 포함한다. 각 이중 결합은 시스(cis−) 또는 트랜스(trans−) 구조가 될 수 있는데, 이중 결합에 있는 두 수소(H)가 동일한 방향에 있는 구조를 시스라 하고 서로 반대쪽에 있는 것을 트랜스라고 한다.

적당히 섭취하면 필수적인 포화 지방산

포화 지방산은 주로 우유, 크림, 버터 및 치즈, 대부분의 육지 동물의 고기, 팜유 및 코코넛 오일뿐만 아니라 파이, 비스킷, 케이크 및 빵과 같은 다양한 제품에 함유되어 있다. 생리적 기능과 구조적 기능을 모두 가지고 있으며 이들은 인체에서 합성될 수 있다. 포화 지방산은 실온에서 고체이며, 과도하게 섭취하면 심장병의 잘 알려진 위험 요소인 '나쁜' 콜레스테롤(LDL, 저밀도지질단백질) 수치가 높아질 수 있어서 WHO는 총 에너지 섭취량의 10%를 초과하지 않아야 한다고 권장하고 있다.

우리 몸의 청소부 불포화 지방산

불포화 지방산 중에서 단일불포화 지방산은 이중 결합이 하나이며 주요 물질로는 올레산(이중 결합의 위치 때문에 'n−6' 혹은 '오메가 6'라고도 함)이 있다. 이는 올리브유, 카놀라유, 땅콩유에 풍부하게 들어 있으며 이 또한 인체에서 합성되는데 우리 몸의 세포막을 형성하며 뇌에 많이 분포되어 있다. 다중불포화 지방산은 2개 이상의 이중 결합을 포함하는 불포화 지방산이며 가장 흔한 것은 리놀레산이다. 해바라기, 옥수수와 같은 종자유에 주로 포함된다.

탄화수소 연결의 n-3 위치에 이중 결합이 있는 다중불포화 지방산으로는 '오메가-3' 지방산이 있는데 인체에서는 이 지방산이 합성되지 않으므로 식단을 통해서 공급해주어야 한다. 오메가-3는 나쁜 콜레스테롤과 중성지방을 없애주고 혈액순환을 돕는 것으로 알려져 있다. n-3 계열의 모지방산은 알파-리놀레익산$_{ALA}$인데 이는 콩기름, 카놀라유, 마가린, 아마유와 같은 식용유, 호두와 같은 특정 견과류, 잎이 많은 채소에서 소량으로 발견되며, 콩류도 일부 기여한다. 상대적으로 긴 지방산인 에이코사펜타엔산$_{EPA}$, 도코사헥사엔산$_{DHA}$ 등은 고등어, 청어, 정어리, 연어, 참치 및 기타 해산물과 같은 기름기 많은 생선에 풍부한 것으로 알려져 있다.

불포화 지방산은 인체의 콜레스테롤 수치를 낮춰서 혈액순환을 돕고 혈관 질환을 예방하는 데 도움을 준다. 이 지방산이 부족한 경우에는 건망증, 과잉행동장애, 우울증 등이 나타날 수 있는 것으로 알려져 있어서 '착한 지방산'이라고도 한다.

조심 또 조심, 트랜스 지방산

트랜스 지방산은 지방산의 물리적 특성을 변경하기 위해 합성된다. 예를 들어 액체 상태의 식물성 기름을 마가린, 쇼트닝 같은 유지나 마요네즈 같은 양념 등 고체나 반고체 상태로 가공할 때 산패[17]를 억제할 목적으로 수소를 첨가하는 과정에서 생성된다. 트랜스 지방산을 많이 섭취할 경우 포화 지방산과 마찬가지로 체중이 늘어나고, LDL이 많아져 심장병·동맥경화증 등의 질환이 생길 수 있다고 알려져 있다.

17) 유지 등을 공기 중에 노출되었을 때 산성이 되어 불쾌한 냄새가 나고 맛이 변하고 변색되는 현상

액상형 전자담배가 더 안전한가?

액상의 성분은 일반적으로 니코틴, 증류수, 프로필렌글리콜, 식물성 글리세롤, 향 ….

우리나라의 「담배사업법」 제1장 제2조 1항에 의하면 담배란 "연초(煙草)의 잎을 원료의 전부 또는 일부로 하여 피우거나, 빨거나, 증기로 흡입하거나, 씹거나, 냄새 맡기에 적합한 상태로 제조한 것을 말한다"라고 정의되어 있다. 한편, 「지방세법 시행령」 제60조(담배의 구분)에 의하면 담배를 궐련, 전자담배 등 8종으로 구분하고 있다. 궐련은 "잎담배에 향료 등을 첨가하여 일정한 폭으로 썬 후 궐련제조기를 이용하여 궐련지로 말아서 피우기 쉽게 만들어진 담배 및 이와 유사한 형태의 것으로서 흡연용으로 사용될 수 있는 것"이며, 전자담배는 "니코틴이 포함된 용액, 연초 또는 연초 고형물을 전자장치를 이용하여 호흡기를 통하여 체내에 흡입함으로써 흡연과 같은 효과를 낼 수 있도록 만든 담배"로 정의되어 있다.

액상형 전자담배의 구조

액상형 전자담배는 2003년 중국에서 특허를 받았으며, 2004년부터 제조하여 판매하기 시작했다. 이후 전자담배의 사용은 전 세계적으로 증가 추세에 있으며 500여 종류의 전자담배가 판매되고 있다. 영어로는 electronic cigarette, e-cigarette, e-cig, vape 등으로 불리며 일반적으로 액상형과 궐련형으로 구분될 수 있다.

액상형은 니코틴이 포함된 용액을 가열하여 증기화(따라서 종종 smoking이란 용어 대신에 vaping이란 용어를 사용함)시켜서 흡입하게 하는 방식이며, 궐련형은 종이에 말린 담뱃잎을 가열하여 태워서 흡입하는 방식이다.

액상형 전자담배는 다양한 모양과 크기로 판매되고 있지만, 크게 3개 부분 즉 배터리, 증기화 장치, 니코틴 카트리지로 구성되어 있다. 증기화 장치(가열장치)를 통해서 카트리지에 있는 액상(니코틴을 용매에 녹인 용액)을 약 350℃까지 가열하여 에어로졸 형태의 증기를 발생시켜서 증기에 포함된 니코틴을 흡입하게 된다.

전자담배 액상의 성분

전자담배에서 사용하는 액상의 성분은 일반적으로 니코틴, 증류수, 프로필렌글리콜$_{PG}$, 식물성 글리세롤$_{VG}$, 향 등이다. 니코틴은 잘 알려진 담배의 주요 성분으로서 중독성 물질이며, PG와 VG는 가열하면 일반 담배 연기와 동일한 모양을 보여주는 에어로졸을 생성하게 하는 화학 물질이다. 이 에어로졸 내에 휘발된 니코틴과 향 등이 포함되어 있다. 전자담배 사용자는 이 에어로졸을 폐로 흡입하게 되며 사용자가 공기로 숨을 내쉴 때 주변에 있는 사람들도 이 에어로졸을 들이마실 수 있다.

프로필렌글리콜은 많은 화장품 및 위생 제품의 식품 첨가물 또는 성분으로도 사용되는 물질로 무색, 무취의 약간 시럽 같은 액체이다. 물보다는 약간 걸쭉하며 맛이 거의 없다. 또한 물보다 일부 물질을 더 잘 녹일 수 있으며 수분 유지에도 좋고 식품 첨가물로 매우 유용하므로 다양한 가공식품 및 음료에서 쉽게 찾아볼 수 있다. 음료 믹스, 드레싱, 말린 수프, 케이크 믹스, 청량음료, 팝콘, 식용 색소, 패스트푸드, 빵 및 유제품과 같은 많은 포장 식품에서 일반적으로 사용된다. 독성은 매우 낮아서 아직 암을 유발한다거나 유전자를 손상시킨다거나 생식력·번식을 방해한다는 것이 밝혀지지는 않았다.

글리세롤 또는 글리세린으로도 알려진 식물성 글리세린은 일반적으로 대두, 코코넛 또는 야자유로 만든 투명한 액체로, 무취이며 시럽과 같은 농도로 부드럽고 달콤한 맛이 난다. 화장품 산업에서 특히 인기가 있지만 식품, 제약 산업 등 여러 다른 용도로도 사용된다. 예를 들어, 오일과 수성 성분의 혼합을 돕고 최종 제품을 달게 하거나 촉촉하게 하기 위해 종종 식품에 첨가된다. 또한 저지방 냉동 요구르트, 아이스크림 및 기타 디저트와 같은 냉동식품에서 얼음 결정이 형성되는 것을 방지하는 데 사용할 수 있다.

글리세린은 심장약, 좌약, 기침 치료제 및 마취제를 포함한 의약품의 일반적인 성분이며, 치약에서도 식물성 글리세린을 발견할 수 있다. 이는 치약이 튜브에서 건조되거나 경화되는 것을 방지하는 데 도움이 되기 때

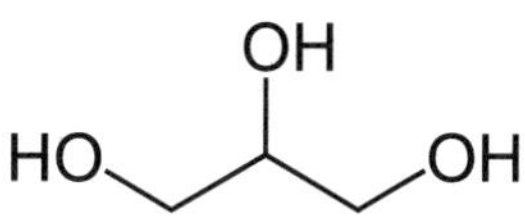

글리세린

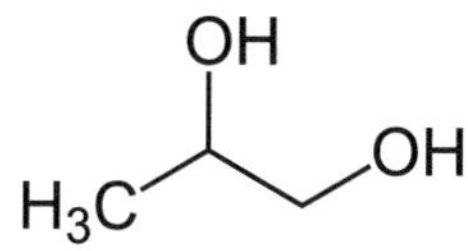

프로필렌글리콜

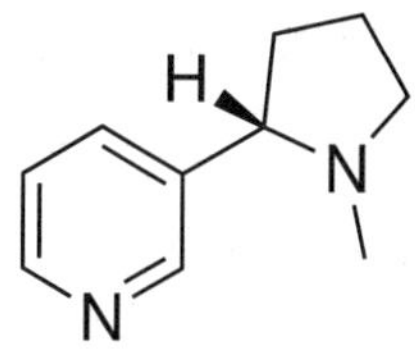

니코틴

문이다. 또한 비누, 양초, 로션, 데오도란트 및 메이크업에 일반적으로 첨가된다.

액상 전자담배의 증기

액상 전자담배에서 일반 궐련 담배 연기 모양으로 배출되는 증기는 다음과 같은 절차로 생성된다. 먼저, 버튼을 누르거나 기류 센서 또는 다른 유형의 트리거 센서에 의해 전자담배가 활성화되면, 카트리지 안에 있는 액체(PG + VG + 니코틴 + 향)는 모세관 작용에 의해 가열 요소 또는 기타 장치로 전자 담배 증기 발생기로 흘러들어 간다. 그런 다음 액체가 발열체 또는 기타 기계적 방법에 의해 약 100~250℃로 가열되어 에어로졸화된 증기를 생성한다. 생성된 전자담배의 증기는 주 공기 통로를 통해 사용자에게 전달된다. 이 가열 과정에서 액체를 이루고 있는 성분들은 열분해가 일어나서 다른 성분으로 변할 수도 있다는 것도 알아야 한다.

습윤제인 PG와 VG를 혼합한 액체를 가열하면 궐련 담배 연기와 유사하게 보이는 증기를 생성하고 니코틴 및 향료의 운반체 역할을 한다. VG의 높은 점도는 전자담배에 단독으로 사용하기에는 좋지 않기 때문에 PG와 VG는 다양한 비율로 혼합되어 사용되는데, PG의 양이 증가하면 담배 흡연과 유사한 목따가움을 느끼게 한다.

미국 FDA(식품의약처)에서 발표한 자료에 의하면 전자담배 에어로졸에는 니코틴, 폐 깊숙이 흡입 가능한 초미세먼지, 심각한 폐 질환과 관련된 화학 물질인 다이아세틸과 같은 향료, 휘발성 유기 화합물(VOC), 발암물질, 니켈, 주석 및 납과 같은 중금속 등 유해하고 잠재적으로 유해한 물질이 포함될 수 있다.

전자담배가 건강에 미치는 영향

소비자들은 전자담배 제품에 어떤 성분이 들어 있는지 알기 어렵다. 예를 들어, 니코틴이 0% 함유된 것으로 판매되는 일부 전자담배에도 니코틴이 포함되어 있는 것이 밝혀지기도 했다. 액상 전자담배는 아직도 밝혀질 것이 많은 새로운 제품이며 과학자들은 여전히 전자담배의 장기적인 건강 영향을 연구하고 있다.

현재까지는 전자담배에 대부분 건강에 영향을 미치는 니코틴이 포함되어 있다고 알려져 있다. 니코틴은 중독성이 강하고 태아 발달에 유독한 물질이다. 또한, 20대 초반에서 중반까지 계속되는 청소년 및 젊은 성인의 뇌 발달에 해를 끼칠 수 있으며, 임신한 여성과 발육 중인 아기의 건강에 위험한 것으로 연구되었다.

전자담배 에어로졸에는 니코틴 외에도 신체에 해를 끼치는 물질이 포함될 수 있다. 여기에는 암을 유발하는 화학 물질과 폐 깊숙이 도달하는 초미세 입자가 포함되나, 일반적으로 태운 담배 제품에서 나오는 연기보다는 유해한 화학 물질이 덜 포함되어 있다. 전자담배는 의도하지 않은 부상을 유발할 수 있는데, 결함이 있는 전자담배 배터리로 인해 화재와 폭발이 발생하기도 했으며 심각한 부상을 입은 사람도 있었다. 대부분의 폭발은 전자담배 배터리를 충전할 때 발생한 것으로 밝혀졌다.

한편, 일반적으로 궐련 담배에는 니코틴을 비롯한 유기 화합물은 물론이고 카드뮴, 비소 등의 무기 중금속까지 600여 종 이상의 성분들이 포함되어 있고, 담배에 불이 붙어서 연소가 시작되면 7,000여 종 이상의 화학물질들이 생성되는 것으로 알려져 있다. 이와 같은 기존의 궐련 담배에 비해 니코틴을 비롯한 프로필렌글리콜, 글리세롤 등 극소수의 화학물질만 포함된 액상형 전자담배는 훨씬 덜 해로운 것이라는 기대감으로 소비자들은 전자담배를 이용하고 있다.

그러나 액상형 전자담배에서 일어나는 높은 온도의 증기화 과정에서 생성되는 물질들에 대한 검출과 연구가 아직 진행되고 있는 상황에서 무조건 안전하다고 생각하는 것은 금물이다. 또한, 액상 제조 시 액상 중에 존재하는 니코틴의 양을 조절 가능하며 니코틴의 농도는 최대 20 mg/mL로 제한하고 있다. 그러나 발표된 자료들에 의하면 더 많은 양의 니코틴이 함유된 제품도 유통되고 있는 것이 보고되기도 하므로 더욱 주의해야 한다.

스쿠버 다이빙과 기체 법칙

액체에 용해된 기체의 농도는… 기체의 부분압에 비례… 압력이 증가함에 따라서 다이버의 혈액에 용해된 기체의 양도 증가… 낮아진 압력에 몸이 적응할 수 있도록….

지표면에서 공기는 78%의 질소(N_2), 21%의 산소(O_2), 1% 미만의 기타 기체로 구성되어 있으며 해수면에서의 평균 기압은 1기압이다. 고도가 2,000~3,000 m 정도인 고산지대에서는 공기 중의 산소 농도가 낮아져서 16% 이하가 될 수도 있는데, 익숙하지 않은 사람들에게는 고산병이 나타나게 된다. 스쿠버 다이빙을 위한 공기는 강철이나 알루미늄 재질의 스쿠버 실린더(탱크)에 압축된 상태로 담겨있다. 다이버가 물속으로 하강하면, 수심 10 m마다 1기압씩 증가하는데, 이때 탱크에서 다이버에게로 전달되는 공기의 압력은 물속의 압력과 같아야 한다. 따라서 탱크 속의 압축 공기는 자동 압력 조절장치를 통해 다이버에게 전달되어, 신체의 체강(폐, 공동 등) 속에 있는 공기의 압력이 주위 물과 같도록 조절한다. 탱크에는 공기 압력이 물의 압력과 항상 동일한가를 확인하기 위한 특수 밸브가 있어서 스쿠버 실린더로부터 나오는 공기의 압력을 자동으로 조정한다.

스쿠버 다이빙과 Boyle의 법칙

스쿠버 다이빙의 기본 규칙은 '절대 숨을 참지 않는 것'인데 Boyle의 법칙이 그 이유를 설명해 준다. Boyle의 법칙은 '기체의 온도가 일정할 때 기체의 압력과 부피는 반비례한다'는 것이며 이를 식으로 나타낼 수 있다.

$$P_1 \times V_1 = P_2 \times V_2$$

다이버가 스쿠버 실린더에서 공기를 흡입할 때 다이버의 폐로 들어가는 공기는 주변 압력과 같다. 즉, 다이버가 해수면에서 실린더를 통해 숨을 들이마시면 폐의 압력은 1기압이 되고 수심 30 m에서 탱크의 공기를 흡입하면 폐의 압력은 4기압(10 m 내려갈 때 1기압 증가이므로 3기압 증가)이 된다. 잠수부의 폐 부피가 1 L라고 가정하고 수면 아래 30 m에 있던 다이버가 폐에 4기압의 압력으로 1 L(V_1)의 공기를 가지고 숨을 참으면서 수면(1기압)으로 상승한다고 하자. 이때 다이버 폐 속의 공기의 압력은 4기압(P_1)에서 1기압(P_2)으로 변한 것이다. Boyle의 법칙을 적용하면 다음과 같다.

$$P_1 \times V_1 = P_2 \times V_2 \rightarrow 4 \times 1 = 1 \times V_2 \rightarrow V_2 = 4\ L$$

다이버의 폐의 용적이 보통 때의 용적보다 4배 증가함을 알 수 있다.

이러한 부피 증가(공기의 팽창)는 폐의 막을 파열시키면서 치명적인 결과를 가져올 수 있다. 압력 감소에 따른 부피 증가는 다이버가 수면으로 올라올 때(수면에 가까워질수록 압력은 감소됨) 내뿜는 기포에서도 볼 수 있는데, 수면 아래 깊은 곳에서는 크기가 작지만 수면 위로 올라감에 따라 크기가 증가한다.

스쿠버 다이빙과 Dalton의 법칙

Dalton의 법칙은 Dalton의 분압 법칙이라고도 하는데 이 법칙은 '기체 혼합물의 전체 압력이 구성 기체의 부분 압력의 합과 같다'는 것이다($P_{Total} = P_1+P_2+P_3...$). 공기의 주요 성분인 산소(21%)와 질소(78%)는 고압에서 다이버에게 부정적인 영향을 줄 수 있다.

호흡하는 산소의 부분 압력이 1.6기압 이상이 되면 다이버에게 유독할 수 있다. 시력 변화, 현기증, 발작 증상이 나타날 수 있고, 심한 경우에는 사망으로도 이어질 수 있다. 전체 기압의 21%가 곧 산소의 분압이므로 다이버가 압축 공기로 다이빙할 때 전체 기압이 7.6기압이 되면 산소 분압이 1.6기압 이상이 된다. 수심 10 m마다 압력은 1기압씩 증가하고, 기본 해수면의 압력이 1기압이므로 공기 중의 산소 부분압은 수면 아래 66 m에서 1.6기압이 된다. 따라서 다이버는 이 깊이를 조심해야 할 것이다.

스쿠버 다이빙과 Henry의 법칙

Henry의 법칙은 '주어진 온도에서 액체에 용해된 기체의 농도는 용매와 평형을 이루고 있는 그 기체의 분압에 비례한다'는 것이다. 스쿠버 다이빙에 대한 이 법칙의 의미는 깊이가 증가함에 따라서, 즉 압력이 증가함에 따라서 다이버의 혈액에 용해된 기체의 양도 증가한다는 것이다. 산소는 신체의 생리학적 과정에 의해 소비되지만 질소는 생리학적으로 비활성이므로 소모되지 않아서 다이버가 수심에 오래 머무를수록 혈액에 더 많은 질소가 용해되어 있게 된다.

긴 잠수 동안에 상당한 양의 질소가 다이버의 혈류에 용해되므로 다이버가 수면 쪽으로 상승할 때 질소의 부분압은 떨어지고 헨리의 법칙으로 인해 더 이상 혈액속에 질소가 용해될 수 없으므로 질소가 혈액에서 빠져나오기 시작한다. 이는 다이버의 혈액에 질소 기포가 형성되어 혈관을 막는 잠수병(감압병, DCS)을 유발할 수 있다. 잠수병의 증상과 그 심각성은 기포가 이동하는 다이버의 신체 부위에 따라 다르며 관절의 통증이나 피부 아래의 수포가 생기고 사망에 이르기까지 다양하다.

이를 예방하기 위해서는 낮아진 압력에 몸이 적응할 수 있도록 중간에서 잠시 멈추는 등 천천히 상승하여야 한다. 다이버가 사용하는 공기통에 (산소+질소)의 혼합기체 대신 (산소+헬륨)의 혼합기체를 사용함으로써 잠수병을 방지할 수도 있다. 이는 헬륨의 용해도가 질소의 용해도보다 훨씬 작기 때문에 수면 아래의 높은 압력에서 헬륨이 혈액 속으로 녹아 들어가는 정도가 질소보다 작기 때문이다. 잠수병의 유일한 치료방법은 다시 압축하는 것인데, 부상자를 압축공기로 채워진 고압 산소 챔

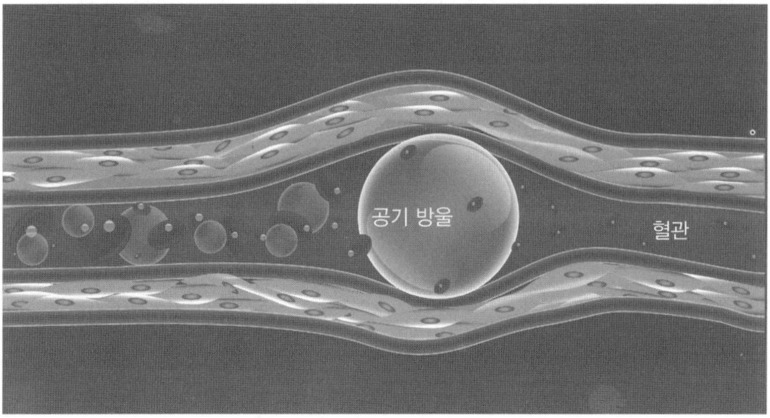

질소 공기 방울이 팽창하여 혈관을 막는 것이 잠수병의 주원인이다.

버에 들어가게 한다. 그러면 수 시간에서 하루 정도 동안 혈액 중의 기포가 서서히 압착되어 인체에 해롭지 않은 크기가 된다.

아픈 건물 증후군과 오염물질

곰팡이와 박테리아가… 폼알데하이드와 같은 VOC는 접착제, 가공된 목재제품, 카페트, 벽지, 실내 장식품을 비롯한 많은 건축 자재….

아픈 건물 증후군Sick Building Syndrome, SBS은 건물 안에 있는 사람들이 일하거나 거주하는 건물에서 질병의 증상을 겪거나 만성 질환에 감염되는 상태를 말한다. 발병은 부적절한 청소 방법의 직접적인 결과로 나타나기도 한다. 우리나라에서는 새롭게 지은 건물에서 거주자들이 느끼는 건강상 문제와 불쾌감으로 한정하고 있어서 주로 '새집증후군'이라고 한다. 그러나 국제적으로는 헌 집에서 나타나는 문제점 역시 아우르고 있으며, 따라서 '아픈(sick)' 건물 증후군이라는 용어로 확장하여 사용하고 있다.

1984년 세계보건기구WHO 위원회는 신축 및 리모델링된 건물의 최소 30%가 실내 공기질과 관련된 과도한 건강 불만과 관련이 있다고 보고서를 발표했다. 이러한 건물의 공기질이 좋지 않은 주요 원인 중 하나는 환기 부족이었다. 실내에서 발생하거나 외부로부터 유입되는 오염물질은 실외 공기 사이의 교환을 통해 희석되어야 하는데, 환기가 거의 또는 전혀 없을 때 오염이 건강에 해로운 수준까지 쌓여 병증으로 나타난 것이다.

생물학적 오염물질

생물학적 오염물질의 예로는 공기 덕트, 가습기 또는 물이 축적되도록 허용된 모든 곳의 고인 물에서 종종 자랄 수 있는 곰팡이와 박테리아가 있다. 일부 곰팡이종은 곰팡이 독소 포자를 공기 중으로 방출하며 이러한 진균독은 SBS 증상의 발현을 초래할 수 있다.

생물학적 오염물질에는 집먼지진드기, 바퀴벌레, 새의 배설물도 포함될 수 있다. 집먼지진드기와 바퀴벌레는 실내 알레르기의 흔한 원인이며 이러한 오염물질에 민감한 사람들은 영향을 받는 건물에 있을 때 알레르기 및 악화된 천식 증상을 경험할 수 있다. 새 배설물은 질병을 유발하는 진균과 기생충을 옮길 수 있으며, 이 기생충은 숨을 닿을 만큼 가까운 사람에게 영향을 줄 수도 있다.

화학적 오염물질

화학적 오염물질 역시 실내외 모두에서 발생할 수 있으며 여기에는 휘발성 유기 화합물VOC, 일산화 탄소 및 기타 유해 가스가 포함될 수 있다. 폼알데하이드, 톨루엔, 벤젠, 자일렌, 스타이렌 등과 같은 VOC는 접착제, 가공된 목재제품, 건축 자재(페인트, 단열재, 경질 폼, 파티클 보드, 합판, 벽지 등), 카펫, 실내 장식품을 비롯한 많은 건축 자재에서 방출될 수 있으며 심지어 실내 소독제로 사용되는 살충제 및 청소 제품에도 존재한다.

실외에서 발생하는 화학적 오염은 차량 배기가스, 담배 연기, 대형 화재나 산불 연기 등이 원인이 될 수 있는데 실외 공기 오염은 제대로 밀봉되지 않은 창문과 문, 공기 흡입구 및 기타 개구부를 통해 건물로 유입된다.

아픈 건물 증후군의 증상과 예방

이러한 오염물질은 건물의 노후와는 큰 관련이 없으며, 따라서 우리나라에서도 '새집증후군' 대신에 '아픈 건물 증후군'이라고 하면 더 적절할 것이다. 사람에게 노출되었을 경우 나타나는 주요 증상으로는 점막 자극(눈, 코, 목의 자극), 신경독성 영향(두통, 피로, 과민성), 천식 및 천식 유사 증상(가슴 답답함, 천명), 피부 건조 및 자극, 위장 장애, 메스꺼움 등이 있다. 교통 소음, 열악한 조명과 같은 다른 스트레스 요인과 결합될 때 오염된 도시 지역에 위치한 건물의 거주자는 면역 체계가 압도되어 빠르게 질병에 걸릴 수 있다.

특히 새로 건축되거나 리모델링된 아파트 및 사무실에서는 페인트, 판넬, 벽지, 접착제, 마감재 등 건축 자재에 사용되었던 화학 물질들이 미처 다 방출되지 못한 상태일 수도 있다. 이러한 건축 자재에서 방출되는, 인체에 대한 유독성 화학 오염물질로 여겨지는 특정 VOC는 암, 마비, 폐부전 등을 포함하여 건물 거주자에게 급성 및 만성 건강 영향을 유발할 수 있다. 박테리아 포자, 곰팡이 포자, 곰팡이 포자, 꽃가루 및 바이러스는 모두 SBS로 설명되는 알레르기 반응이나 질병을 유발할 수 있다.

아픈 건물 증후군의 원인을 제거하기 위해서는 연기가 적고 향이 없는 청소 제품을 사용하거나, 정기적으로 진공청소기로 먼지를 제거하고, 두 달에 한 번씩(또는 필요한 경우 그 이상) 공기청정기의 필터를 교체하는 것이 좋다. 또한 40~70%의 적절한 습도를 유지하고, 수시로 곰팡이를 점검하며, VOC가 작게 함유된 친환경 건축 자재를 사용하는 것을 권하고 있다. 또한, 신축 건물의 경우에는 실내 온도를 높여서 건축 자재에 있는 화학 물질들의 방출 속도를 높이고, 창문을 열거나 환기 장치를 가동하여 화학 물질을 없앤 후에 입주하는 것이 바람직하다. 이런 과정을 베이크 아웃bake out이라고 하기도 한다.

알코올과 코로나 바이러스

SARS-CoV-2와 같은 외피 바이러스를 둘러싸고 있는 지질 이중층은… 에탄올 및 기타 알코올은 이러한 분자 상호작용을 방해하여 지질막을 효과적으로 용해….

2020년 초, 신종 코로나 바이러스(SARS-CoV-2, COVID-19라 불림)가 우리나라를 비롯하여 전 세계에 확산되면서 알코올(주로 에탄올)이 함유된 손소독제의 판매가 급증하기 시작했다. 심지어 초창기에는 품귀 현상까지 빚으며 시중에서 손소독제를 구하기 힘든 때도 있었다. 세계보건기구WHO는 공식적으로 발병을 세계적 대유행으로 격상했으며, 전 세계의 보건 당국은 사람들이 문손잡이와 난간과 같은 공공 표면을 만진 후 얼굴을 만지지 말고 손을 자주 씻을 것을 권고했다.

알코올의 소독 효과

그렇다면 알코올은 어떤 과정을 통해 바이러스를 파괴할까? 알코올은 바이러스를 둘러싸고 있는 세포벽 단백질을 변성(단백질의 구조를 변화)시켜서 바이러스를 죽인다. 다만 농축된 알코올(알코올이 70~95%가 되도록 글리세롤, 과산화 수소, 물 등과 혼합한 것)을 사용하면 세포벽 단백질이 즉시 응고되고 알코올이 세포로 통과하는 것이 방지되어 소독 효과가 떨어지기도 한다. 물을 포함시키면 표면 단백질의 응고가 느려지므로 알코올이 세포로 침투하고, 세포 내의 효소와 단백질이 변성된다.

바이러스 단백질은 수소 결합과 소수성 상호 작용의 조합에 의해 함께 붙들려 있다. 바이러스를 보호하는 단백질과 마찬가지로 알코올에는 극성(−OH) 및 비극성(−CH_3) 영역 모두 있다. 따라서 에탄올이나 아이소프로필 알코올은 이러한 분자 상호작용하여 지질막을 효과적으로 용해해서 비활성화시킴으로 인해 번식과 감염을 차단한다.

이와 같이 알코올 기반 손 소독제는 일반적으로 손에 묻은 바이러스, 박테리아, 미생물을 죽이는 데 사용되는 액체, 젤 또는 거품이다. 주로 비누와 물로 손을 씻는 것이 어려울 때 사용한다. 손 소독제는 노로바이러스, 클로스트리디움 디피실리균 등 특정 세균을 죽이는 데 덜 효과적이며, 손 씻기와 달리 물리적으로 유해한 화학 물질을 제거할 수는 없다.

손 소독제 사용의 주의 사항

아직 손에 알코올 성분이 남아 있을 때 휴지 등으로 손을 닦아 내면 그 효과가 다소 떨어진다. 또 알코올 농도가 낮은 일부 제품도 그 성능이 약하다. 대부분의 의료 환경에서는 알코올 기반 손 소독제보다는 비누와 물로 손을 씻는 것을 더 선호하는데, 이는 박테리아 감소에 더 효과적이기 때문이다.

≫ **바이러스와 박테리아의 차이점**

바이러스virus	박테리아(세균)bacteria
질병을 유발할 수 있는 미생물	
유전물질을 가지고 있음	
숙주(인간·동물·식물·박테리아) 없이는 증식이 불가 (독자생존 불가능)	숙주 없이도 스스로 증식 가능 (독자생존 가능)
박테리아의 1/50~1/100 크기	크기는 0.5 µm~0.5 mm
핵산(DNA 혹은 RNA)과 단백질로 구성	DNA, 인지질, 세포 내 소기관, 단단한 세포벽으로 구성
변이 속도가 빨라서 항바이러스제 개발이 어려움	항생제 개발이 비교적 용이함
코로나-19 바이러스, HIV, 인플루엔자 바이러스 등	파상풍, 패혈증, 결핵 폐렴, 세균성 식중독 등

미생물이 자라는 것을 방지하기 위해 소량의 과산화 수소와 피부 건조를 방지하고 피부염에 도움이 되는 글리세롤이나 에틸렌글리콜 혹은 프로필렌 글리콜과 같은 화합물을 첨가할 수도 있다. 이는 향을 포함지키기 위함이지만 알레르기 반응의 위험 때문에 그다지 권장하지는 않고 있다.

코로나-19 팬데믹이 한창일 때 일부 국가의 제조사에서는 손 소독제로 메탄올을 사용해서 문제가 되기도 했다. 알코올이라 할지라도 메탄올(CH_3OH)은 피부를 통해 흡수될 수 있는 독성이 강한 물질이다. 많은 양에 노출되면 메스꺼움, 구토, 두통, 시야 흐림, 영구적인 실명, 발작, 혼수, 신경계의 영구적 손상 또는 사망을 초래할 수 있다.

내분비계 교란 물질과 일상생활

음식과 음료, 살충제 사용, 화장품 사용… 적은 양의 내분비 교란 화학 물질도 안전하지 않을 수… 신체의 민감한 시스템을 변화시키고 건강 문제를 유발….

천연이든 합성이든 많은 화학 물질은 내분비계로 알려진 신체 호르몬을 모방하거나 방해할 수 있다. 내분비 교란 화학 물질$_{EDC}$ 혹은 환경호르몬이라고 하는 이 화학 물질은 발달 기형, 번식 방해, 암 위험 증가, 면역 및 신경계 기능 장애 등과 관련이 있다. 내분비 교란 물질은 일부 플라스틱병과 용기, 통조림, 쓰레기 봉투, 세제, 난연제, 식품, 장난감, 화장품 및 살충제를 비롯한 많은 일상 제품에서 발견된다.

일부 EDC는 환경에서 분해되는 속도가 느리고 그 특성은 시간이 지남에 따라 잠재적 위험성을 내포하고 있다. 환경 화학 물질에 대한 노출이 내분비 기능의 붕괴로 이어질 수 있다는 주요 증거는 여러 야생 동물 종에서 볼 수 있는 변화이다. 세계 여러 지역의 연체동물, 갑각류, 어류, 파충류, 조류, 포유류에서 내분비 교란과 관련된 영향이 보고되고 있다.

적은 양이라도 방심해서는 안 되는 EDC

사람들은 음식과 음료의 섭취, 살충제와 화장품의 사용 등을 통해 내분비계 교란 물질에 노출될 수 있다. 이러한 화학 물질과의 접촉은 식단, 공기, 피부 및 물을 통해 발생할 수 있는데 적은 양이라도 안전하지 않을 수 있다.

신체의 정상적인 내분비 기능은 호르몬 수치의 아주 작은 변화를 수반하지만, 이러한 작은 변화조차도 상당한 발달 및 생물학적 영향을 일으킬 수 있다. 즉, 신체의 민감한 시스템을 변화시키고 건강 문제를 유발할 수 있다.

EDC의 교란 작용

EDC는 다양한 방식으로 내분비계를 교란한다. 세포 수용체에 결합하여 호르몬의 생물학적 활성을 모방할 수 있으며, 자연 발생 호르몬에 대한 세포의 정상적인 반응을 잘못된 시간에 또는 과도하게 시작하여 잘못된 반응을 유발할 수 있다(작용 효과). 수용체에 결합할 수 있지만 활성화하지는 않으면서 천연 호르몬의 결합을 방해하거나(길항 효과), 혈액 내 수송 단백질에 결합하여 순환에 존재하는 천연 호르몬의 양을 변경할 수 있으며(예: 갑상선 기능 저하증), 신체의 신진 대사 과정을 방해하여 천연 호르몬의 합성 또는 분해 속도에 영향을 줄 수 있다(예: 필요하지 않은 인슐린 생성).

EDC에 노출되는 경로

EDC는 다양한 경로와 먹이사슬을 통해 생활에 노출된다. 산업용 화학 물질과 살충제는 토양과 지하수로 침출되어 먹이 사슬을 따라 물고기, 동물을 거쳐 사람에게 축적된다. 또한 비유기농 농산물에는 농약 잔류물이 있을 수 있다. 소비자 제품 자체가 EDC를 포함할 수도 있으며 가정용 화학 물질, 난연제로 처리된 직물, 화장품, 로션, 향이 있는 제품, 항균 비누에서는 포장 용기를 통해 EDC가 침출될 수 있다.

가공식품은 제조, 가공, 운송 및 보관에 사용되는 재료에서 침출되어 축적할 수 있으며, 콩을 원료로 한 제품에는 에스트로젠을 모방하는 식물에서 생성되는 화학 물질인 식물성 에스트로젠이 포함되어 있다. 집안 먼지에는 납, 난연제 및 풍화 건축 자재 또는 가구의 PCB와 같은 EDC가 포함될 수 있다.

EDC의 종류

내분비계 교란 물질과 관련한 대표적인 화학 물질로는 식품 저장 용기를 포함한 많은 플라스틱 제품에서 발견되는 폴리카보네이트 플라스틱 및 에폭시 수지 제조에 사용되는 비스페놀-A$_{BPA}$, 제초제 생산 및 종이 표백 과정에서 부산물로 생성되며 폐기물 소각 및 산불 시에도 환경으로 방출되는 다이옥신, 식수 및 불꽃놀이에서 발견되며 항공 우주, 무기 및 제약 산업의 부산물인 과염소산염이 있다. 이외에도 소방용 발포 고무, 종이 및 섬유 코팅과 같은 산업 응용 분야에서 널리 사용되는 과플루오린화 화합물$_{PFAS}$이 여기 속한다.

플라스틱을 더 유연하게 만드는 데 사용되며 일부 식품 포장, 화장품, 어린이 장난감 및 의료 기기에서도 발견되는 가소제(프탈레이트), 두부 또는 두유와 같은 콩 제품에 들어 있는 제니스테인 및 다이드제인과 같이 호르몬 유사 활성을 갖는 식물에서 자연적으로 발생하는 물질인 식물성 에스트로젠, 가구 폼 및 카펫과 같은 가정용 제품의 난연제 제조에 사용되는 폴리브로민화 다이페닐 에터$_{PBDE}$, 변압기와 같은 전기 장비를 만드는 데 사용되며 유압유, 열전달 유체, 윤활유 및 가소제에 사용되는 폴리염화바이페닐$_{PCB}$, 액체 바디워시와 같은 일부 항균 및 퍼스널 케어 제품에서 사용되는 트라이클로산 등도 있다.

모기약과 벌레 퇴치제

피레스로이드계 합성 화합물로 유기 염소계 살충제 보다는 독성이 덜하며 짧은 시간에 살충 효과를… 가연성인 '액화석유가스'가 들어있어서 에어로졸 추진제로 사용….

벌레 퇴치제는 파리, 모기, 바퀴벌레 등을 예방·파괴·격퇴·완화할 목적으로 실내 혹은 실외에서 사용되는 살충제(농약)이다. 살충제라는 용어를 곤충을 죽이는 것만 지칭하는 것으로 생각하지만 "살충제"는 광범위한 용어이며 방충제(혹은 퇴치제)와 같이 벌레를 죽이지는 못하지만 퇴치하는 제품도 포함하고 있다.

모기약 속 살충 성분

국내에서 일반적으로 사용되고 있는 스프레이형 살충제에는 프탈트린, D-페노트린, 아이소프로필알콜, 모노스테아린산글리세린, 모노올레인산소르비탄, 상수, 향료, 액화가스 등이 포함되어 있다. 프탈트린의 일반적인 화학명은 테트라메트린이며 보통 전체 성분의 0.15%를 차지하고,

︽ 국내에서 가장 많이 사용되는 스프레이형 살충제(에프킬라)의 성분 표시

D-페노트린도 0.15% 포함되어 있다.

주성분인 테트라메트린은 농약 등으로도 사용되는 피레스로이드계 합성 화합물이다. 유기 염소계 살충제보다는 독성이 덜하며 짧은 시간에 살충 효과를 볼 수 있어서 널리 사용되고 있다. 녹는점이 65~80℃인 백색 결정성 고체이며 상용 제품은 입체 이성질체의 혼합물인데 액체 모기 퇴치제에서는 시스와 트랜스 형태가 2:8로 포함된 형태를 사용하고 있다. 살충제로 곤충의 신경계에 영향을 미치며 많은 가정용 살충제 제품에서 발견된다. 미국 EPA에서는 잠재적 발암성 물질로 분류하고 우리나라 식약청에서도 2014년에 자동분사기에서는 사용을 금지하고 있다.

페노트린은 D-페노트린(디페노트린) 혹은 수미트린이라고도 하며 성충 벼룩과 진드기를 죽이는 합성 피레스로이드이다. 우리나라에서도 1970년대 이전에 사람의 머릿니를 죽이는 데 사용되기도 했으며 가정용 에어로졸 살충제의 성분으로 사용된다. 보통은 알을 죽여 곤충의 생물학적 수명주기를 방해하는 곤충 성장 조절제인 메토프렌과 함께 사용된다.

모기약 속 LPG

스프레이형 살충제 캔에는 살충 성분 외에도 가연성인 액화석유가스$_{LPG}$가 들어있다. LPG는 에어로졸 추진제로 사용되며, 대기 중에서는 기체이지만 캔에는 압력을 가해서 액화시킨 액체로 존재한다. 따라서 캔 내부에서는 대부분 액체로 존재하지만, 일부는 헤드 스페이스(액체 위의 공간)에 기체로도 존재한다. 이 기체의 증기압력이 액화된 LPG와 혼합된 제품을 밀어주는 역할을 한다. 분사 단추를 눌러서 밸브가 열리면 내부 압력에 의해 제품이 공기 중으로 분사되며, 액체 추진제의 일부는 다시 기화되어 밖으로 분사된 가스를 대신하여 헤드 공간을 가득 채운다. 이러한 방식으로 캔의 헤드 스페이스 압력은 일정하게 유지되고 스프레이 성능은 에어로졸의 수명 내내 유지된다.

LPG는 고순도의 탄화수소 물질, 즉 프로페인, 아이소뷰테인, n-뷰테인 기체의 혼합물로 구성된다. 이 에어로졸 추진제는 살충제, 방향제, 향수, 화장품, 스프레이 페인트 및 식품 등급 포장재 제조업체에서도 사용된다. 하지만 LPG는 작은 불씨나 불꽃에도 큰 폭발을 일으킬 수 있으므로 화기 근처에서의 사용은 엄금해야 한다. 폐기 시에도 구멍을 뚫어서 LPG가 공기 중으로 충분히 빠져나오도록 한 후에 버려야 안전하다. LPG는 다이메틸에터$_{DME}$, 클로로플루오로카본$_{CFC}$과 같은 다른 추진제와 비교할 때 비용이 저렴하며, 안정적이고 순수한 추진제 화합물이다.

물리는 것만을 방지하는 퇴치제

한편, 모기에 물리지 않도록 도와주는 물질로 맨살에 사용하기 위해 만들어진 퇴치제도 있다. 에어로졸, 크림, 고체(스틱), 펌프 스프레이 등 다양한 형태로 판매되며, 다이에틸 프탈레이트, N,N-다이에틸-3-메틸벤즈아마이드$_{\text{DEET}}$, 메토플루트린, 레몬-유칼립투스 오일, 피카리딘, 에틸헥산다이올과 같은 물질들이 성분으로 포함되어 있다. DEET는 모기퇴치제의 표준으로 여겨지며, 모기를 비롯한 다른 곤충을 죽이지는 않지만 사람을 무는 것을 막는 데 도움이 된다. 파리, 진드기, 벼룩, 진드기에도 효과적이다.

EDTA는 금속 체포자

화장품에서 거품을 일으키기 때문에 더 잘 세척… 금속이 피부, 두피 또는 모발에 축적되는 것을 방지하며… 금속 이온에 의해 산화 탈색을 방지하기 위해 방부제 또는 안정제….

킬레이트화는 화장품과 식품에서 맛과 색, 질감의 보존, 영양 보충제, 신체에서 독성 중금속의 제거를 위한 요법, MRI 스캔에서의 조영제, 균일 촉매를 사용한 제조, 금속 제거를 지원하는 화학적 수처리, 화학 비료 등 다양한 분야에서 유용하게 사용되고 있는 화학적 방법이다. 킬레이트화는 이온이나 분자가 금속 이온과 결합하는 하나의 유형이다.

배위 결합과 킬레이트제

이온이나 분자가 금속과 결합할 때, 서로 전자를 공유하는 것이 아니라 이온과 분자가 일방적으로 금속에게 전자를 제공하면서 결합하기도 한다. 이를 배위 결합$_{\text{coordinate bond}}$이라고 하며, 이때의 이온이나 분자를 리간드$_{\text{ligand}}$라고 한다.

하나의 리간드는 그 구조에 따라 한 개의 금속과 두 개 이상의 결합 자리를 가질 수 있다. 이때의 리간드를 킬레이트제라고 하며, 이런 결합을 킬레이트화chelation라고 하는 것이다. 금속을 마치 집게발로 잡는 것 같다고 하여 새우나 게의 집게를 뜻하는 그리스어 'chela'에서 유래한 것이다. 킬레이트제는 금속과 강하게 결합하며, 웬만해서는 금속을 붙들고 놓아주지 않는다. 따라서 금속이 섞인 혼합물에서 금속을 분리하거나, 금속이 다른 화학 반응을 하지 못하도록 방지한다. 킬레이트제는 일반적으로 유기 화합물이지만 반드시 유기 화합물일 필요는 없다.

대표적인 킬레이트제, EDTA

킬레이트화 반응에서 킬레이트제로 가장 많이 사용되는 물질 중의 하나가 에틸렌다이아민테트라아세트산EDTA이다. EDTA는 아미노폴리카복실산으로 흰색 수용성 고체이며 철(Fe)과 칼슘(Ca) 이온을 결합하는 데 많

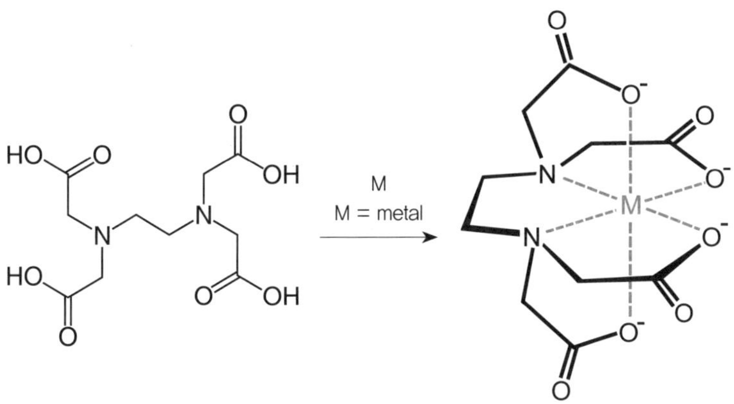

EDTA(킬레이트제) 금속(M)–EDTA 착물

이 사용되는 물질로, 식품 첨가물, 화장품 및 산업 제품에 많이 사용되고 있다.

EDTA는 방부제 및 향미제로도 사용되는 인기 있는 식품 첨가물이며 금속을 강하게 붙들고 있으므로, 변색이나 풍미 손실을 유발할 수 있는 화학 반응에 금속이 참여하는 것을 방지한다.

EDTA의 다양한 활용: 섬유, 펄프, 미용, 화장품

산업계에서 EDTA는 주로 수용액에서 금속 이온을 분리하는 데 사용되는데, 섬유 산업에서는 금속 이온 불순물이 염색 제품의 색상을 변형시키는 것을 방지한다. 펄프 및 제지 산업에서 금속 이온(특히 Mn^{2+})은 무염소 표백에 사용되는 과산화 수소의 불균형을 촉매[18)]하여 그 효율을 떨어뜨리는데, 킬레이트제는 이 반응을 억제한다.

미용 및 화장품에도 널리 사용되는데, 화장품에서는 거품을 일으키기 때문에 더 잘 세정할 수 있다. 또한 금속 이온과 결합하여 금속이 피부, 두피 또는 모발에 축적되는 것을 방지한다. 비누, 샴푸, 로션, 콘택트렌즈 용액에서는 금속이 이들 제품의 경도를 방해해서 세척력을 떨어뜨릴 수 있는데, 이를 방지하기 위해서 사용되기도 한다.

18) 원래는 느리게 진행되는 반응을 빠르게 진행하도록 하는 것을 (정)촉매라고 한다. 빠르게 진행되는 반응을 느리게 하는 것은 부촉매라고 한다.

EDTA의 다양한 활용: 식품, 세탁, 의학

일부 식품에서 금속 이온에 의해 산화 탈색을 방지하기 위해 방부제 또는 안정제로 첨가되기도 하며, 아스코르브산(비타민 C)과 벤조산 소듐을 함유한 청량음료에서 발암물질인 벤젠의 형성을 완화시키기도 한다. 식품의 질감, 풍미 및 색상을 보존하는 데 사용할 수 있으며 안정성을 높이고 특정 식품의 유통 기한을 늘리는 데 유용하여 샐러드드레싱, 소스, 스프레드, 마요네즈, 양배추나 오이와 같은 피클류, 통조림 콩, 탄산음료, 증류주, 게나 조개 혹은 새우의 통조림에 사용된다.

EDTA는 세탁 분야에서 물의 경도를 감소시켜서 세탁력을 증가시키며, Ca^{2+}, Mg^{2+} 및 기타 금속 이온과 결합함으로 보일러 내의 관석을 용해하는 작용을 한다. 이는 이들 금속 이온들이 일단 EDTA에 결합하여 금속 착물이 형성되면, 덜 침천되기 때문이다.

의학 분야에서는 납 또는 수은 중독과 같은 중금속 중독을 치료하기 위해 EDTA를 투여하는 킬레이션 요법이 사용된다. 이 물질은 혈액 속에 있는 과량의 금속과 결합한 뒤, 소변을 통해 배출되므로 안전하다. 안약에도 사용되며 아울러 자폐증, 심장 질환 및 알츠하이머와 같은 상태에 대한 대체 치료법으로 킬레이트화 요법을 제안하기도 하는데 아직은 그 안정성과 관련하여 계속 연구 중에 있다.

약물 복용 검사(도핑 테스트)

WADA가 발표한 금지약물에는… 약 300여 종 이상이… 소변 시료가 채취되고 경우에 따라서는… 혈액이 채취되어… 분석 실험을 진행….

도핑과의 전쟁

스포츠 선수들은 훈련과 식단조절 등 다양한 노력을 통해 경기력을 향상시키기 위해 노력한다. 하지만 오랜 고대 대회부터 다양한 생리적, 약리학적, 기계적 기술을 사용하여 목표를 달성하는 경우들이 있었고, 특히 현대에 와서는 엘리트 스포츠와 프로 스포츠에서 선수나 소속 팀/구단의 상금과 보상, 수익이 증가함에 따라 다양한 방법을 이용하여 경기력을 향상하려 하는데 그중 하나가 약물을 사용하는 것이다.

때로는 운동선수의 동의 없이도 비윤리적인 약사나 의료 전문가, 트레이너, 스포츠 단체들, 심지어는 국가에서 조직적으로 경기력 향상에 최적화된 도핑 프로그램들을 개발하기도 한다. 이러한 약물을 이용한 경기력 향상은 공정한 경쟁이 기본인 스포츠에서 비윤리적이고 불공정한 행태이며 무엇보다도 선수의 건강을 위협하는 결과를 가져온다.

대표적인 도핑 약물인 아나볼릭 스테로이드는 남성 호르몬인 테스토스테론 그 자체이므로 이를 인공적으로 투여하면 근육과 근력이 비정상적으로 빠르게 증가한다. 그러나 이 약물이 투여되는 순간 체내의 남성 호르몬 분비가 약물에 의존하게 되므로 자체 생성이 점점 줄어들며, 이는 약물에의 노출을 중단한 뒤에도 회복되지 않는다. 즉 성기능이 퇴화하고 무정자증에 걸릴 수 있다. 이외에도 신경손상, 정신장애, 탈모, 피부조직 괴사, 간암, 심장병 등에 시달릴 수도 있다.

근래에는 일반적인 약물 외에도 검사망을 피하기 위해 자체적으로 합성한 스테로이드와 흥분제, 펩타이드 호르몬, 혈액 도핑과 유전자 도핑, 브레인 도핑 등 새로운 방법들을 지능적으로 사용하고 있기 때문에 이를 검사해내는 것은 무척 어려운 일이다.

WADA와 KIST 도핑콘트롤센터

운동경기에서 약물복용과 관련하여 각국의 정부와 스포츠 단체가 지원하여 1999년에 국제독립기구인 세계반도핑기구WADA가 발족되었다. WADA는 세계반도핑규약을 제정하고 과학적 연구, 교육, 반도핑 능력 개발 등을 담당하고 있다. 또한 약물검사기관들을 공인하고 관리하며 매년 금지약물 리스트를 발표하고 있다.

우리나라도 1986년 서울아시안게임과 1988년 서울올림픽을 앞두고 1984년에 KIST 도핑콘트롤센터가 설립되어 도핑 금지 약물의 검사와 분석 기술의 연구 개발 등을 수행하고 있다. 초창기에는 국제올림픽위원회IOC

의 공인을 받아서 운영되었으나 도핑 테스트에 관한 업무들이 WADA로 이관되면서 현재는 WADA 공인 실험실로 지정되어 유지되고 있다. 약물 분석 장비는 매우 고가이며, 약물 검출 기술이 까다롭고 실험실을 유지하기가 힘들어서 현재 전 세계에 30여 개 공인 실험실만 운영되고 있다.

금지약물의 종류

2022년 현재 WADA가 발표한 금지약물에는 동화작용(아나볼릭) 스테로이드(테스토스테론)을 포함하여 약 60종, 적혈구 생성소$_{EPO}$와 적혈구 형성에 영향을 주는 물질, 생식선 자극 호르몬$_{CG}$을 비롯한 펩타이드 호르몬, 간세포 성장 인자$_{HGF}$를 비롯한 성장 호르몬, 살부타몰을 포함한 베타-2 작용제 15종, 아나스트로졸을 비롯한 방향화 효소$_{aromatase}$ 억제제 13종, 타목시펜을 비롯한 항에스트로젠 물질 8종, 액티비딘 수용체 IIB 약 8종, 대사조절물질 약 4종, 에페드린을 비롯한 이뇨제 약 21종, 코카인을 비롯한 흥분제 약 77종, 모르핀을 포함한 마약류 12종, 테트라하이드로카나비놀$_{THC}$를 포함한 대마초, 코르티손을 포함한 글루코코르티코이드 16종, 아테놀롤을 비롯한 베타 차단제 25종 등 대사체들이 포함되어 약 300여 종 이상이 있다. 이 약물의 목록은 매년 갱신되어 발표하고 있다. 여기에서 '약물'이라고 한 것은 약물의 대사체를 비롯한 그 유도체들을 모두 포함하기 때문이다.

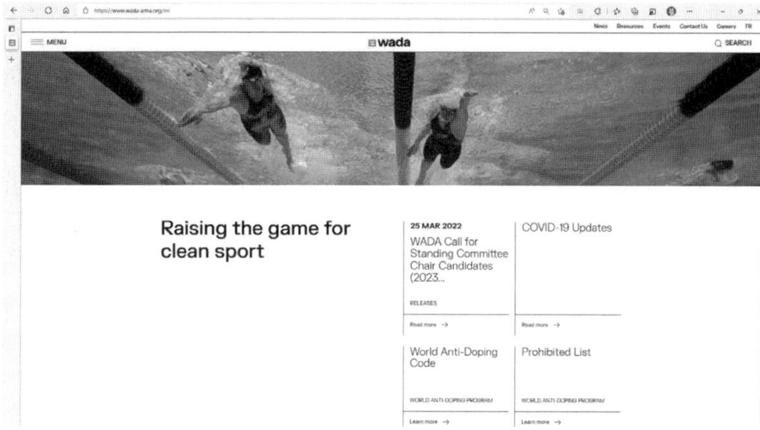

⟰ WADA 홈페이지(www.wada-ama.org)에 접속하면 Prohibited List에서 금지약물의 목록을 볼 수 있다.

도핑 테스트를 진행하는 과정

스포츠에서 도핑 테스트는 대회의 선수를 무작위로 선정하여 진행되거나, 상위 입상자들을 대상으로 실시된다. 혹은 경기가 열리고 있지 않은 평상시에도 무작위로 검사를 진행하기도 한다. 종목이나 대회에 따라서 여러 형태로 진행되는 것이다.

경기가 끝난 후 감독자의 입회하에 선정된 운동 선수의 소변 시료가 채취되며, EPO 등의 검사를 위해 혈액이 채취되기도 한다. 채취된 시료는 1차 분석용과 양성시 확인 분석용 시료병에 각각 넣어서 밀봉한 후 이를 도핑검사 실험실로 보내어 분석 실험을 진행한다.

도핑실험실에서 약물검사에 사용되는 장비로는 기체 크로마토그래프(GC), 기체 크로마토그래프-질량분석기(GC-MS), 고성능 액체 크로마토그래프(HPLC), 액체 크로마토그래프-질량분석기(LC-MS), GC-C/IRMS 등 주로 고가의 화학분석 기기들이 있다.

예를 들어, 소변 중에 포함된 흥분제 약물을 GC-MS를 사용하여 분석하는 절차를 알아 보자. 소변 중에는 분석하고자 하는 흥분제 외에도 수많은 물질이 수 ppb(ng/mL) ~ 수 ppm(μg/mL)의 낮은 농도로 존재한다. 소변 자체를 분석기기에 주입해서 분석할 수는 없으며, 전처리 과정을 거쳐 GC-MS로 분석하기에 적합한 시료로 만들어야 한다. 전처리 과정은 소변(혈액) 시료(약 2~5 mL)에서 검출하고자 하는 물질만을 추출·정제·농축하는 과정이다. 약물의 종류에 따라서 빠르게는 1~2시간, 오래 걸리면 5~6시간 이상이 소요된다. 이러한 시료 전처리 방법은 분석화학의 이론을 배경으로 확립되며 각국의 도핑 실험실마다 약간의 차이가 있다.

전처리 과정을 거친 시료는 흥분제 약물들을 동시에 분석할 수 있도록 사전에 분석 조건을 설정한 GC-MS에 약 1~3 μL를 주입한다. 정성 분석(어떤 물질인지)과 정량 분석(양이 얼마인지)을 하게 되는데 이를 위해서는 분석하고자 하는 약물들의 표준 물질[19]이 확보되어 사전에 분석되어야 한다. 분석하고자 하는 약물들의 표준 물질과 소변 시료를 GC-MS로 분석한 결과를 비교함으로써 약물의 복용 여부를 판단할 수 있다.

그림에서와 같이 GC-MS를 이용하여 특정 분석 조건에서 먼저 약물 A와 B의 표준 물질을 분석하여 얻은 크로마토그램으로 해당 물질에 대한 피크의 머무름 시간을 기록한다. 선수의 소변 시료를 시료 전처리 조건에 따라서 전처리하여 분석용 (소변) 시료를 만든 뒤, 표준 물질과 동일한 분석 조건에서 분석한다. 이 결과에서 여러 성분이 검출되었고 약물

19) 농도를 미리 알고 있는 물질

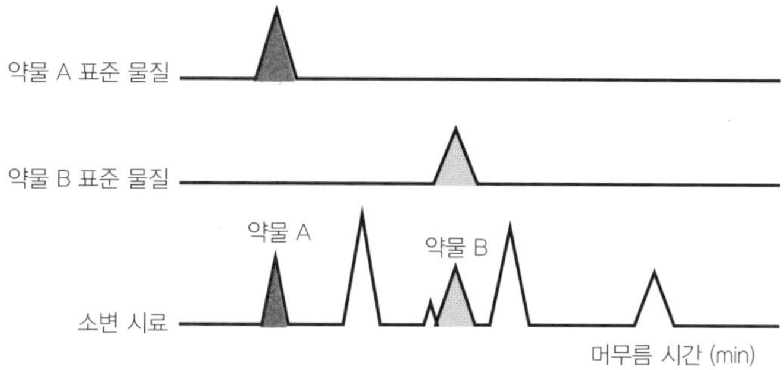

︽ 표준 물질과 소변 시료를 GC-MS를 통해 분석한 결과. 소변 시료에는 약물 A와 약물 B가 모두 포함되어 있다고 판단할 수 있다.

A와 B도 함께 검출되었으며 표준 물질의 피크와 면적을 비교함으로 그 양(농도)도 알 수 있다.

화학 분석의 다양한 응용

약물들의 분석 과정을 간단하게 소개하였지만, 이 과정은 실로 매우 복잡하고 민감하다. 어떤 물질이 소변 중에 함유되어 있는지를 판별하는 정성 분석은 보통 시료 전처리 과정과 기기분석 과정을 포함해서 24시간 이내에 가능하지만, 얼만큼이 들어있는지를 아는 정량 분석에는 2~3일 정도가 소요되기도 한다.

이러한 화학 분석 방법들을 통해 식품 중의 유효 성분과 농약, 환경(토양, 수질, 대기 등) 중의 오염물질, 반도체 재료 중의 이물질을 검출하기도 한다. 또 원하는 향기 성분을 추출하거나, 마약 및 향정신성의약품을 복용했는지 밝히고, 법과학forensic science에서 사인死因을 규명하는 등 매우 다양한 분야에서 응용되고 있다.

항생제는 피할 수 없는 물질인가?

인간과 식품 생산 동물에서 항생제의 사용이 증가함에 따라 그 내성이 증가하고 있으며, 이는 이 시대를 정의하는 글로벌 건강 문제 중 하나….

인간과 동물의 질병은 박테리아(세균), 바이러스, 곰팡이 및 기타 병원체와 같은 다양한 미생물이 원인이 되기도 한다. 항생제는 일부 유형의 세균 감염을 치료하거나 예방하는 데 사용되는데 박테리아를 죽이거나 퍼지는 것을 방지하는 작용을 한다. 많은 경미한 세균 감염은 항생제를 사용하지 않고도 저절로 낫게 될 수 있으며, 항생제는 감기, 독감, 기침, 인후통과 같은 바이러스 감염에는 별로 효과가 없는 것으로 알려져 있다. 항생제에는 수백 가지 유형이 있지만 크게 여섯 가지 그룹으로 분류할 수 있다.

(1) **페니실린계**: 페니실린 G, 아목시실린, 암피실린, 피페라실린 등
(2) **세파로스폴린계**: 세파졸린, 세팔렉신, 세파클러, 세프메타졸 등
(3) **아미노글리코사이드계**: 겐타마이신, 토브라마이신, 아미카신 등

(4) **테트라사이클린계:** 테트라사이클린, 독시사이클린, 미노사이클린, 타이제사이클린 등
(5) 매크롤라이드계: 에리스로마이신, 클라리스로마이신, 아지스로마이신 등
(6) 플루오로퀴놀론계: 시프로플록사신, 레보플록사신, 목시플록사신 등

물고기와 항생제

인간과 가축, 양식 물고기에서 항생제(항균제)의 사용이 증가함에 따라 그 내성(저항성)도 증가하고 있으며, 이는 이 시대를 정의하는 글로벌 건강 문제 중 하나이다.

빠르게 확장하는 양식 산업에서 항생제의 사용은 내성 증가를 유발하여 동물, 인간 및 생태계 건강에 잠재적인 악영향을 초래할 수 있다. 수십 년 동안 어촌에서는 물고기의 성장을 촉진하고 질병 발병을 예방하기 위해 항생제를 다량 사용해왔다. 양식업의 강화로 인해 점점 더 많은 수의 물고기가 양식장과 연못에 보관되며 어떤 경우에는 수생 생태계가 파괴된다. 예를 들어 난균류에 속하는 곰팡이와 유사한 유기체인 *S. parasitica*는 부영양성이어서 죽은 것을 먹고 탄소 순환에 기여한다. 그러나 집약적으로 밀집된 양식장에서 연어를 양식하면 *S. parasitica*는 치명적인 기생충이 되어 스트레스를 받는 동물의 살을 괴사시키고 물곰팡이병을 일으킨다.

물고기의 관점에서 볼 때 이와 같은 감염은 피할 수 있는 것처럼 보인다. 질병은 수족관이나 양식장과 같은 곳에서 물고기들을 보관, 운송, 양식할 때 생기는 과밀에서 직접 발생하므로 간단한 해결책은 더 적은 수

의 물고기를 함께 키우거나 더 많은 공간을 제공하는 것이다.

그러나 그렇게 하면 양식어류가 증가하는 세계 인구를 먹여 살릴 만큼 생산되지 못할 수 있다. 수생 동물은 전 세계적으로 소비되는 동물성 단백질의 17%를 차지하며 전 세계 인구의 40% 이상이 물고기를 소비하는 1인당 동물성 단백질의 거의 20%를 차지하고 있다. 1인당 소비량은 육류 및 유제품 소비량보다 빠르게 증가하고 있을 만큼 양식어류의 수요는 폭발적이다. 이 때문에 감염에 대한 더 간편하고 저렴한 해결책으로서 항생제가 어류 양식에 사용되는 것이다. 또 기후 변화로 인한 수온 상승은 일부 어류 질병의 심각성을 증가시키며, 바다가 계속해서 뜨거워짐에 따라 항생제에 대한 의존도가 점점 높아지게 될 것을 예측할 수 있다.

사육 환경에서 항생제

가축 사육에서 개별 치료, 적어도 한 마리가 임상 감염으로 진단된 경우 전체 동물 그룹의 치료, 그리고 예방적 치료 등 모든 목적으로 항생제를 사용하고 있다. 종종 동물을 살찌우기 위해서 사료에 과다하게 항생제를 투여하는 악의적인 경우도 있다. 항생제는 인간은 물론이고 동물의 질병도 치료하고 동물의 건강과 복지를 보호하며 식품 안전을 지원하는 중요한 도구가 된다. 그러나 무책임하게 남용하면 항생제 내성이 생겨 동물 및 환경의 건강에 영향을 줄 수 있다. 사용 수준은 국가마다 제각각이지만, 전 세계적으로 전체 생산의 약 73%의 항생제가 축산농가에 의해 소비되고 있다고 한다.

아픈 동물을 항생제로 치료하면 동물이 도축되거나, 젖을 짜거나, 알을 낳거나, 꿀을 생산할 때 항생제가 잔류될 수 있다. 즉, 이들을 원료로 하여 생산된 육류, 우유, 계란, 꿀 등이 항생제로 오염될 수 있는 것이다. 이를 사람이 섭취하게 되며 원하지 않게 항생제에 노출되게 된다. 따라서 일부 국가에서는 성장 촉진, 관리 또는 시설의 결함에서 생기는 질병 예방을 위한 항생제의 일상적인 사용을 금지하거나 엄격하게 통제하고 있다. 이는 잔류물에 대한 우려가 아니라 항생제 내성 증가에 대한 우려 때문이다.

항생제 내성과 슈퍼 박테리아

항생제는 세균 감염을 예방하고 치료하는 데 사용되는 의약품인데, 이러한 약물 사용에 대한 반응으로 박테리아가 내성(저항성)을 가지게 될 수 있다. 이런 박테리아를 슈퍼 박테리아라고 하며, 이들이 인간과 동물에게 유발하는 감염은 내성이 없는 박테리아에 의한 감염보다 치료하기가 더 어렵게 되어 의료비 증가, 입원 기간 연장, 사망률 증가로 이어진다.

항생제 내성은 세계 모든 지역에서 위험할 정도로 높은 수준으로 상승하고 있으며 새로운 저항 기전이 전 세계적으로 나타나고 있어서 일반적인 전염병을 치료할 수 있는 능력을 위협하고 있다. 폐렴, 결핵, 혈액중독, 임질 및 식인성 질병과 같은 증가하는 감염 목록은 항생제의 효과가 감소함에 따라 치료가 점점 더 어려워지고 때로는 불가능해지기도 한다.

처방 없이 항생제를 구입할 수 있는 곳에서는 내성의 출현과 확산이 더 악화된다. 표준 치료 지침이 없는 국가에서 의료 종사자와 수의사에 의해 과도하게 처방되고 대중이 과도하게 사용하고 있기 때문이다. 시급한 조치가 없다면 일반적인 감염과 가벼운 부상으로도 사람이 사망할 수 있다.

2021년 통계에 의하면 우리나라의 인체 항생제 사용량은 OECD 국가 중에서 3위를 차지하고 있다고 한다. 가벼운 감기 증상에도 과도하게 항생제가 처방되고 있기 때문이다. 항생제가 필요하다고 판단되는 감염의 가이드라인을 의료 현장에서도 잘 준수하여 내성을 가진 박테리아, 소위 슈퍼박테리아에 의한 피해를 줄이고자 노력해야 할 것이다.

4장

환경과 화학

미세먼지는 어디에서 오는가

석탄, 석유, 휘발유와 같은 화석 연료가 연소되면… 연소 중 기화되는 물질의 응결로 인해서… 황 산화물과 질소 산화물의 대기 반응을 통한 2차 입자들이 생성….

미세먼지는 공기 중에 떠도는 모든 고체 및 액체 입자의 합이며 이 중 상당수는 인체에 유해하다. 이 복잡한 혼합물은 먼지, 꽃가루, 그을음, 연기 및 액체 방울과 같은 유기 및 무기 입자를 모두 포함하고 있으며, 크기, 구성 및 기원이 매우 다양하다. 공기 중의 입자는 연료가 연소될 때나 먼지가 바람에 의해 운반될 때 직접 방출되거나, 이전에 대기로 방출된 가스 오염물질이 입자상 물질로 변할 때 간접적으로 형성될 수 있다.

미세먼지의 크기에 따른 분류와 특성

크기에 따라 미세먼지는 주로 두 가지 주요 그룹으로 나뉘는데, 크기가 2.5~10 μm(PM_{10}~$PM_{2.5}$)인 큰 입자가 포함되어 있는 굵은 것과 최대 2.5 μm($PM_{2.5}$) 크기의 작은 입자까지가 포함된 미세한 것으로 나뉜다. 0.1

μm(마이크로미터, 미터의 백만분의 일(10^{-6}))보다 작은 입자는 초미세 입자라 부른다. 공기 중 미세먼지의 총 질량은 대부분 0.1~2.5 μm 범위의 미세 입자로 구성되어 있으며, 0.1 μm보다 작은 초미세 입자는 그 개수로는 90% 이상을 차지하지만, 질량으로 봤을 때는 단 몇 퍼센트만 기여하는 것이 일반적이다.

굵은 입자는 더 큰 고체 입자의 기계적 분쇄에 의해 생성되며, 도로, 농사 과정, 비포장 토양 또는 광산 작업에서 발생하는 먼지와 화석 연료를 태울 때 방출되는 불연성 물질이 포함될 수 있다. 꽃가루 알갱이, 곰팡이 포자, 식물, 곤충이 거친 입자들에 포함되어 있기도 하며, 해안 근처에서는 파도의 비말이 증발됨으로써 큰 입자를 생성할 수 있다.

미세 입자는 주로 기체로부터 생성된다. 기체가 입자로 되는 초기 단계에 입자 핵이 생성되면서 초미세 입자(최대 0.1 μm)가 먼저 형성된다. 이 입자들에 기체가 추가로 응축되어 응결하거나, 두 개 이상의 입자가 결합하여 더 큰 입자로 응고되면 최대 1 μm의 크기로 성장하여 미세 입자가 되는 것이다.

대기 중에 있는 기체들의 중간 반응으로 생성되는 입자를 2차 입자라고 한다. 석탄, 석유, 휘발유와 같은 화석 연료가 연소되면 비산재와 같은 불연성 물질이 방출되어 굵은 입자를 생성하고, 연소 중 기화되는 물질이 응결되면서 미세 입자가 생긴다. 초기에 기체로 방출된 황 산화물(SO_x, 싹스라고 읽는다)과 질소 산화물(NO_x, 낙스라고 읽는다)이 대기 중에서 반응하여 2차 입자들이 생성되기도 한다.

미세먼지의 두 가지 주요 화학적 구성 요소는 황산염과 유기물인데 미세 입자($PM_{2.5}$) 및 굵은 입자와 미세 입자가 결합된 입자(PM_{10})들이며 도로 근처의 광물 먼지도 PM_{10} 입자들이 주요 구성 요소이다. 공기 중 미세먼지의 농도가 높은 날(PM_{10}이 50 μg/m^3 초과)에는 질산염도 PM_{10}과 $PM_{2.5}$의 주요 구성 요소인 것으로 알려져 있다. 블랙 카본이라고도 하는 그을음은 미세 입자의 5~10%를 차지하는데, 굵은 입자는 다소 적으며 특정 도로 근처에서는 그을음 비율이 15~20%까지도 달하는 것으로 발표되고 있다.

우리의 건강에 영향을 미치는 미세먼지

고농도의 미세먼지에 장기간 노출되면 주로 심폐 및 폐암 사망률이 증가하여 기대 수명이 현저하게 감소할 수 있다. 특히 어린이의 경우 하기도 증상과 폐 기능 감소, 성인의 경우 만성 폐쇄성 폐질환 및 폐 기능 감소가 촉발될 수 있다고 세계보건기구가 발표했다. 미세먼지는 호흡에 의한 체내 흡입이 가능한데, 10 μm 이하는 폐와 혈액에까지 침투할 수 있으므로 입자의 크기가 작은 $PM_{2.5}$는 건강에 더 위험하다. 심장질환이나 폐질환이 있는 사람들은 조기 사망, 심장마비, 불규칙한 심장박동, 천식 악화, 폐 기능 감소, 기도의 자극, 기침이나 호흡곤란 같은 호흡기 증상의 증가 등 위험성이 있는 것으로 알려져 있으며 WHO 산하 국제암연구소 IARC에서는 미세먼지를 1군 발암물질(Group 1)로 지정하고 있다.

2.5 μm보다 작은 $PM_{2.5}$는 사망률과 심혈관 및 호흡기 종말점 측면에서 굵은 입자보다 더 위험하다. 그렇다고 PM_{10}이 무해하다는 의미는 아니며, 미세먼지의 여러 물리적, 생물학적 및 화학적 특성이 심폐 반응을 유발하는 것으로 밝혀졌다. 미세먼지 중에는 금속 성분과 다환방향족탄화수

소인 PAH를 비롯한 기타 유기 성분들과 내독소들이 포함된 것으로 알려져 있다.

배출원 유형 중에서도 건강에 영향을 미치는 미세먼지는 자동차 배기가스 배출 및 석탄 연소와 관련이 있다. 이들은 1차 및 2차 입자를 생성하며 둘 다 건강에 해로운 영향을 끼친다. 한 독소 연구에 따르면 내연기관, 석탄 연소, 잔류 오일 연소 및 장작 연소에서 발생하는 입자가 강한 염증을 일으키는 잠재력을 가지고 있는 것으로 나타났으며, 반면에 바람에 날리는 지각으로부터 유래된 미세먼지들은 상대적으로 덜 중요한 원인으로 보고되고 있다.

단풍의 색소화학

엽록소가 파괴되면 잎의 녹색이 퇴색되고… 카로티노이드의 노란색이 남게 된다… 가을에 안토시아닌이 형성되며 이로 인해 황변하는 잎이… 주황색으로, 그 다음에는 빨간색으로….

나뭇잎의 녹색 색소는 엽록소(클로로필)인데 엽록소는 나뭇잎에 노출된 햇빛에서 빨간색과 파란색 빛을 흡수하므로 사람의 눈에 녹색으로 관찰된다. 이는 물체에 의해 흡수되는 색과 관찰되는 색은 서로 보색 관계가 있기 때문이다. 빨간색과 파란색 빛이 합쳐지면 자주색 빛이 되며, 이 자주색의 보색이 바로 녹색이다.

엽록소의 화학: 광합성

한편, 엽록소는 엽록소 a와 엽록소 b의 두 가지 색소를 포함하고 있다. 엽록소 분자는 세포 내부의 엽록체라고 하는 디스크 같은 구조의 막에 부착되어 있으며, 엽록체는 빛 에너지가 화학 에너지로 전환되는 광합성이 일어나는 장소이다. 엽록체에서는 엽록소에 의해 흡수된 빛 에너지를 사용하여(흡열 반응) 이산화 탄소와 물을 산소와 탄수화물로 변환하는데, 이 과정이 바로 '광합성'이다. 이와 같이, 엽록소를 품은 식물들이 우거진 숲은 산소를 배출하기 때문에 흔히 아마존 열대 우림을 '지구의 허파'라고도 한다. 그러나 이는 과학적으로는 틀린 말일 수 있다. 허파는 산소를 흡수한 후에 이산화 탄소를 배출하기 때문이다.

$$6\ CO_2(\text{이산화 탄소}) + 6\ H_2O(\text{물}) \xrightarrow[\text{빛 에너지}]{} C_6H_{12}O_6(\text{탄수화물(당)}) + 6\ O_2(\text{산소})$$

이 흡열 화학 반응을 통해서 엽록소에 의해 흡수된 빛 에너지는 탄수화물(설탕 및 전분)에 저장된 화학 에너지로 변환된다. 이 화학 에너지는 식물이 성장하고 꽃을 피우고 종자를 생산할 수 있도록 하는 생화학 반응을 촉진시킨다.

엽록소는 아주 안정적인 화합물은 아니기 때문에 밝은 햇빛(자외선, 적외선, 가시광선 등이 포함됨)은 엽록소를 분해할 수 있다. 따라서, 잎에 있는 엽록소의 양을 유지하기 위해서 식물은 지속적으로 엽록소를 합성한다. 식물에서 엽록소를 합성하려면 햇빛과 따뜻한 온도가 필요한데, 더운 여름 동안에 엽록소는 나무의 잎에서 지속적으로 분해되고 재생되는 과정을 거치게 된다.

보이지 않는 조력자 카로티노이드

많은 식물의 잎에서 발견되는 또 다른 종류의 색소는 카로티노이드이며 청록색과 파란색 빛을 흡수하므로 그들로부터 반사된 빛은 노란색으로 보인다. 엽록소와 마찬가지로 카로티노이드도 큰 분자이며 엽록체에 포함되어 있다.

카로티노이드에는 두 가지 유형이 있는데, 하나는 베타-카로틴과 같이 탄소와 수소만으로 구성된 탄화수소 화합물이다. 다른 하나는 잔토필이라고 하는 탄소와 수소 외에 다른 원소를 포함하고 있는 화합물로, 산소를 포함하는 루테인이 그 예가 될 수 있다. 카로티노이드는 엽록소를 산화로부터 보호하고 보조 흡수제 역할을 한다. 이들은 엽록소에 흡수된 것과 다른 색의 빛으로부터 에너지를 흡수하고 흡수한 에너지를 엽록소로 전달한다. 잎에는 카로티노이드보다 훨씬 더 많은 엽록소가 포함되어 있기 때문에 엽록소가 존재하는 한 카로티노이드는 잎의 색에 거의 영향을 미치지 않는다.

빨갛게 빨갛게 물들었네: 안토시아닌

잎에서 발생하는 세 번째 종류의 색소는 안토시아닌인데 파란색, 청록색, 녹색 빛을 흡수한다. 따라서 안토시아닌을 함유한 잎에 의해 반사된 빛은 붉게 보인다. 엽록소나 카로티노이드와는 달리 안토시아닌은 세포막에 부착되어 있지 않다. 빛에 의해 시작되는 에너지 소비 과정에 의해 세포에서 만들어지고, 생성된 안토시안은 세포 수액으로 방출된다. 잘 익은 사과의 붉은색과 잘 익은 포도의 보라색이 바로 안토시아닌 때문이다. 사과의 경우 종종 붉은색 부분과 초록색 부분이 섞여 있는 경우가 있는데, 빨간색 면은 햇빛에 노출되어 붉은 색소를 생성했었고 녹색 면은 그늘에 있었기 때문에 붉은 색소를 생성하지 못했기 때문이다. 마찬가지로 나무의 잎사귀는 햇볕이 잘 드는 쪽이 가장 붉다.

알록달록 단풍의 화학

여름 동안에 나뭇잎은 엽록소에 빛이 작용하여 이산화 탄소와 물에서 탄수화물(당)을 생산하는 공장이다. 물과 영양분은 뿌리에서 가지를 통해 잎으로 흐르고 광합성에 의해 생성된 당은 잎에서 나무의 다른 부분으로 운반되며, 화학 에너지의 일부는 성장에 사용되고 일부는 저장된다.

햇빛에 노출될 수 있는 낮의 길이가 짧아지고 기온이 낮아지는 가을이 되면 나무들은 변화를 촉발하게 되는데, 이러한 변화 중 하나는 가지와 잎줄기 사이에 코르크층이 쌓이는 것이다. 이 층은 잎이 떨어질 때 노출되는 가지 표면을 보호하는 역할을 하지만 한편으로는 잎 안팎으로 영양분의 이동을 방해하기도 한다. 나뭇잎의 또 다른 변화는 엽록소가 본격적으로 파괴되기 시작하는 것이다.

엽록소가 파괴되면 잎의 녹색이 퇴색되고, 이 파괴가 카로티노이드의 파괴보다 더 빠르게 진행되므로 카로티노이드의 노란색만 남게 된다. 일부 나무에서는 가을에 안토시아닌이 형성되며 이로 인해 황변하는 잎이 처음에는 주황색으로, 그다음에는 빨간색으로 변하게 된다. 붉은 단풍나무와 붉은 참나무는 안토시아닌을 풍부하게 생산하여 가을에 가장 밝은 빨간색과 보라색을 나타낸다. 너도밤나무와 같은 다른 나무에서는 노란색 카로티노이드가 파괴되면서 잎의 탄닌이 산화되어 색이 갈색으로 바뀐다.

단풍의 범위와 강도는 날씨의 영향을 크게 받는다. 우리나라에서도 가을이면 지역에 따른 단풍지도가 그려져서 어느 날짜에 단풍이 시작되고 절정을 맞는지를 알 수 있다. 따뜻하고 습한 날씨는 엽록소의 소멸과 안토시아닌의 출현을 지연시키며 시원하고 건조한 날씨는 엽록소의 파괴를 촉진하고 화창한 날씨는 안토시아닌 생성을 촉진한다. 따라서 건조하고 맑고 날들이 지난 후 시원하고 건조한 밤이 될 때 가장 밝은 가을 단풍색을 만날 수 있다.

불꽃놀이는 금속 원소들의 향연

가시광선 파장에서 형광을 발하는 몇 가지 금속 염… 염화 바륨은 녹색, 염화 스트론튬은 적색, 염화 구리는 파란색, 칼슘염은 주황색….

화약의 발견

1,000여 년 전에 중국의 연금술사들은 꿀, 황, 질산 포타슘의 혼합물이 놀라운 속도로 연소하면서 섬광을 낸다는 것을 우연히 발견했다. 후에 화약으로 이름 붙여진 이 혼합물은 수 세기 동안 중국이 주류였으며, 악령을 겁주는 문화 의식과 적을 제지하는 군사 로켓에 사용되었다. 나중에는 꿀 대신 목탄이 황과 질산 포타슘의 조합에 추가되었는데, 황과 목탄은 반응에서 연료로 작용하며 질산 포타슘은 산화제로 작용한다. 화약의 화학 반응에서는 유황(S)이 먼저 점화되어 가열된다. 이후 숯 연료(탄소, C)를 태워 온도가 높아져 질산 포타슘(KNO_3)을 찢어 버릴 정도가 되면 연소를 돕는 산소가 방출되면서 폭발적으로 반응한다.

화약과 불꽃놀이

중국에서 개발된 화약은 1200년대 초반에 유럽으로 전파되었다. 중세 시대에는 현대 불꽃놀이의 선구자인 화약에 기반한 발명품들이 발명되기도 하였으나, 바닷가의 방책이나 약간 반짝거리는 기구로 제한되었다. 이 초기 불꽃놀이의 주황색 색조는 주로 매우 뜨거운 고체 입자의 빛에 의해 생성되었으며, 이는 흑체 또는 회색체 복사로 알려진 현상이다. 화약 혼합물에 철이나 구리, 아연 충전재가 첨가되었기 때문에 모닥불의 주황색(또는 노란색이나 흰색)과는 그 색이 사뭇 달랐다.

1800년대에 화학자들은 합성된 화합물을 연소시켜 적색, 녹색, 청색, 보라색 폭발을 일으키기 시작했다. 새롭고 놀라운 색상 배열은 흑체 복사 대신에 들뜬 기체상 분자의 스펙트럼 방출로 얻어졌다. 이 기이한 색상 연소 방법 중 상당수는 아직도 구식 불꽃 공예가에게 사랑받고 있으나 염화 수은(Hg_2Cl_2), 황화 비소(As_4S_4), 아세토아비산 구리($Cu(C_2H_3O_2)_2 \cdot 3Cu(AsO_2)_2$) 및 염소산 바륨($Ba(ClO_3)_2$)의 혼합물은 불안정하며 인간의 건강과 환경에 유독하다. 지난 세기에 불꽃 장인들의 발명품은 더 화려할 뿐만 아니라, 자체 폭발도 덜 일어나 더 안전한 불꽃놀이를 만들어냈다. 최근의 연구자들은 보다 친환경적인 불꽃놀이를 고안하기 위해 많은 연구를 거듭하였으며, 꽤나 진전을 이루었다.

형형색색의 불꽃을 내는 금속

일반적인 불꽃놀이 혼합물은 색상을 생성하는 금속 주개 화합물 및 염소 주개 화합물, 연료, 연소에 필요한 산소를 공급하는 산화제, 혼합물들을 묶어주는 바인더로 구성된다. 전체 혼합물을 적셔서 함께 결합한 다음에 '별'이라고 하는 가연성 덩어리로 절단한다. 이 별은 불꽃놀이 껍질에서 하늘로 터지는 다채로운 빛의 점들이 된다.

대부분의 현대 불꽃놀이의 색상은 가시광선 파장에서 강하게 형광을 발하는 몇 가지 금속 염을 포함하고 있다. 염화 바륨(BaCl)은 녹색, 염화 스트론튬($SrCl_2$)은 적색, 염화 구리($CuCl_2$)는 파란색, 칼슘(Ca) 염은 주황색, 소듐(Na) 염은 노란색, 마그네슘(Mg) 염은 회색의 빛을 생성한다. 화학에서 '염'은 이온 결합한 금속 및 비금속 원자를 포함하고 있는 화합물을 나타낸다. 이러한 화합물 자체는 흡습성이 매우 높아 혼합물이 축축해지고 타지 않으며, 심지어 불안정하게 만들기도 한다. 따라서 불꽃놀이 상영 시간까지 금속과 염소를 분리된 상태로 유지하는 것이 좋다.

일부 만들어내기 어려운 색깔들도 있는데, 구리 함유 화합물은 높은 온도에서 불안정한 경향이 있으며 이 온도에 도달하면 분해되어 청색이 나타나는 것을 방해한다. 이런 이유로 불꽃놀이의 질을 푸른 불꽃의 질로 판단한다는 말이 있다. 보라색 또한 파란색을 유발하는 화합물과 빨간색을 유발하는 화합물을 함께 사용하기 때문에 만들어내기가 매우 어렵다고 알려져 있다.

연료와 산화제

연료로 사용되는 현대의 흑색 분말은 질산 포타슘(KNO_3)과 목탄(C), 황(S)의 중량비가 75:15:10인데 이 비율은 1781년 이후로 변함이 없다. 화약

뿐만 아니라 불꽃놀이에는 구성 요소를 함께 고정하고 충격과 충돌에 대한 민감도를 줄이는 데 사용되는 '바인더'가 포함된다. 일반적으로 녹말, 덱스트린과 같은 유기 화합물의 형태를 취하며 점화 후에는 연료로도 작용한다.

산화제는 혼합물을 태우는 데 필요한 산소를 제공하는 역할이며, 일반적으로 질산(NO_3^-)염, 염소산(ClO_3^-)염 또는 과염소산(ClO_4^-)염 등이 있다. 화약의 알갱이 크기와 수분의 양을 변화시키면 목적에 따라 불꽃의 연소 시간을 크게 늘릴 수 있다.

불꽃놀이의 별과 염소 주개

발사체 본체에 들어 있는 '별'에는 불꽃에 색을 입히는 금속 가루나 염이 들어 있는데, 그들은 점화를 돕기 위해 화약으로 코팅되기도 한다. 연소 반응에 의해 방출되는 열은 금속 원자의 전자를 더 높은 에너지 수준으로 들뜨게 한다. 이러한 들뜬 상태는 불안정하므로 전자는 빠르게 원래의 에너지(또는 바닥 상태)로 돌아가 과량의 에너지를 빛으로 방출한다. 서로 다른 금속은 바닥 상태와 들뜬 상태 사이에 서로 다른 에너지 차이를 가지므로 서로 다른 색상을 방출한다. 이것은 불꽃 테스트를 통해 서로 다른 금속들을 구별할 수 있게 하는 것과 똑같은 이유이다.

염소 주개는 색상을 더 강하게 나타내는 데 도움을 주며, 산화제로도 사용되는 염소산염 또는 과염소산염이 염소 주개로 사용된다. 예전에는 산화제와 염소 주개 역할을 하는 염소산 포타슘($KClO_3$)이 별을 만드는 데 사용되었지만, 이 물질은 황, 금속 분말, 암모늄염 또는 습기와 접촉할 때 마찰에 민감한 화합물을 형성하여 몇 번의 치명적인 폭발을 일으켰다. 따라서 오늘날에는 대부분 보다 안정적인 과염소산 포타슘($KClO_4$)을 사용한다.

금속 주개 화합물로는 질산 바륨, 탄산 스트론튬 또는 질산염, 옥살산 소듐 및 탄산구리들을 사용한다. 지난 수십 년 동안 마그네슘-알루미늄 합금 마그날륨의 추가 덕분에 색상이 거의 형광등과 전기처럼 훨씬 더 선명해졌다.

불꽃놀이와 환경

불꽃놀이를 좋아하는 사람들은 불꽃놀이 중에 쏟아지는 쓰레기, 연기 및 화학 증기가 환경을 오염시킨다는 현실과 씨름해야 했다. 이에 따라 미국 환경 보호국은 현재 물과 토양의 과염소산염 농도를 규제하고 있다. 스트론튬 및 바륨과 같은 불꽃놀이의 금속은 인간과 동물의 건강에 유독하며 연소 과정에서 폴리염화 탄화수소와 같은 다른 유해한 화학종을 생성할 수 있으므로 과도한 사용은 지양해야 한다.

커피포트와 수도꼭지의 물때

Ca^{2+}와 HCO_3^- 이온을 포함하고 있는 물을 가열하거나 끓이면… $CaCO_3$ 침전(물때)을 형성하고 기체 이산화 탄소가 대기 중으로 방출….

경수와 연수

물의 경도는 칼슘 이온(Ca^{2+})과 마그네슘 이온(Mg^{2+})의 함유량으로 나타나며, 비교적 다량으로 함유하고 있는 물을 경수(센물), 함유량이 적은 물을 연수(단물)라 한다. 경도를 계산하려면 물 100 mL에 1 mg의 CaO를 함유할 때를 1도로 하고, CaO/MgO=1/1.4로 환산한다. 20도 이상이면 경수, 10도 이하이면 연수이다.

우리나라 수돗물의 경도는 2도 정도이므로 연수이다. 지하수는 보통 경도가 커서 경수에 가깝고, 빗물은 경도가 작아 연수인 경우가 많다. 경수는 공업용수로서는 부적당하며, 특히 보일러에 사용하면 물때가 많이 생겨 보일러의 효율을 저하시킬 뿐 아니라 위험하고 비누를 사용할 때에 경수를 쓰면 거품이 잘 일지 않아 세척 효과가 줄어든다.

뜨거운 물이 지나가는 곳에 생기는 물때

물때는 주로 칼슘과 마그네슘으로 구성된 물질로 경수가 증발할 때 남는 석회 자국이다. 주로 탄산 칼슘($CaCO_3$)으로 구성되며, 단단한 백악질(백색 연토질 석회암)의 퇴적물이다. 물때는 주전자, 보일러 및 배관, 샤워헤드 등 뜨거운 물이 있는 곳의 내부라면 어디에나 축적된다. 라디에이터, 세탁기 및 식기 세척기와 같이 눈에 잘 띄지 않는 부분에도 생길 수 있다. 또한 오래된 파이프의 내부 표면과 경수가 흐르는 표면에서 유사한 침전물로 종종 발견되며 경수 샘물에서 석회화로도 형성된다.

일반적인 방법으로 물을 사용하는 것만으로도 평균 4인 가족이 연간 약 70 kg의 물때를 생성할 수 있다고 한다. 물때는 가정이나 사무실이나 빌딩에서 문제를 일으킬 수 있어서 유익한 것이라 생각할 수는 없지만,

⌃ 심각한 경우 물때는 배관의 파손을 가져오기도 한다. 물때에 의해 좁아진 배관에 물이 흐를 때는 기존보다 더 강한 압력이 배관에 가해질 수 있다.

건강에는 크게 영향을 미치지 않는다는 것인 일반적인 견해이다.

석회질(탄산 칼슘이 주성분인 물질)은 다양한 모양과 형태를 가질 수 있는데 크로뮴 수도꼭지나 유색 플라스틱과 같은 표면에서는 일반적으로 흰색 침전물로 보인다. 그러나 흰색 세라믹 변기 내부에서는 시간이 지남에 따라 보기 흉한 얼룩으로 축적되는 경우도 많다. 그 색깔은 미네랄의 종류에 따라 회백색, 회색, 분홍색, 적갈색까지 다양하다. 보기 흉하고 청소하기 어려울 뿐만 아니라 다양한 배관 및 난방 구성 요소의 작동을 심각하게 방해하기도 한다.

물때의 주성분, 탄산 칼슘

따뜻한 수돗물, 커피포트 등의 발열체에 침착되는 유형은 주로 탄산 칼슘이다. 경수에는 탄산수소 칼슘 또는 이와 유사한 이온들(탄산수소 마그네슘)도 포함되어 있다. 탄산 칼슘과 같은 칼슘염은 찬물보다 뜨거운 물에 더 잘 녹기 때문에 물을 가열해도 탄산 칼슘 자체가 침전되지 않는다. 그러나 용해된 이산화 탄소(대기로부터)가 존재하면, 가용성인 탄산수소 칼슘(($Ca(HCO_3)_2$))으로 바뀐다.

$$CaCO_3(s) + CO_2(aq) + H_2O \rightleftharpoons Ca^{2+}(aq) + 2HCO_3^-(aq)$$

물에 녹은 탄산수소 칼슘은 Ca^{2+}와 HCO_3^- 이온 형태로 해리되어 존재한다. 이 물을 가열하거나 끓이면 수용액에서는 역반응이 일어나 $CaCO_3$ 침전(물때)을 형성하고 기체 이산화 탄소가 대기 중으로 방출된다.

이와 같이 고체 탄산 칼슘은 보일러, 수도꼭지, 파이프, 주전자 등에 쌓이는 물때의 주성분이 된다. 석회동굴의 천장에 매달린 종유석이나 바닥에서 자라나는 석순도 이와 같은 화학 반응에 의해 생성된 것이다. 또한 수돗물의 경우 수도배관에 철 함유 화합물이 있기 때문에 물때가 착색되는 경우도 많다. 세 가지 주요 철 화합물은 황철석(FeO), 적철광(Fe_2O_3), 자철광(Fe_3O_4)이다.

물때를 제거하려면

수도꼭지의 물때 부분은 백식초와 따뜻한 물을 동일한 비율로 섞은 용액으로 씻어낼 수 있다. 석회질의 완고한 정도에 따라 수돗물을 용액으로 닦기만 하면 되거나 용액을 천에 적셔서 몇 시간 동안 석회질 부위를 적셔야 하기도 한다. 물때를 제거한 후에는 깨끗하고 젖은 천으로 닦고 완전히 말려주는 것이 좋다. 그러나 이 방법은 크로뮴 도금이나 금 도금 수도꼭지에는 적합하지 않은 방법이다.

배관공들이 관에 쌓인 물때를 제거하기 위해 사용하는 방법은 탄산 칼슘과 반응하는 염산(HCl)을 소량 첨가하여 탄산 칼슘을 염화 칼슘($CaCl_2$)으로 변환시키는 것이다.

$$CaCO_3(s) + 2HCl(aq) \rightarrow CaCl_2(aq) + H_2O + CO_2(g)$$

이후 물을 흘려주면 가용성인 염화 칼슘이 녹아 사라지므로 깨끗하게 물때를 제거할 수 있다.

라돈 없는 세상

토양을 구성하는 모래나 자갈 등에서 라돈이… 벽돌이나 시멘트 같은 소재에서도 검출… 보통 바닥과 벽의 균열, 바닥과 벽의 접합부, 배관이나 케이블 주변의 틈….

라돈과 라듐

라돈(Rn)은 원자번호[20] 86이고 질량수[21]가 222인 기체 원소이다. 비활성 기체족에 속하는 방사성 기체이므로 반응성이 매우 낮고 자체의 색이나 냄새가 없다. 라돈은 화강암, 편마암, 편암과 같은 우라늄 광석, 인산염 암석, 혈암, 화성암 및 변성암에서 발견되는 라듐(Ra)-226(원자번호 88, 질량수 226)의 방사성 붕괴로 생성되며, 석회암과 같은 일반 암석에서는 덜 발견된다. 토양을 구성하는 모래나 자갈 등에서 라돈이 나오는 것을 발견할 수 있고 벽돌이나 시멘트 같은 소재에서도 검출된다.

20) 특정 원자의 원자핵에 들어 있는 양성자 수가 곧 원자번호이다.
21) 원자핵의 양성자와 중성자의 수를 합한 값을 질량수라고 한다. 라돈 원자의 경우 원자번호가 86이므로 양성자 수도 86개이고, 이를 질량수에서 뺀 값인 136이 중성자 수가 된다.

$$^{226}_{88}\mathrm{Ra} \longrightarrow {}^{222}_{86}\mathrm{Rn} + {}^{4}_{2}\mathrm{He} + {}^{0}_{0}\gamma$$

라듐-226 라돈-222 알파입자 에너지

라돈은 공기 중에도 극소량 포함되어 있다. 라돈을 흡입하게 되면 동위 원소가 알파 붕괴를 하면서 알파 입자를 내놓게 되는데 이 알파 입자는 투과성이 낮은 대신 에너지가 커서 인체의 DNA에 큰 손상을 남길 수 있다.

$$^{222}_{86}\mathrm{Rn} \longrightarrow {}^{4}_{2}\alpha + {}^{218}_{84}\mathrm{Po}$$

미국에서는 매년 2만 명 정도가 라돈에 의한 폐암으로 사망하는 것으로 추정하고 있다. 전체 폐암 환자의 3~15% 정도가 라돈에 의한 것으로 파악되고 있는데 이는 폐암의 두 번째 주요 요인에 해당한다. 우리나라의 경우도 2010년에 폐암 사망자의 12.5~24.7%(1,946~3,863명)가 실내 라돈 피폭에 의한 것이라는 논문 발표도 있다. 따라서 미국 환경보호국$_{\mathrm{EPA}}$에서는 라돈 기체의 흡입을 흡연 다음의 폐암 요인으로 경고하고 있으며, 과거에는 암 치료 등의 방사선을 이용한 치료와 가스 누출 탐지 등에 라돈을 이용하였으나 그 위험성 때문에 현재는 이용하고 있지 않다.

우리 지구의 일부, 방사능

방사능은 우리 지구의 일부이며 항상 존재해 왔다. 즉, 자연적으로 발생하는 방사성 물질은 지각, 집, 학교 또는 사무실의 바닥과 벽, 그리고 우리가 먹고 마시는 음식에 이미 존재하고 있다. 우리가 호흡하는 공기에도 방사성 가스가 있으며 근육, 뼈, 조직과 같은 우리 몸에는 자연적으로 발생하는 방사성 원소가 포함되어 있다.

일부 원소는 불안정해서 핵이 붕괴되어 방사선의 형태로 에너지를 방출하는데 이 물리적 현상을 '방사능'이라고 하고 방사성 원자를 핵이라고 한다. 방사성 핵종은 온도나 압력과 같은 외부 영향에 관계 없이 일정하게 유지되는 속도로 붕괴한다. 방사성 핵종의 절반이 분해되거나 붕괴되는 데 걸리는 시간을 반감기라고 하며, 몇 초에서 수십억 년에 이르기까지 각 방사성 원소마다 다르다. 라듐의 반감기는 1,620년이고 라돈은 3.8일이다.

방사선의 종류와 방어

방사선에는 각기 다른 특성을 가진 다양한 유형이 존재한다. 알파(α) 방사선은 우라늄 및 라듐과 같은 원소의 원자에서 방출되는 무거운 양전하(+) 입자로 구성되어 있는데 종이 한 장이나 피부의 얇은 표피층(표피)에 의해 완전히 차단될 수 있다. 그러나 알파 방출 물질이 호흡, 음식 또는 음료를 통해 체내로 유입되면 내부 조직이 직접 노출되어 생물학적 손상을 일으킬 수 있다.

베타(β) 방사선은 전자(음전하)로 구성되어 있는데 알파 방사선보다 침투력이 높지만 생성되는 이온화 간격이 더 넓기 때문에 살아있는 조직과 DNA에 덜 손상을 준다. 알파 입자보다 공기 중에서 더 멀리 이동하지만, 옷 한 겹이나 알루미늄과 같은 물질의 얇은 층에 의해 멈출 수 있다. 일부 베타선은 피부에 침투하여 피부 화상과 같은 손상을 일으킬 수 있으며 흡입하거나 삼킬 때 가장 위험하다.

감마(γ) 방사선은 X선, 빛, 라디오파와 유사한 전자기 복사선으로 에너지에 따라 인체를 바로 통과할 수 있지만 콘크리트나 납으로 된 두꺼운 벽으로 막을 수 있다.

라돈 침대 사태의 원흉, 모나자이트 음이온

2018년 5월에 국내 모 업체가 판매한 침대에 들어간 음이온 파우더에서 발암물질인 라돈이 기준치 이상 검출됐다고 보도되면서 시작된 라돈 침대 사태로 몇만 개의 침대 매트리스를 폐기한 적이 있었다. 침대 매트리스 일부 모델에서 라돈 피폭량이 기준치를 초과한 것으로 나타난 것이다.

특정 회사의 침대 매트리스에서 라돈이 기준치 이상으로 검출된 것의 배경으로는 검증되지 않은 비과학적 이유가 숨어 있는데 바로 '음이온'이라는 것이다. 음이온의 화학적 의미는 단순히 중성의 원자 또는 분자가 전자를 얻거나 해리되어 음전하를 띠는 물질일 뿐이다. 이 음이온이 건강에 좋다는 잘못된 정보가 전해지면서 이를 이용한 제품들이 유행하고 있는 것이 문제의 발단이 되었다. 따라서 문제의 침대를 만든 회사도 매트리스에 음이온 효과를 높이기 위해 매트리스 안에 음이온을 발산시킨다는 돌가루를 코팅했는데 이 돌가루의 원료가 라돈을 발생시키는 '모나자이트'였던 것으로 밝혀지면서 문제가 된 것이다.

모나자이트는 희토류 원소를 포함하는 적갈색의 인산염 광석으로 방사성 금속 원소인 토륨(Th)이 포함되어 있는데, 라돈은 토륨이 붕괴하면서도 발생하게 된다. 이 모나자이트 물질에서 기준치 이상의 라돈이 검출된 것이 알려지면서 음이온을 발생시킨다는 이유로 모나자이트를 원료로 사용한 침대는 물론이고 팔찌, 목걸이, 벽지 등에도 건강 위험의 경고가 내려지고 있다.

방사성 원소의 방사능은 방사성 시료가 단위 시간 동안 붕괴를 일으키는 평균 횟수(붕괴 횟수/시간)로 측정되며 1 Bq(베크렐)의 방사성 물질은 1초당 1번의 붕괴를 하는 양이다. 대기 중 라돈 농도는 일반적으로 SI 단위인 입방 미터당 베크렐(Bq/m^3)로 표시한다. 라돈의 실내 기준치는 200 Bq/m^3인데 해당 침대에서는 기준치의 10배인 2000 Bq/m^3이 검출되었다.

우리 생활로 유입되는 라돈

한편, 모든 건물에서는 일정 수준의 라돈이 발견되고 있다. 이 라돈은 대부분 지면과 접촉하는 건물의 가장 낮은 층을 통해 토양이나 벽돌, 시멘트에서 직접 건물로 유입된다. 라돈이 건물 안으로 들어가는 경로는 보통 바닥과 벽의 균열, 바닥과 벽의 접합부, 배관이나 케이블 주변의 틈, 천정 블록 벽의 작은 구멍, 벽 내부의 구멍, 배수조나 배수구 등이다. 동일한 장소의 라돈 농도는 시간에 따라 다를 수 있으며 동일한 건물 내에서도 방마다 농도가 크게 다를 수 있다. 라돈 농도는 일반적으로 지하실, 지하실 및 지면과 접촉하는 생활공간에서 더 높다. 환기 횟수를 증가시키고 바닥과 벽의 틈을 밀봉하면 실내 공기 중 라돈의 농도를 현저하게 낮출 수 있다.

암석과 토양의 라돈 기체는 공기, 지하수 및 지표수로도 이동할 수 있어서 상수도를 통해 가정으로 유입될 수도 있다. 우물물의 라돈 농도는 지표수의 라돈 농도보다 높을 수 있는데, 지표수와 비교할 때 지하수는 암석 및 토양과 더 직접적이고 더 오래 접촉하는 경향이 있어 더 많은 우라늄 및 토륨 붕괴 연쇄 자손이 침출될 수 있기 때문이다. 물에 만약 우라늄과 라듐이 존재한다면 차차 붕괴되어 소량의 잔류 라돈만 남게 될 것이다. 또 일반적인 도시의 물이나 지표 저수지에서 대부분의 라돈은 물이 집에 도달하기 전에 공기로 휘발되거나 붕괴되므로 크게 우려할 수준은 아니다.

라돈은 천연가스에도 존재하는데 천연가스는 이전에 지하 우라늄 및 토륨 함유 암석 및 지속적으로 라돈을 방출하는 토양과 접촉했기 때문이다. 라돈과 그 붕괴된 물질들은 천연가스가 배급관을 통해 가정으로 이동할 때 남아 있어서 벽난로, 용광로, 히터, 스토브 및 온수기에서 가스가 연소될 때 호흡하는 공기로 방출된다.

일그러진 대리석 조각상

산성비 침전은 석재에 주로 용해와 변질로 영향… 황산, 아황산 및 질산이 대리석과 석회암의 주 성분인 방해석과 반응하면 방해석이 용해되고 석고가 형성….

산도는 수소 이온(H^+)의 농도, 즉 pH 척도로 나타낼 수 있다. pH = $-\log[H^+]$로 정의되므로 수소 이온의 농도가 높으면 pH가 낮다.[22] 가장 산성인 0부터 가장 알칼리성(염기성이라고도 함)인 14까지 나눠진다. pH 값이 7이면 중성이라고 하며 산성도 알칼리성도 아님을 의미한다. 매우 강한 산은 피부에 닿으면 화상을 입을 수 있으며 금속을 부식시켜서 파괴할 수도 있다.

깨끗한 비는 약산성이다

산성비는 습한 산성 성분(비, 눈, 진눈깨비, 안개, 구름, 이슬 등)과 건조한

---

22) 화학에서는 농도를 대괄호 [ ]로 표현한다. 즉, $[H^+]$는 H^+의 농도라는 뜻이다.

산성 성분(산성 입자와 가스)이 혼합된 침착물(퇴적물)을 나타내는 용어이다. 증류수(정제수)는 pH가 7인 중성이지만, 오염되지 않은 깨끗한 비라고 하더라도 공기 중의 이산화 탄소와 반응하여 약산인 탄산(H_2CO_3)을 형성하기 때문에 산성 pH를 갖는다. 이렇게 생성된 비의 pH는 일반적으로 5.7보다 낮지는 않다.

$$H_2O + CO_2 \rightleftharpoons H_2CO_3$$

탄산은 물에서 이온화되어 낮은 농도의 탄산염 이온(HCO_3^-)과 하이드로늄 이온(H_3O^+, 단순히 H^+로도 표시함)을 형성할 수 있다.

$$H_2O + H_2CO_3 \rightleftharpoons HCO_3^- + H_3O^+$$

이와 같이 이산화 탄소가 없는 물에 이산화 탄소가 용해되면 H_3O^+, 즉 H^+가 생성되므로 pH가 낮아지며 이는 산도가 높아짐을 의미한다.

하늘에서 내리는 식초

비는 공기 중 자연적으로 발생하는 이외의 산화물과도 혼합되기 때문에 항상 약간 산성이며 오염되지 않은 비는 pH가 5~6 사이이다. 그러나 공기가 질소 산화물(NO_x, NO(일산화 질소)이나 NO_2(이산화 질소) 등을 통칭해서 NO_x로 표기함), 황 산화물(SO_x, SO_2(이산화 황)나 SO_3(삼산화 황)를 통칭해서 SO_x로 표기함)인 이산화 황으로 더 오염되면 산성도는 pH 4 이하로 감소할 수 있다. 평균적으로 산성비의 pH는 4~5 사이이다. 우리가 매우 시다고 하는 식초의 pH는 2.2이고 레몬주스의 pH는 2.3인데 기록된 가장 강한 산성비는 레몬주스나 식초 정도의 산성도를 가지고 있다.

산성 강수는 화산 폭발이나 썩고 있는 초목과 같은 자연적 활동이나 내연 기관 자동차의 배기, 발전소, 인공 활동으로 인해 발생할 수 있다. 화력 발전소나 공장에서 화석 연료(각종 석탄과 석유)를 태우면 황이 공기 중으로 방출되어 산소와 결합하여 이산화 황을 형성한다. 자동차의 배기가스는 공기 중에 질소 산화물을 형성한다. 이러한 기체들로부터 공기 중의 황산(H_2SO_4)과 질산(HNO_3)이 형성되어 공기 중의 수증기에 용해되면 산성비가 된다.

대기 중 이산화 황의 2/3와 질소 산화물의 1/4은 화석 연료를 태워 전기를 생산하는 화력발전소에서 발생하며, 이외에도 차량 및 중장비, 제조 산업, 정유 및 기타 산업이 주요 배출원이다. 이산화 황과 질소 산화물은 바람을 통해 장거리를 이동하며 국경을 넘어 불어올 수도 있으므로, 산성비는 배출원 근처에 사는 사람들뿐만 아니라 모든 사람에게 문제가 되고 있다.

질산과 황산의 생성

공기 중에서 질산과 황산이 생성되는 과정을 알아보자. 자동차 배기가스에서 나온 일산화 질소(NO)는 공기 중의 산소(O_2)와 반응하여 이산화 질소(NO_2)를 생성하고, 이산화 질소는 공기 중의 물(H_2O)과 반응하여 질산(HNO_3)과 아질산(HNO_2)을 형성한다.

$$2NO + O_2 \rightarrow 2NO_2$$

$$2NO_2 + H_2O \rightarrow HNO_3 + HNO_2$$

마찬가지로, 화석 연료 연소 시 발생하는 이산화 황(SO_2)과 공기 중의 산소(O_2)가 반응하면 삼산화 황(SO_3)이 형성되고, 삼산화 황은 공기 중에 존재하는 물(H_2O)과 반응하여 황산(H_2SO_4)을 만들게 된다.

$$2SO_2 + O_2 \rightarrow 2SO_3$$

$$SO_3 + H_2O \rightarrow H_2SO_4$$

석재에 치명적인 산성비

산성비는 습한 퇴적물과 건조한 퇴적물이 있는데, 습한 퇴적물은 우리가 가장 일반적으로 산성비라고 생각하는 것으로 대기 중에 형성된 황산과 질산이 비, 눈, 안개 또는 우박과 함께 지표면으로 떨어진다. 산성 입자와 기체는 습기가 없는 대기에서 건조한 퇴적물이 될 수도 있는데 바다와 강물과 같은 수역, 초목, 건물에 빠르게 퇴적되거나 대기 이동 중에 반응하여 인체 건강에 해로운 더 큰 입자를 형성할 수 있다. 축적된 산이 다음 비에 의해 표면에서 씻겨 나갈 때 이 산성 물은 땅 위를 흐르고 식물 및 곤충이나 물고기 같은 야생 동물에 해를 끼칠 수 있다.

산성비 침전은 석재에 주로 용해와 변질로 영향을 미친다. 오염된 공기의 황산, 아황산 및 질산이 대리석과 석회암의 주요 성분인 방해석(탄산 칼슘, $CaCO_3$)과 반응하면 방해석이 용해되고 석고(황산 칼슘, $CaSO_4$)가 형성된다. 이러한 영향에 의해 건물과 동상의 노출된 영역에서 표면이 거칠어지고 재료가 제거되며, 세밀하게 조각된 부분들이 손상을 입게 된다.

$$CaCO_3 \text{ (방해석)} + H_2SO_4 \text{ (황산)} \rightleftharpoons$$

$$CaSO_4 \text{ (석고, 황산칼슘)} + CO_2 + H_2O$$

석회암과 대리석 건물 및 조각상이나 기념물 중 일부분은 표면이 부스러지고 벗겨져 검은색 표면을 보이며 그 내부를 드러내는 경우들이 있다. 이 검은 표면은 주로 방해석, 물 및 황산의 반응으로 형성되는 광물인 석고이며 석고는 물(빗물)에 용해된다. 석고 자체는 흰색이지만 결정은 먼지와 오염 물질 입자를 가두는 네트워크를 형성하므로 표면이 검게 보이며 검은 껍질은 부풀어 터지게 되고 바스러진 돌이 드러나게 된다.

산성비가 자연환경에 미치는 영향

산성비는 토양에도 심각한 손상을 입힐 수 있다. 일부 미생물 효소는 산에 의한 낮은 pH를 견딜 수 없어서 죽거나 변성되어 모양이 변하여 그 기능을 상실한다. 따라서 흙에서 영양분을 충분히 만들어내지 못하여 식물의 성장이 방해받거나 지체된다. 또 산성비를 맞은 수목들은 마그네슘 같은 미네랄과 필수 영양소들을 침출시키는데, 이런 염기 양이온들이 산성비에 의해 침출되면 수목들이 추위를 견디는 능력이 떨어져 손상을 입기도 한다.

산성비의 하이드로늄 이온은 알루미늄과 같은 독성 물질을 움직이게 하여 강에 흘러 들어가므로, 물고기와 수생 동물에게도 해를 준다. 또 산성비는 바다의 pH를 낮추는 해양 산성화의 원인이 되어 해안 종들이

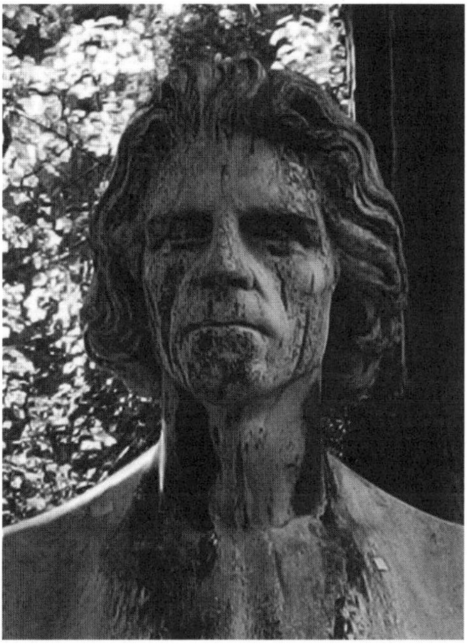

≪ 산성비로 인해 심한 손상을 입은 대리석 조각상
출처: Jula2812, CC BY SA 4.0, Wikimedia Commons

생존에 필요한 외골격을 만드는 것을 더 어렵게 만들기도 한다.

수족관과 암모니아

수족관 내의 순환은 암모니아, 아질산염, 질산염은 질소 순환… 자연이 어떻게 미생물과 식물의 형태로 음식을 만들고 물고기가 음식을 먹고 폐기물을 생성하는지….

당연한 얘기겠지만, 수족관의 물은 물고기에게 가장 중요한 환경 요소이다. 인간은 연기가 자욱한 방이나 치명적인 자동차 배기가스로 가득 찬 방을 빠져나올 수 있지만, 수족관의 물고기는 폐쇄된 환경에 있으므로 물이 유독하거나 위험해지면 탈출할 수 없다. 수족관을 적절하게 관리하고 내부의 화학 균형을 잘 맞추지 않으면 물고기가 해를 입을뿐더러 미관상의 아름다움도 해친다. 여기에는 물의 pH, 물고기의 분비물인 암모니아, 조류 성장의 먹이가 되는 아질산염과 인산염 등의 화학이 관련되어 있다.

질소 순환

수족관 내의 순환은 암모니아, 아질산염, 질산염의 '질소 순환'으로 요약해서 설명될 수 있다. 이는 수족관 내에서 자연이 어떻게 미생물과 식물의 형태로 음식을 만들고 물고기가 음식을 먹고 폐기물을 생성하는지 설명해주는, 질소와 관련한 화학적 순환 과정이다.

질소 순환의 첫 번째 단계는 물고기와 수족관 내에 있는 분비물(대변), 먹지 않은 음식 및 기타 유기 찌꺼기(잔해물)를 분해하는 박테리아에 의한 암모니아(NH_3)의 생성 단계이다. 이 암모니아는 물고기에게 유독하며, 다른 유익한 박테리아에 의해 분해된다.

암모니아를 먹고 자라는 박테리아는 아질산균으로, 이 유익한 박테리아 종은 암모니아를 아질산염(NO_2^-)으로 전환하지만 아질산염 또한 유독하다. 암모니아가 아질산염으로 전환된 후, 독성인 아질산염을 무독성인 질산염(NO_3^-)으로 전환시키는 또 다른 종의 박테리아가 자라기 시작한다. 질산염은 주기적인 부분적 물 교체로 제거될 때까지 수족관 물에 축적된다.

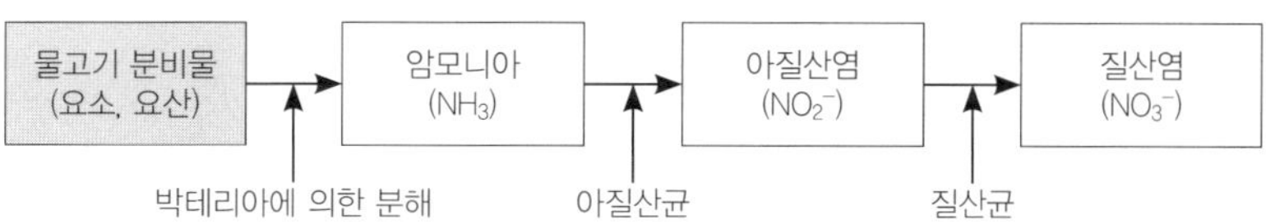

암모니아가 물고기에 미치는 영향

암모니아는 물고기 신진대사의 분비물이나 먹이가 분해되면서 생성된다. 암모니아가 물에 축적되어 일정 농도보다 높아지면, 물고기에게 독으로 작용하고 특히 열대어에는 치명적이다. 물고기가 힘들어 하거나 갑자기 죽을 때의 가능한 원인 중의 한 가지가 암모니아 농도의 증가이다.

암모니아 중독은 수족관 물고기의 가장 큰 학살자 중 하나로, 어항을 새로 설치해서 어류 폐기물을 분해하는 유익한 박테리아가 아직 성장할 기회나 시간이 부족했을 때 문제가 된다. 또한 한 번에 너무 많은 새로운 물고기를 추가한 경우, 전원이 들어오지 않거나 기계 고장으로 인해 필터가 고장난 경우, 약물 사용이나 물 환경의 갑작스러운 변화로 인해 유익한 박테리아군이 죽는 경우 등 기존 수족관에서도 발생할 수 있다.

새로운 수족관에서는 유익한 박테리아가 자라는 데 시간이 걸리므로 한 번에 너무 많은 물고기를 추가하면 박테리아가 분해하는 것보다 암모니아가 더 빠르게 증가하여 물고기가 폐사할 수 있다. 그래서 수족관의 물갈이를 할 경우 유산균, 바실러스 등을 함유한 살아 있는 박테리아를 첨가하기도 하며, 박테리아의 빠른 증식을 돕기 위해 박테리아 활성제를 넣어주기도 한다.

아질산염, 질산염, 인산염

암모니아가 한번 분해되어 생성되는 아질산염도 유독하기 때문에, 아질산염 중독은 수족관 물고기의 주요 학살자로서 암모니아 다음이다. 암모니아 중독으로 물고기의 절반을 잃은 후 곧바로 아질산염 수치가 상승하여 물고기를 다시 위험에 빠뜨리는데 이는 암모니아 수치가 상승할 때마다 아질산염이 곧 증가하기 때문이다. 식욕 부진, 활동 부족, 정수 필터 유출로 인해 비실거리는 물고기, 갈색 아가미 등은 아질산염 중독의 경고 신호이며, 물을 즉각적으로 교체해주어야 한다. 수족관에 1~3티스푼의 바다 소금을 추가한 물이 아질산염 독성의 영향을 줄이는 데 도움이 되기도 한다.

질산염은 아질산염을 먹고 자란 질산균에 의해서 생성되며 암모니아나 아질산염에 비해 독성이 덜하다. 질산염은 부분적인 물 교체나 살아있는 수생식물에 의해서 제거될 수 있다.

인산염(PO_4^{3-})은 수돗물이나 죽은 식물, 물고기에게 주는 음식에 들어 있는 질소 외의 오염물질이다. 인산염도 수족관 물에 축적되므로 수족관을 적절하게 관리하지 않으면 농도가 상승하여 조류 성장에 기여하게 되어 보기에 흉할 뿐만 아니라 물고기에게도 해로울 수 있다. 수돗물에 인산염이 많이 함유되어 있는 경우 탈이온수 또는 역삼투압 여과수를 사용해야 한다.

조류의 영향

조류藻類[23]의 성장은 거의 모든 어항에서 직면하는 문제 중 하나이다. 일부 조류 성장은 정상적이고 물 환경이 건강하다는 증거이기도 하지만 과도한 조류 성장은 보기 흉하고 물고기와 수생식물에 해로울 수 있다. 과도한 조명, 너무 많은 어류 먹이, 적절하지 않은 물 교체 시기 등으로 물에 인산염이나 질산염이 축적되면 수족관에서 조류 성장을 증가시킬 수 있다. 조류가 계속해서 문제가 되는 경우 조류를 먹는 물고기를 추가하거나 수족관용으로 만들어진 상업용 조류 제거제를 사용하여야 한다.

23) 물속에서 생활하는 단순한 형태의 원생생물계에 속하는 진핵생물군으로서 대부분 광합성 색소를 가지고 독립 영양 생활을 한다.

어항 속 물을 맑게 유지하려면

어항 속 물이 탁해지는 원인은 여러 가지이며, 원인에 따라 그에 상응하는 대처 방법이 다르다. 새 수족관의 경우는 넣어준 자갈을 완전히 헹구지 않으면 자갈에서 나온 먼지로 인해 물이 탁해질 수 있다. 또한, 새 수족관에서는 하루 정도 지나면 유익한 박테리아가 자라기 위해 표면에 정착할 때까지 박테리아가 번성하여 물이 탁해 보일 수 있다.

수족관에 너무 많은 음식을 넣어도 용해된 음식으로 인해 물이 탁해질 뿐만 아니라 추가 영양소를 소비하기 위해 자라는 새로운 박테리아가 물을 탁하게 만들기도 한다. 과다한 빛과 인산염이나 질산염은 조류의 성장을 도와서 녹색 물을 유발할 수 있으며 필터가 너무 더러워지면 여과 능력이 떨어지고 물이 탁해질 수 있다. 따라서, 물의 교체, 필터 청소, 부유 입자를 침전시키기 위해 첨가된 상업용 화학 물질들은 물을 다시 맑게 하는 데 도움이 된다.

안전한 환경을 조성하기 위해서

수족관에서 암석을 사용하면 수질 화학 반응에 영향을 줄 수 있다. 수족관에서 사용하려는 암석이 안전한지 여부를 결정하는 몇 가지 방법이 있다. 대표적인 방법은 암석 표면에 식초 또는 기타 산을 첨가하는 것인데, 이때 기포가 발생하면 수족관에서 사용하지 않는 것이 좋다.

민물 수족관에 석회암, 백운석, 아라고나이트, 부서진 산호 또는 굴 껍데기로 만든 자갈을 사용하면 물의 경도와 pH가 높아진다. pH가 높은 알칼리성(염기성) 물에 서식하는 물고기 종이 아니라면 민물 수족관에는 석영 자갈을 사용하는 것이 좋다.

물의 변화, 즉 수중 환경을 갑자기 바꾸는 것은 무엇이든 물고기를 죽일 수 있는데, 한꺼번에 물 전체를 교환할 때 같이 변하게 되는 온도, pH, 화학 성분, 박테리아 군집 등 모든 요인이 물고기에 부정적인 영향을 미칠 수 있다.

물갈이 때 수돗물을 사용했다면 정수 단계에서 소독제인 염소(Cl) 성분과 중금속 등이 포함되어 있을 수 있으므로 물갈이제(싸이오황산 소듐, 비타민 C, EDTA 등이 포함됨)를 사용하여 탈염소화시킨다. 또, 수족관 물과 거의 같은 온도인지를 확인하여야 한다. 수족관 물의 pH는 시간이 지남에 따라 공기 중의 이산화 탄소에 의해서 점차 감소(산성화)하기 때문에 새로운 물의 pH는 기존 수족관 물과 비슷한 수준으로 되돌리기 위해 조정해야 한다. 모든 물고기에 좋은 pH는 없으며 물고기에 따라 살아가기에 적절한 물의 pH가 제각각이다. 일반적으로 바닷물 물고기는 pH 8 이상을 선호하는 반면 민물고기는 pH 6~7에서 더 편안할 수 있다. 그러나 대부분의 민물 수족관 물고기에게는 pH 7~8이 살기 좋은 환경이라고 알려져 있다.

스키장과 인공눈

순수한 물방울은 얼기 전에 거의 -40℃까지 과냉각… 먼지가 포함된 물방울은 약 -6℃에서 얼기 시작… 개별 물방울들이 얼고 수증기가 표면에 응축되어 동결되고 결정이 성장….

코로나-19 팬데믹 상황에서도 2022년 베이징 동계올림픽이 2022년 2월에 열렸다. 스키 등의 설상 종목이 치러지는 눈은 대자연이 만들어낸 것이 아니라 고성능 제설기로 만든 100% 인공눈이라고 한다. 인공눈은 1980년 뉴욕 레이크 플래시드 동계올림픽에서 처음 사용되었고, 2014년 소치에서는 약 80%, 2018년 평창에서는 약 98%까지 인공눈의 사용이 치솟았다. 결국 2022년에 처음으로 자연 눈 없이 인공눈으로만 동계올림픽이 열리게 되었다. 중국 베이징은 인공눈을 만들기 위해 300개의 팬-구동 스노우 건과 83개의 랜스 스타일 스노우 건을 사용했다고 한다.

자연적인 눈의 형성

눈 결정은 대기 중의 수증기가 결정 격자 구조의 형태로 얼음으로 직접 응축될 때 형성된다. 이 과정은 일반적으로 바람으로 인해 따뜻하고 습한 공기가 다른 공기 덩어리와 충돌할 때 시작되며 충돌은 따뜻한 공기 덩어리를 위로 밀어 올리게 되고 이 공기는 상승하면서 냉각된다. 공기가 충분히 냉각되면 공기가 운반하는 수증기의 일부가 물방울로 응축되는데, 공기 중의 먼지 입자가 그 응축 핵이 된다.

구름이 새로 형성되고 계속 냉각되어 온도가 0℃ 아래로 떨어지더라도 물방울은 즉시 얼지 않으며, 소위 과냉각 상태의 액체로 남아 있다. 순수한 물방울은 얼기 전에 거의 −40℃까지 과냉각될 수 있다. 그러나 먼지 입자가 있다면, 물방울은 약 −6℃에서 얼기 시작하는데 이는 먼지가 동결 과정을 시작하는 얼음핵이 되기 때문이다.

일단 개별 물방울들이 얼고 수증기가 표면에 응축되어 동결되면, 결정이 성장하고 발달하기 시작한다. 눈 결정은 중력에 의해 떨어질 때까지 성장하면서 무거워진다. 얼지 않은 상태로 구름에 남아있는 액체 방울은 천천히 증발하여 공기에 수증기를 공급하여 다른 얼음 결정을 생성한다. 따라서 눈 결정은 액체가 아닌 수증기로부터 만들어지는 것이다.

제설기의 원리와 인공눈을 만드는 과정

제설기는 일반적으로 팬 기류에 물을 주입하는 하나 이상의 노즐 링으로 구성되어 있다. 이 별도의 노즐에 물과 압축 공기가 혼합되어 공급되면 눈 결정이 만들어지기 위한 핵을 생성한다. 그런 다음 작은 물방울과 작은 얼음 결정이 혼합되어 강력한 팬에 의해 멀리 날아간 뒤 땅으로 떨어지면서 주변 공기의 증발을 통해 더 냉각된다. 얼음 결정은 씨앗 역할을 하여 물방울을 0°C에서 얼게 하는데, 이러한 결정이 없으면 물은 얼지 않고 과냉각된다. 기온이 낮을수록 스노우 건은 더 많은 눈을 만들 수 있는데 이것은 스노우 건이 일반적으로 밤에 작동되는 주요 이유 중 하나이다.

기계로 만든 인공 눈은 천연 눈보다 밀도가 최대 5배나 되는 작고 속이 빈 구체를 만든다. 따라서 인공 눈의 내구성이 더 뛰어나며, 그 특성을 잃기 전에 많이 손질할 수 있다. 그러나 이러한 유형의 눈이 항상 스키에 더 좋은 것은 아니다.

제설기 사용의 유의사항

제설기는 온도와 습도의 변화에 매우 민감하며 춥고 건조한 조건일수록 제설 과정이 더 효과적이다. 눈을 만드는 과정에서 제설기는 엄청난 양의 물을 사용하기 때문에, 강우나 눈이 녹으면서 자연스럽게 채워지는 냉각된 제설 저수지에 저장된 지표수를 사용하는 것이 이상적이며 눈의 사용이 끝나면 물은 연못으로 되돌아가는 것이 좋다.

따뜻한 온도(−7°C 이상)에서는 얼음이 저절로 형성되지 않으므로 인공 눈을 만들 때 종종 첨가제를 사용하여 핵 생성 과정을 시작한다. 가장 좋은 핵 형성제 중 하나는 대기 중에 떠다니는 서리가 내린 박테리아이다. 슈도모나스 시린게 박테리아는 상당히 높은 온도(−4 ~ −2°C)에 있는 물을 얼게 하는 얼음 핵형성 단백질$_{\text{INP}}$을 생성한다. INP의 구조는 얼음 결정의 표면을 모방하여 인접한 물 분자를 얼음 결정 격자와 유사한 패턴으로 만드는 템플릿 역할을 하며 이 과정은 얼음 결정이 성장하기 시작하는 데 필요한 에너지의 양을 낮춰준다. 이 박테리아가 대규모 발효에서 성장한 다음 펠릿화되고, 동결 건조되고, 최종적으로 조사된다. 그런 다음 제품은 현장에서 수화되고 급수 장치에 추가되어 사용된다. 하지만, 박테리아의 특정 살균 단백질은 탈수 및 방사선 처리 후에도 활성을 유지하는 것으로 나타나 환경에 대한 영향이 우려되어 박테리아 첨가제가 아닌 다른 방법도 개발하고 있다.

물에 첨가되는 계면 활성제는 물의 응집력을 무너뜨리고 더 평평하거나 더 얇은 물방울의 덩어리를 형성하고 흐를 수 있게 한다. 스노우 건이 전처리된 물을 뿌릴 때 액체 방울의 표면적이 더 클수록 물방울은 더 미세한 안개로 분산되는데, 계면 활성제는 물 분자를 함께 붙들고 있는 에너지를 낮춰준다. 따라서 계면 활성제가 찬 공기에 불어 넣어질 때 물을 훨씬 더 빠르고 완전하게 얼음으로 전환시키는 데 도움이 될 수 있다. 입자가 공기 중에서 눈 결정을 더 많이 형성할수록 눈은 더 건조해진다.

무대 효과를 위한 인공눈

한편, 드라마나 무대공연 등에서 뿌려지는 인공눈도 있는데 이는 폴리아크릴산 소듐이라는 화학 물질을 사용하여 만들어지는 것이 일반적이다. 폴리아크릴산 분자는 전하를 띤 그룹을 포함하고 있는 동일한 구조가 반복된 길이가 긴 화학 중합체(폴리머)이다. 폴리아크릴산 소듐은 흡습성이 매우 강한, 즉 물을 흡수하는 것을 좋아하는 물질이다. 하이드로젤이라고도 하는 고흡수성 중합체이며, 자체 질량의 800배까지의 물을 흡수할 수 있다. 그래서 이 물질은 즉시 물을 흡수하고 엄청나게 팽창하여 눈과

닮은 모양을 형성한다. 이와 같은 고흡수성 폴리머는 주로 일회용 기저귀, 성인용 요실금 패드 및 생리대와 같은 개인 위생 제품과 토양 처리, 홍수 조절 및 난연성 젤과 같은 다른 용도로도 사용되고 있다.

온실 효과와 탄소 발자국, 그리고 탄소 중립

상품을 생산, 소비하는 전 과정을 통해서 직간접적으로 발생되는 온실가스의 배출량을 이산화 탄소로 환산한 총량… 탄소를 배출하는 것과… 탄소를 흡수하는 것 사이에 균형….

유리 온실의 원리

온실 효과는 지구를 둘러싸고 있는 대기가 태양의 열을 가둘 때 발생하며, 지구를 대기가 없을 때보다 훨씬 더 따뜻하게 만든다. 즉, 온실 효과는 지구를 살기 좋은 곳으로 만드는 것 중 하나이다. 이름에서 알 수 있듯이 온실 효과는 온실처럼 작동하는데 온실은 유리벽과 유리 지붕으로 된 구조물로 과일, 채소, 꽃과 같은 식물을 재배하는 데 사용된다. 온실은 겨울에도 내부를 따뜻하게 유지하는데 낮에는 햇빛이 온실 안으로 들어와 식물과 실내 공기를 따뜻하게 하며 밤에는 유리벽이 열을 가두기 때문에 바깥보다 비교적 따뜻한 온도를 유지한다.

지구의 온실 효과

온실 효과는 지구에서도 거의 같은 방식으로 작동한다. 이산화 탄소와 같은 대기 중의 기체는 온실의 유리 지붕과 유사하게 열을 가두는 역할을 하며, 이렇게 열을 가두는 기체를 온실가스GreenHouse Gas, GHG라고 한다. 온실가스로는 이산화 탄소(CO_2), 메테인(CH_4), 질소 산화물(NO_x), 플루오린 함유 가스 등이 있는데 이산화 탄소가 가장 친숙하므로 이를 기준이나 척도로 사용하고 있다.

낮에는 태양이 대기를 통과해 빛을 쪼여줌으로 지구의 표면은 햇빛에 의해 따뜻해지며 밤에는 지구 표면이 냉각되어 열을 다시 공기 중으로 방출한다. 그러나 열의 일부는 대기의 온실가스에 의해 갇히게 되는데 이것이 우리 지구의 온도를 평균 14℃ 정도로 따뜻하고 안락하게 유지한다.

지구 온난화와 해양 산성화

그러나 현대 인간 활동은 지구의 자연적인 온실 효과를 변화시키고 있다. 석탄과 석유와 같은 화석 연료를 태우면서 더 많은 이산화 탄소가 대기 중으로 유입되고 있어서 대기 중 이산화 탄소 및 기타 온실가스의 양이 증가하고 있다. 온실 가스는 열을 흡수한 후 이 열을 방출한다. 열의 일부는 지구에서 멀어지기도 하고, 일부는 다른 온실 가스에 흡수되며, 일부는 다시 지구 표면으로 되돌아간다. 이와 같이 온실 가스들이 대기 중에 증가됨으로 인해 열이 가두어져서 지구를 따뜻하게 한다. 이를 지구 온난화라고 한다.

유리 온실처럼 지구의 온실에도 식물이 가득해서 지구에 대한 온실 효과의 균형을 유지하는 데 도움이 될 수 있다. 거대한 나무에서 바다의 작은 식물성 플랑크톤에 이르기까지 모든 식물은 이산화 탄소를 흡수하고 산소를 내보낸다. 바다는 공기 중의 과도한 이산화 탄소를 많이 흡수한다. 그러나 불행하게도 바다의 증가된 이산화 탄소는 물을 변화시켜 더 산성으로 만든다. 이를 해양 산성화라고 한다. 더 산성화된 바닷물은 특정 조개류와 산호와 같은 많은 해양 생물에게 해로우며, 산호의 백화 현상도 이 때문이다.

지구 온난화를 넘어서는 기후 변화

지구상의 특정 지역 기후는 강우량, 연중 기온 변화 등으로 설명할 수 있다. 기후는 태양, 지구와 바다, 바람, 비와 눈, 숲, 사막과 사바나, 그리고 사람들이 하는 모든 것이 연결된 시스템이며 이 시스템에 열에너지가 추가되면 지구 기후 전체가 변화된다. 바다가 뜨거워지면 더 많은 물이 증발하여 구름이 되고 허리케인 및 태풍과 같은 폭풍이 형성되는 곳에서는 결과적으로 에너지 집약적인 폭풍이 발생한다. 따뜻한 대기는 빙하와 산에 쌓인 눈, 극지방의 만년설, 남극 대륙에서 돌출된 거대한 얼음을 녹여 해수면을 상승시킨다. 기온의 변화는 아시아의 몬순과 전 세계의 비와 눈을 가져오는 큰 바람 패턴을 변화시켜 가뭄과 예측할 수 없는 날씨를 더 흔하게 만들고 있는데 이것이 과학자들이 지구 온난화에만 집중하는 것을 멈추고 기후 변화라는 더 큰 주제에 집중하는 이유이다.

탄소 발자국과 탄소 중립

탄소 발자국carbon footprint은 사람의 활동이나 상품을 생산, 소비하는 전 과정을 통해서 직간접적으로 발생되는 온실가스의 배출량을 이산화 탄소(CO_2)로 환산한 총량을 의미한다. 전 세계적으로 연간 1인당 평균 탄소 발자국은 4톤이지만, 대한민국은 2020년 기준 11.6톤이며 미국은 14.2톤으로 세계 평균보다 높은 수준이다. 지구 온도의 2℃ 상승을 피하려면 2050년까지 연간 평균 지구 탄소 발자국을 2톤 미만으로 줄여야 한다고 한다. 개별 탄소 발자국을 줄이는 것은 하루아침에 이루어지지 않지만, 고기를 덜 먹고, 세탁을 줄이는 등 생활의 작은 변화를 통해서 큰 변화를 모색할 수 있다.

탄소 중립carbon neutral은 탄소를 배출하는 것과 탄소 흡수원에서 탄소를 흡수하는 것 사이에 균형을 유지하는 것, 즉 탄소의 순배출이 제로라는 것을 의미한다. 이를 달성하려면 전 세계의 모든 온실가스 배출량이 탄소 격리[24]를 통해 균형을 이루어야 한다. 탄소 흡수원은 방출하는 것보다 더 많은 탄소를 흡수하는 시스템으로 주요 천연 탄소 흡수원은 토양, 숲, 바다라 할 수 있다. 인공적인 탄소 흡수원도 개발하고 있지만, 아직 지구 온난화에 대처할 만큼 탄소를 제거할 수는 없는 실정이다. 게다가 산림과 같은 자연 흡수원에 저장된 탄소는 산불, 토지 이용의 변화 또는 벌목을 통해 대기 중으로 방출되므로 탄소 흡수원에만 의존하여 탄소 배출량을 줄이지 않는다면 탄소 중립을 향한 길은 더욱 멀어질 것이다.

24) 대기에서 탄소 산화물을 제거한 다음 저장하는 것

PPCP의 두 얼굴

우리가 복용한 아스피린 약 성분이 소변이나 대변의 형태로 변기를 통해 배설되어… 강물에서는 내가 며칠전에 복용했던 아스피린 성분이 발견….

의약품 및 개인 미용·위생품Pharmaceuticals and Personal Care Products, PPCP이라는 긴 명칭의 물질을 우리나라의 환경부를 비롯한 연구자들은 간단하게 '의약물질'로 부르고 있으며, "개인이 개인 건강 또는 미용 목적으로 사용하거나 농업 기업에서 가축의 성장 또는 건강을 향상시키기 위해 사용하는 모든 제품"으로 정의된다. 이 정의에는 향수, 화장품, 일반의약품 및 동물용 의약품을 구성하는 수천 가지 화학 물질이 포함되므로 단순하게 의약물질이라 부르는 것 보다는 그냥 'PPCP'라 하는 것이 더 적합할지도 모르겠다.

새로운 오염물질, PPCP

각국에서는 PPCP가 생태계로 방출될 때 환경에 미치는 영향이나 인간 건강에 대한 위험에 대한 우려 때문에 신종 오염물질로 식별·규정하여 관찰하고 연구하고 있다. PPCP는 다양한 방법으로 생태계에 유입된다. 하수 처리장과 축산폐수 처리장 또는 축산농가에서 나오는 폐수는 이러한 새로운 오염물질을 주변 수역으로 배출하는 주요 원인이다. 이는 많은 의약품과 보충제가 인체나 동물로부터 배설되어 샤워 또는 싱크대 배수구에 의해 처리장으로 흘러들어갔을 때, 완전히 처리되지 못한 채 주변 수역으로 배출되거나 토양이나 하천수 등에 부적절하게 폐기되기 때문이다.

즉, 어젯밤에 우리가 복용한 아스피린 약 성분이 소변이나 대변의 형태로 변기를 통해 배설되어 오수처리장으로 유입되며, 이곳에서 충분하게 처리되지 않고 강물로 배출된다. 결국 그 강물에서는 내가 며칠전에 복용했던 아스피린 성분이 발견된다. 클렌징으로 지운 화장품 성분이나 선크림 성분들은 물론이고 커피 속에 함유된 카페인 성분까지도 같은 경로를 통해서 강물에서 발견될 수 있다.

PPCP 오염의 영향

또한 사람들은 사용하지 않고 남은 PPCP를 하수구에 버리거나 쓰레기통에 넣어 부적절하게 처리하기도 하며, 사람이 만든 PPCP 외에도 많은 호르몬이 사람과 동물에 의해 자연계로 배출된다. 실제로 PPCP는 우리나라를 비롯한 세계 각국의 많은 호수, 강, 하천에서 검출되고 있다. 그 수치는 일반적으로 매우 낮은 수준(ppb ~ ppt)이지만, 이를 받아들이는 생태계와 식수 자원 모두에게 잠재적인 위험을 초래할 수 있다. 식수원으로 사용하는 원수뿐만 아니라 심지어는 가정에서 사용하는 수돗물에서도 PPCP가 검출되고 있는 실정이다.

지하수 및 지표수에서 PPCP의 발생은 수질에 영향을 미치고 수생 생물 종에 일련의 부정적인 영향을 일으킬 수 있다. 예를 들어, 스테로이드 호르몬은 ppt (ng/kg) 농도 수준에서도 수생 종의 생식 생물학에 악영향을 미칠 수 있는 매우 강력한 내분비 교란 화학 물질$_{\text{EDC}}$이다. 또 흔하게 사용되는 항생제가 수계로 방출되면 질병을 유발하는 박테리아가 치료에 면역이 될 수 있기 때문에 약물 내성 질병이 발병할 수 있다.

이뿐 아니라 토양에 남겨진 PPCP는 식물 뿌리에 의해 흡수되어 식물의 식용 부분에 축적된다. 가뭄, 기후 변화 및 사용량 증가로 인해 물 공급이 점점 부족해짐에 따라 관개용 폐수 재활용이 더 보편화될 것이다.

먹이 사슬과 생활 환경을 따라 이동하는 PPCP 오염물질(이 그림은 저자의 강의를 듣던 경기대학교 화학과 학부 학생이 그린 그림을 재구성한 것인데 누구였는지는 기억이 나지 않는다)

그러나 농업 관개를 위해 이러한 오염된 물을 사용하면 관개 밭에 폐수 관련 항생제 및 병원균이 유입될 수 있다. 이는 식물이 PPCP 오염물질을 흡수하거나 축적할 수 있다는 것이며, 이러한 오염물질이 먹이 사슬을 따라 이동하는 것에 대한 우려를 불러일으킬 수도 있다.

5장

요리와 화학

가마솥과 압력밥솥의 증기압

내부 압력이 1.2기압까지 증가하면… 물의 온도는 120℃… 요리되는 시간은 일반 100℃에서 요리할 때에 비해서 계산적으로 4분의 1로 시간이 단축… 요리 시간이 빨라 비타민이나 무기질의 손실도 최소화되고….

순수한 물은 해수면 높이(1기압)에서 100℃가 되면 끓는다. 이 온도에서 액체인 물은 기체인 수증기로 바뀐다. 따라서 수증기가 빠져나갈 수 있는 냄비나 주전자(열린 시스템)에서는 더 많은 열을 가하더라도 액체 상태의 물이 증기로 날아가기만 할 뿐, 온도가 더 증가하지는 않는다. 하지만 닫힌 용기에서는 물과 증기는 평형 상태에 있으며 동일한 온도를 유지한다. 이러한 닫힌 시스템에 열에너지를 계속 가하면 증기가 빠져나가지 못하고, 증기를 구성하는 분자의 속도가 점점 증가한다. 이는 증기의 압력이 커진다는 것을 의미하며, 증기 온도의 상승으로 이어진다. 물은 증기와 평형을 이루므로 물의 온도도 계속 증가할 수 있다.

이 현상은 이상 기체 방정식인 PV=nRT(P: 압력, V: 부피, n: 몰수, R: 기체상수, T: 온도)를 통해서도 알 수 있다. 이 방정식을 닫힌 시스템에 적용하면 부피, 몰수, 기체상수는 일정하므로 압력(P)이 증가하면 온도

(T)도 증가하기 때문이다. 즉, 열린 용기(냄비)의 끓는 물의 온도는 100℃이지만 닫힌 용기의 끓는 물은 100℃ 이상이 된다.

높은 산에서도 맛있는 밥을 먹으려면

고도가 높은 산에서 일반적인 뚜껑이 있는 코펠이나 냄비를 사용하여 밥을 지을 때, 분명히 물은 끓어서 밥이 된 것 같은데 쌀이 설익은 것을 경험할 수 있다. 이는 고도가 높아지면 압력이 낮아지면서 물이 100°C보다 낮은 온도에서 끓어 낮은 온도에서 조리가 되기 때문이다.

끓는점이란 액체와 이로부터 발생한 증기 사이에 생기는 평형 증기압(포화 증기압)이 외부의 압력과 같아지는 온도이다.

여기서 평형 증기압이란, 쉽게 말해 액체가 탈출하여 기체 상태가 되려고 하는 힘이다. 온도가 올라갈수록 액체는 활발하게 움직일 수 있으므로 평형 증기압도 커진다. 그러다가 외부에서 탈출을 막는 힘(외부 압력)과 탈출하려고 하는 힘이 같아지는 온도에 도달하면 액체는 그 내부에서부터 기체로 변할 수 있다. 이 온도가 바로 끓는점인 것이다.

따라서, 외부 압력이 증가하면 끓는점은 높아지고 외부 압력이 낮아지면 끓는점도 낮아진다. 순수한 물의 끓는점은 대기압(1기압)에서는 100°C이지만, 압력이 낮은 에베레스트산(0.329기압)에서는 71°C이다. 끓는 동안 액체의 온도가 일정하게 유지되는데, 이 온도는 쌀을 익히기에 낮은 온도이므로 쌀이 설익게 된다. 그러므로 고도가 높은 산을 등반해서 조리할 때는 증기가 덜 빠져나가게 함으로써 액체의 증기 압력을 높여주면 끓는점을 높일 수 있다. 밥솥 뚜껑 위에 돌멩이나 무거운 물건을 올려놓는 이유가 여기에 있는 것이다.

압력밥솥과 가마솥의 지혜

압력밥솥은 이런 화학적 원리를 이용하는 것인데, 뚜껑으로 밀폐한 밥솥을 가열하면 물의 증기가 발생함에 따라 내부 압력이 증가하고, 내부 압력(증기 압력)이 증가함에 따라 내부 온도도 상승하게 된다. 압력밥솥의 경우는 내부 압력이 1.2기압까지 증가하면 압력추가 열리면서 증기를 배출하게 되며 이때 물의 온도는 120℃이다. 그런데 일반적으로 대부분의 화학 반응에서 온도가 10℃ 증가하면 반응 속도는 2배가 증가하므로 요리 시간도 절반으로 줄어든다. 따라서 압력밥솥에서 물의 온도가 120℃가 되면 요리되는 시간은 일반 100℃에서 요리할 때에 비해서 계산적으로 4분의 1로 시간이 단축된다. 이와 같이 압력밥솥을 이용하여 밥을 짓거나 다른 요리를 하면 요리 시간이 빨라 비타민이나 무기질의 손실도 최소화되고 연료도 절약할 수 있다.

우리나라 고유의 가마솥에도 마찬가지의 과학이 숨어있다. 철, 실리콘, 탄소(2% 이상)의 합금인 무쇠로 만든 가마솥은 무겁고 내구력이 강

︽ 압력밥솥과 가마솥으로 한 밥이 더 맛있게 느껴지는 것에도 화학적 원리가 숨어있다.

하며, 특히 내부 압력을 높이기 위해 솥뚜껑이 전체 솥 무게의 3분의 1이 될 정도로 무겁다. 바닥이 둥글어서 열이 입체적으로 둘레로 잘 전달되며, 불이 먼저 닿은 바닥은 두껍고 둘레는 얇아서 열이 고르게 전달되도록 제작되어 있다. 따라서 가마솥으로 지은 밥도 냄비보다 상대적으로 높은 끓는점(약 120℃)에서 조리하기 때문에 쌀이 잘 익고 조리 속도도 빠르면서 밥맛이 좋다.

알고 먹자! 튀김 요리와 구이 요리

고온 조리는 아크릴아마이드 형성을 유발할 가능성이 가장 크며… 삼겹살이나 바베큐, 구운 치킨 등은… 나프탈렌 및 벤조피렌과 같은 다환 방향족 탄화수소와 헤테로사이클릭 아민….

1997년, 스웨덴 남부 Bjäre에서 터널을 건설하고 있었다. 그런데 공사 현장 근처의 소들이 이상한 증상을 보이기 시작했고 비틀거리다가 쓰러져 죽기도 했다. 그 원인을 조사했더니 소들이 독성물질인 아크릴아마이드로 오염된 개울물을 마셨던 사실이 밝혀졌으며, 이 물질이 집단 폐사의 원인임을 추정했다.

이곳 터널 건설 노동자들은 폴리머(중합체)인 폴리아크릴아마이드를 균열 밀봉재로 사용하고 있었다. 이 물질은 그 자체로는 매우 안전하지만, 중합체를 형성하는 반응은 불완전하여 이 밀봉재에 미반응 아크릴아마이드가 남아있었다. 이후 건설 노동자들의 혈액에 안전하지 않은 수준의 아크릴아마이드가 있는지 확인하기 위해 혈액 중 아크릴아마이드 검사를 시행했다. 산업용 아크릴아마이드에 대한 알려진 노출이 없는 대조군의 혈액에서도 많은 양의 아크릴아마이드가 포함되어 있는 것으로 나타났다.

처음에는 햄버거가 원인일 수 있다고 생각했고 아울러 감자튀김과 같은 감자 제품과 커피도 원인으로 가정하고 분석했으며, 실제로 이들에서 높은 농도의 아크릴아마이드가 검출되었다. 그 후 아크릴아마이드 형성은 단백질이 풍부한 식품보다는 탄수화물이 풍부한 식품이 120℃ 이상으로 가열된 식품, 즉 튀기거나 굽거나 구운 식품과 관련이 있다는 것이 분명해졌다.

아크릴아마이드의 발암성

아크릴아마이드는 천연 아미노산 아스파라긴과 일부(자연 발생) 탄수화물 간의 반응으로 형성된다. 즉, 식품에 자연적으로 존재하는 설탕(탄수화물)과 단백질의 구성요소인 아미노산 의해 형성되며 식품 포장이나 환경에서 유래되지는 않는다. 튀김, 구이 또는 제빵과 같은 고온 조리는 아크릴아마이드 형성을 유발할 가능성이 가장 크며 끓이거나 찌는 요리에서는 일반적으로 아크릴아마이드를 형성하지 않는다고 알려져 있다.

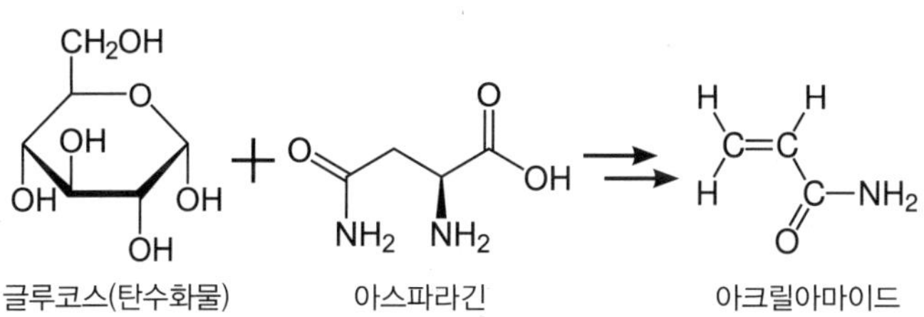

아크릴아마이드는 주로 감자 제품, 곡물 제품 또는 커피와 같은 식물로 만든 식품에서 발견되며 유제품, 육류 및 어류 제품에서는 형성되지

않거나 낮은 수준으로 형성된다. 일반적으로 아크릴아마이드는 장기간 또는 더 높은 온도에서 조리할 때 축적될 가능성이 크며, 익히지 않은 음식이나 삶은 음식에는 아크릴아마이드가 없다. 식품이 유기농인지 여부는 중요하지 않으며 중요한 것은 식품의 유형이다. 아크릴아마이드는 담배를 피울 때도 생성된다.

아크릴아마이드를 매우 높은 용량으로 동물에 투여한 연구에서 동물에게 암을 유발했음을 확인한 연구도 있다. 이 연구에서는 '식이 아크릴아마이드는 가장 흔한 암의 위험과는 관련이 없다'고 결론지었지만 신장암과 흡연 경험이 없는 사람들의 자궁내막암 및 난소암과의 연관성을 배제할 수는 없다고 덧붙였다.

아크릴아마이드의 생성을 최소화하려면

그렇다면 튀기거나 굽거나 구운 음식의 섭취를 당장 멈춰야 할까? 보건당국과 과학자들의 일반적인 견해에 따르면 그렇지는 않다. 하지만, 음식이 갈색이나 검은색이 아닌 노란색이 될 때까지만 요리하는 것이 아크릴아마이드의 생성을 최소화하는 요리법이다. 이러한 경우에 아크릴아마이드 형성은 제한되지만, 그렇다고 너무 낮은 온도에서 요리하면 박테리아를 죽일 가능성이 적어 식중독의 위험이 더 커질 수도 있다.

연구 결과에 의하면 감자를 삶거나 껍질을 벗긴 통감자를 전자레인지에 돌리면 아크릴아마이드가 생성되지 않으며, 튀기거나 굽기 전에 생감자 조각을 15~30분 정도 물에 담가두면 요리 중 아크릴아마이드 형성을 줄이는 데 도움이 되는 것으로 알려져 있다. 또한 감자를 냉장고에 보관하면 요리할 때 아크릴아마이드 생성이 증가할 수 있으므로 냉장고 밖, 될 수 있으면 벽장이나 식료품 저장실과 같이 어둡고 서늘한 곳에 보관하여 싹이 나지 않도록 하는 것을 권고하고 있다.

한편, 삼겹살이나 바비큐, 구운 치킨 등 구운 요리도 우리의 주요한 식생활로 이미 자리를 잡았다. 그런데 이들 고기 중에는 우려할 수 있는 다른 화학 물질도 있다. 이들은 일반적으로 두 부류로 나눌 수 있는데, 나프탈렌 및 벤조피렌과 같은 다환 방향족 탄화수소(PAH)와 헤테로사이클릭 아민(HCA)이다. PAH는 요리 중에 불길에 떨어지는 육류의 지방과 육즙에서 형성되고 HCA는 요리 중에 아미노산과 설탕을 포함한 분자 간의 반응에서 다시 생성된다. 한편, 이러한 구운 요리의 조리과정에서 발생하는 연기가 미세먼지의 증가에 일부 기여하고 있다는 의견도 있다.

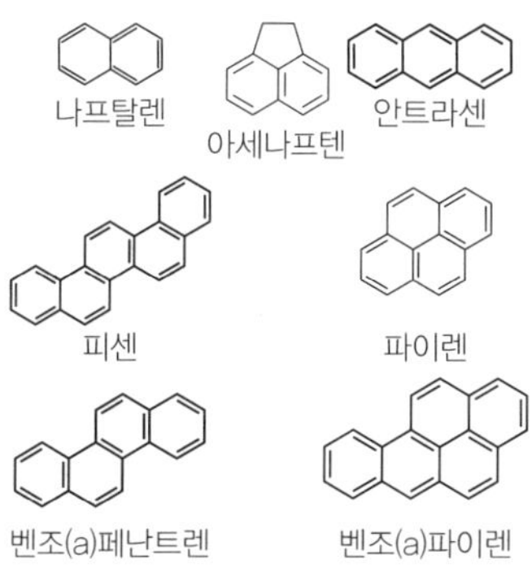

PAHs 화합물들

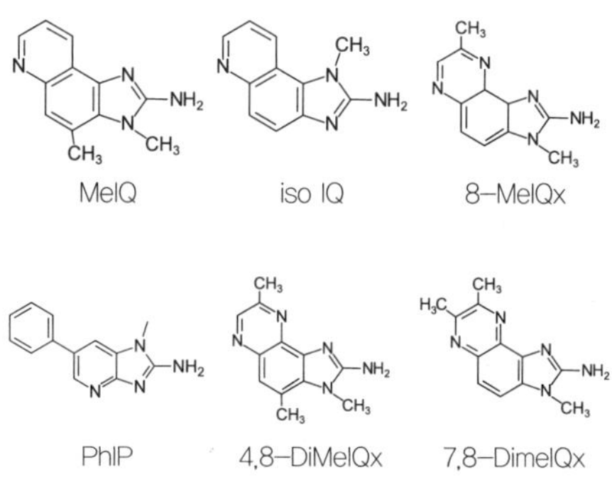

헤테로사이클릭 아민 화합물들

주방용 세제를 식기 세척기에 사용해도 되는 걸까?

식기 세척기 액체는… 액체가 식기 세척기 내부로 퍼질 수 있는… 주방용 세제는… 따뜻한 물과 함께 사용… 액체가 때때로 식기 세척기 내부에 달라붙을….

요리의 마지막은 설거지이다. 맛있게 식사를 한 뒤, 한가득 쌓여 있는 설거지 거리를 보며 고개를 내저은 적도 많을 것이다. 식기 세척기는 이러한 설거지의 귀찮음을 대신해주는 가전으로 로봇 청소기, 건조기와 더불어 3대 이모라고까지 불리고 있다. 식기 세척기의 사용은 다소 복잡한 편이다. 먼저 그릇에 붙은 큰 음식 찌꺼기들은 물로 가볍게 애벌 설거지를 해주어야 한다. 그런 뒤 식기 세척기에 그릇을 잘 쌓고, 식기 세척기용 세제를 투입하여 작동시켜야 한다.

주방용 세제와 식기 세척기용 세제의 차이점

주방용 세제와 식기 세척기용 세제의 차이는 무엇일까? 이 세제들은 구성성분이 달라 마찰, 물 및 세척 과정의 움직임에 다르게 반응한다. 주방용 세제는 소량으로도 많은 양의 비눗물 거품이 생성될 수 있어서 손으로 접시를 닦을 때 좋고 싱크대에 비눗물이 얼마나 많은지 확인할 수 있다. 하지만 식기 세척기와 같은 밀폐된 공간에서 주방용 세제를 사용하면 치명적인 결과를 초래할 수 있다. 많은 양의 비눗물이 식기 세척기는 물론이고 식기 세척기에서 범람하여 주방 바닥을 엉망으로 만들 수 있기 때문이다.

반면에 식기 세척기용 세제는 비눗물을 형성하지 않고 세척하도록 특별히 제조되었다. 세탁 과정에서 거품이 생기면 기계를 뒤덮게 되고 부엌이 물에 잠길 것이며 아울러 세척기를 작동하는 기계 부품을 심각하게 손상시킬 수 있다. 반대의 경우에도 마찬가지이다. 손으로 접시를 씻을 때 식기 세척기용 세제를 사용해서는 안 된다. 거품이 없으므로 설거지

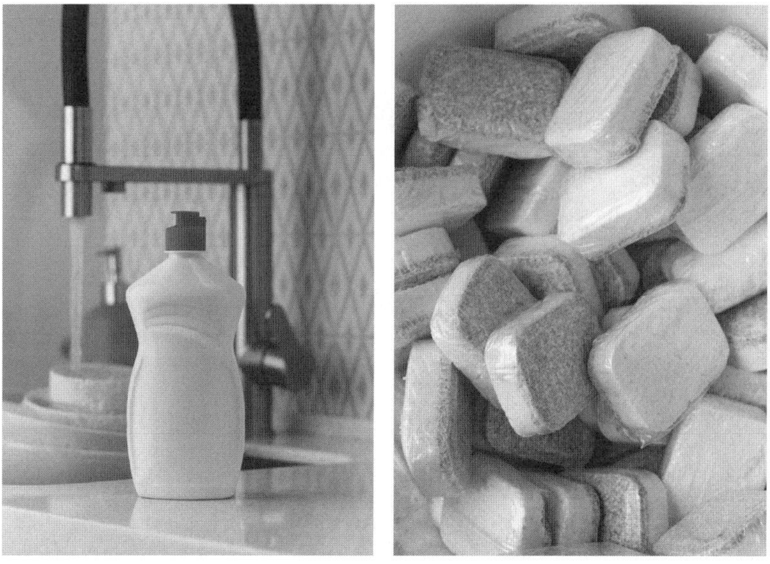

주방용 세제(좌)와 식기 세척기용 세제(우)는 그 구성성분, 모양, 특성 등에서 차이가 있다.

할 때 세제를 너무 많이 넣게 되며, 그릇과 손에 화학 약품이 남을 수 있다. 그릇에서 식기 세척기용 세제를 완전히 헹구어 내려면 시간이 오래 소요될 뿐 아니라 물도 많은 양이 소모되는 등 큰 어려움을 겪게 된다.

식기 세척기용 세제는 일반적으로 물과 더 잘 섞일 수 있으므로 식기 세척기 내부에 액체가 퍼지는 범위만큼 영향을 줄 수 있다. 주방용 세제는 물에 잘 녹지 않기 때문에 따뜻한 물과 함께 사용하는 것이 가장 좋다.

세제에는 계면 활성제라는 성분이 포함되어 있어서 이들은 물과 기름 및 기타 물질을 분리하는 역할을 하며 세척에 영향을 미치게 된다. 식기 세척기용 세제는 액체, 젤 및 분말 형식으로 제공되며 모두 고압 세척 환경에서 접시에서 음식물 찌꺼기들을 분리하도록 제조되어 있다. 주방용 세제의 계면 활성제는 식기 세척기용과는 다른 성분으로 만들어져 있어서 실제로 식기 세척기 내부를 손상시킬 수도 있다. 계면 활성제는 물의 표면 장력을 감소시키고 계면 활성제 혼합물의 용해도가 증가하여 물이 접시에서 매우 빠르게 흘러나오게 한다. 이는 접시에 물방울이 형성되는 것을 방지하고 물이 접시에 남지 않고 깨끗해진다.

주방용 세제의 성분

주방용 세제의 주요 성분으로는 물, 계면 활성제, 점성도 조절제, pH 조절제, 보존제, 향료, 염료, 첨가제가 있다. 여기서 계면 활성제로는 주로 음이온 계면 활정제가 쓰이며, 점성도 조절제로는 점성도를 낮추는 에탄올, 높이는 염화 소듐(NaCl), 황산 마그네슘($MgSO_4$)이 있다. pH 조절제로는 수산화 소듐(NaOH)이나 구연산, 보존제로는 브로노폴, 아이소싸이아졸리논, 유기산, 첨가제로는 자외선 안정제 등을 사용한다.

설거지할 때 고무장갑을 흔히 끼기는 하지만, 기본적으로 주방용 세제는 피부 자극이 적은 고발포(거품생성) 계면 활성제 혼합물이다. 주로 싱크대에 있는 조리 기구와 유리잔, 접시, 수저, 젓가락 등을 손으로 씻는 데 사용되며 식기 세척 용도 외에도 거품 생성, 옷 세탁 등 다양한 용도가 있다.

식기 세척기용 세제의 성분

일반적인 식기 세척기용 분말형 세제에는 무수 트라이폴리인산 소듐($Na_5P_3O_{10}$) 30%, 무수 규산 소듐(Na_2SiO_3) 30%, 무수 황산 소듐(Na_2SO_4) 37.5%, 염소 표백 화학 물질 2%(예: 다이클로로아이소시아누레이트 56~64% 포함), 0.5% 저발포성 계면 활성제, 최대 9.5% 부식 억제제(예: 알루미늄 염)가 포함되어 있으며 과붕산 염, 향수, 염료 등이 종종 추가된다.

염소 함유 분말은 플라스틱 주방용품의 품질을 저하시킬 수 있지만, 염소가 함유되지 않은 분말은 차와 같은 음료에 의한 탄닌 얼룩을 제거하지 못한다. 부식 억제제는 알루미늄 구성 요소(알루미늄 냄비 등)를 보호하기 위해 추가되는 것이다. 식기 세척기용 세제는 일반적으로 거품이 적은 비이온성 계면 활성제(블록 공중합체, 프로필렌 옥사이드, 에틸렌 옥사이드 등)로 구성된 최대 2%의 계면 활성제를 함유하고 있다.

비이온성 계면 활성제는 거품이 적고 용액에서 이온화되지 않기 때문에 전하를 띠지 않으며 경수의 화학적 영향에 강하고 오염물질을 대부분 잘 세척한다. 이러한 이유로 식기 세척기용 세제는 거품이 거의 발생하지 않거나 전혀 발생하지 않는다. 개별 거품 필름은 그릇들에서 제거된 오염물 입자를 흡수하여 잡아두고 세척된 표면에 오염물 입자가 다시 쌓이는 것을 방지한다.

고온의 알칼리성 환경은 기름기 많은 음식물 찌꺼기를 쉽게 용해시키고 분산시킬 수 있다. 알칼리성 조건을 식기는 견딜 수 있지만 사람의 피부(손)는 견딜 수 없으므로 식기 세척기용 세제로 손을 세척하는 것은 권장하지 않는다. 특히 메타규산 소듐은 부식성이 있어 삼키면 매우 위험하기 때문에 어린이의 손에 닿지 않도록 특별히 주의해야 한다. 섭취 후 세제 내의 알칼리는 지방 인후 조직과 반응하여 지방 조직을 비누로 변화시키는 액화 괴사가 일어날 수 있다.

세제의 여러 가지 용도

유약이 발라진 광택된 플라스틱, 크로뮴, 스테인리스 등으로 된 욕실 및 주방 표면을 청소할 때 주방용 세제가 유용하다. 식기 세척기용 액체 세제는 물과 글리세린 및 설탕과 같은 추가 성분과 혼합하여 거품을 내는 용액을 만들 수도 있으며, 양말과 란제리와 같은 섬세한 의류 직물을 세탁하는 데 사용하기도 한다.

주택의 정원 해충 억제제를 만드는 재료로 사용되고, 거미 진드기를 제거하기 위해 식기 세척액을 사용하거나 진딧물을 억제하는 데 사용되기도 한다. 커피, 차, 올리브유, 탄산음료 및 과일 주스 얼룩을 직물에서 제거하는 데 효과적이며, 흰색 또는 밝은 색상의 천 냅킨에서 얼룩을 제거할 수도 있다.

전자레인지와 마이크로파

음식의 물, 지방 및 기타 물질은… 마이크로파의 에너지를 흡수… 회전하는 분자는 다른 분자와 충돌하면서 움직이게 하여… 분산된 이 에너지는 더 뜨거운 물체와의 접촉….

1950년대 초 미국의 전기 엔지니어인 P. Spencer는 자신이 일했던 회사에서 마그네트론으로 몇 가지 실험을 수행하고 있었다. 그 당시 마그네트론의 주요 용도는 전파를 사용하여 악천후나 어둠 속에서 비행기와 선박이 길을 찾을 수 있도록 하는 레이더였다. 그러던 어느 날, 그의 주머니에 초콜릿 바가 있었는데 마그네트론을 켰을 때 마그네트론이 생성하는 열 때문에 초콜렛이 빠르게 녹아 버렸다. 이 우연이 그에게 마그네트론이 음식을 요리하는 데 사용될 수 있을 것이라는 아이디어를 주었다. 팝콘의 요리를 성공한 후 그는 모든 종류의 음식을 요리할 수 있는 전자레인지를 개발할 수 있다는 것을 깨닫고 이 아이디어에 대한 일련의 특허를 받았다.

초창기 가정용 전자레인지 중 하나인 Radarage RR-4.
출처: Pamperchu, CC BY-SA 4.0, Wikimedia Commons

전자기 복사선과 마이크로파

마이크로파는 전자기 복사선의 한 형태로 공간을 통해 함께 이동하는 전기 및 자기 에너지의 파동이다. 전자기 복사선은 매우 긴 전파에서 매우 짧은 감마선에 이르기까지 광범위한 스펙트럼에 걸쳐 있는데, 인간의 눈은 넓은 영역의 스펙트럼 중에서 극히 일부분인 가시광선$_{VIS}$만을 감지할 수 있다. 라디오는 스펙트럼의 다른 부분인 라디오파$_{RF}$를 감지하고 흔히 말하는 엑스레이 장비는 또 다른 부분인 X-선를 사용한다.

가시광선, 마이크로파, 라디오파 방사선은 원자에서 전자를 떼어낼 만큼 충분한 에너지를 가지고 있지 못한 파장이 긴 복사선이며, 이를 비이온화 복사선이라고 한다. 반면에 이온화 복사선의 한 형태인 X-선은 원자와 분자를 변경시키고 유기물의 세포를 손상시킬 수 있을 정도의 에너지를 가진 파장이 짧은 복사선이다. 병원에서 격리된 공간에서 엑스레이 촬영을 하는 이유도 X-선 노출을 방지하기 위함이다. X-선은 발암물질로 분류되고 있는데, 미국에서 암 발병의 0.4%를 과거에 진단을 위해 수행되었던 CT 촬영[25]의 결과로 추정한 보고도 있다.

전자레인지의 마이크로파

마이크로파는 과속 차량의 감지나 전화 및 텔레비전 통신의 전송 등에 사용되며, 산업적으로는 합판의 건조 및 경화, 고무와 수지의 경화, 제과제빵 등을 위해서도 사용된다. 그러나 마이크로파 에너지의 가장 일반적인 소비자 사용은 전자레인지(오븐)이다.

마이크로파는 요리에 사용될 때 음식물이 담긴 유리, 종이, 플라스틱 및 이와 유사한 물질을 통과하여 음식에 흡수된다. 이러한 용기는 마이크로파로 가열할 수는 없지만 내부에서 조리하는 음식의 열로 인해 뜨거워질 수 있다. 일부 플라스틱 용기는 내부 음식의 열에 녹을 수 있으므로 전자레인지에서 사용하지 말아야 한다. 일반적으로 금속 팬이나 알루미늄 호일도 마이크로파를 반사하여 음식이 고르게 요리되지 않으며 전자레인지를 손상시키기 때문에 전자레인지용으로 적합하지 않다.

전자레인지는 전자기 에너지를 열에너지로 변환하는 원리에 따라 작

25) 일련의 X-선 이미지를 결합하고 컴퓨터 처리하여 단층 이미지를 생성한다. 일반 X-선 촬영보다 더 자세한 영상을 제공하지만, 더 많은 X-선에 노출될 수 있다.

동된다. 전자기 에너지는 서로 수직으로 진동하는 전기장과 자기장을 구성하는 복사선(파동)이다. 마이크로파는 마그네트론이라는 전자관에 의해 오븐 내부에서 생성되며 오븐 속의 금속 벽면에서 반사되어 음식에 흡수된다. 마그네트론은 전력망에서 전기를 가져와 라디오파보다 높은 주파수의 마이크로파로 변환시킨 후 이러한 파동을 도파관으로 보낸다. 마이크로파의 주파수는 300 MHz(0.3 GHz)에서 300 GHz 사이(파장은 0.9 m에서 0.0009 m 사이)인데, 대부분의 오븐에서 사용되는 마이크로파는 2.24 GHz 주파수(즉, 파장 = 12.2 cm)이다.

전자레인지 오븐은 음식을 균일하게 가열하기 위해서 회전판에 음식물을 두어 계속 원을 그리며 회전시키며, 이때 오븐 내부의 금속 부분에 부딪히는 마이크로파는 여러 방향으로 산란되어 음식물에 전달된다. 이 마이크로파는 식품 내부 깊숙이 침투하여 내부에서 조리할 수 있으며, 공기는 비극성이므로 식품 주변에 존재하는 공기의 온도는 일정하게 유지된다.

음식물이 데워지는 원리

음식의 물, 지방 및 기타 물질은 유전 가열이라고 하는 과정으로 마이크로파의 에너지를 흡수한다. 많은 분자(예: 물의 분자)는 전기 쌍극자이다. 즉, 한쪽 끝에 부분적인 양전하를 띠고 다른 쪽 끝에 부분적인 음전하를 띠기 때문에 교류 전기장의 마이크로파가 가해지면 이를 따라 정렬하면서 회전한다. 회전하는 분자는 다른 분자와 출동하면서 움직이게 하여 에너지를 분산시킨다. 분자의 회전, 고체와 액체에서 진동 운동(또는 병진 운동)으로 분산된 이 에너지는 더 뜨거운 물체와의 접촉에 의한 열전달과 유사한 과정으로 식품의 온도를 높이게 된다.

전자레인지 조리의 특성

마이크로파는 음식의 물 분자를 진동시켜 음식을 요리하는 열을 생성하기 때문에 신선한 야채와 같이 수분 함량이 높은 음식은 다른 음식보다 빨리 조리된다. 마이크로파 에너지는 음식에 흡수되면서 열로 바뀌지만 음식을 방사성으로 오염시키지 않는다.

전자레인지 조리는 음식이 더 빨리 조리되고 에너지가 음식만 가열하기 때문에 기존의 조리보다 에너지 효율이 더 높으며 그렇다고 일반 조리법보다 식품의 영양가를 낮추지는 않는다. 또한, 전자레인지에서 조리한 음식은 물을 추가하지 않고도 더 빨리 조리할 수 있기 때문에 더 많은 비타민과 미네랄을 유지할 수 있다.

일반 오븐에서 열은 조리용 그릇의 바닥과 측면에 위치한 전기 가열요소(또는 가스 버너)에서 음식으로 전달되어야 하므로 음식은 대부분 외부에서 내부로의 열전도에 의해 요리된다. 따라서 기존 오븐에서 구운 케이크는 가장자리만 타고 가운데는 전혀 익지 않기도 했다. 하지만 전자레인지에서는 마이크로파가 식품을 통과해서 식품의 내부에 있는 분자들도 동시에 자극하므로 더 빠르고 고르게 요리될 수 있다.

전자레인지의 마이크로파는 파장은 길지만 에너지가 크지 않기 때문에 식품의 약 2.54 cm 정도만 침투할 수 있어서 그 이상의 두께인 식품은 열전도에 의해 가열된다. 즉, 음식물의 외층은 마이크로파에 의해서 직접 가열이 되지만 내부는 열전도에 의해 간접적으로 요리가 되는 것이다. 따라서 두꺼운 음식의 경우는 두께에 따라 다른 방식과 속도로 조리되기 때문에 외부는 익고 가운데는 덜 익거나, 외부는 과도하게 요리되고 내부는 요리가 잘될 수도 있다. 즉, 전자레인지가 만능은 아니며 일반 가열기구에 의한 조리방법처럼 중간에 뒤집어 주면 더 만족스럽게 사용할 수 있을 것이다.

따뜻한 수프와 표면 장력

따뜻한 수프는 차가운 수프보다 표면 장력이 낮기 때문에… 혀의 더 넓은 영역에 퍼지게 되어 더 많은 미각 수용체를 덮게 됨으로써 뇌에서는 더 맛있다고 해석….

액체 표면의 힘

액체 깊숙한 곳에 있는 분자는 모든 방향이 다른 분자들로 둘러싸여 있으며, 그 분자들이 잡아당기는 인력이 작용하고 있다. 그러나 표면에 있는 분자는 다른 분자들에 의해 아래쪽과 옆쪽으로만 끌어당겨지고 표면의 위쪽으로는 당김이 없다. 따라서 이러한 분자 간 인력은 액체 속으로 분자를 끌어당기는 경향이 있고 표면을 탄성을 지닌 필름과 같이 팽팽하게 만들게 된다.

새로 왁스칠을 한 자동차에서 극성인 물 분자와 비극성인 왁스 분자 간에는 인력이 거의 없기 때문에 미량의 물은 액체의 표면적을 최소화하기 위해 작고 둥근 방울의 형태를 가진다. 이와 같이 액체 표면의 탄성력의 척도가 되는 힘이 표면 장력이다. 이는 단위 면적당 액체의 표면을 잡아 늘리거나 증가시키는 데 필요한 에너지를 말하며, 분자 간 힘이 강한 액체는 표면 장력도 크다. 따라서 수소 결합을 하고 있는 물은 대부분의 다른 액체보다 매우 큰 표면 장력을 갖고 있다.

따뜻한 수프가 더 맛있는 이유

표면 장력에 영향을 미치는 요인은 여러 가지이다. 액체의 표면 장력은 온도가 증가함에 따라 감소한다. 온도가 증가할수록 액체 분자는 더 활발해지고 무작위 방향으로 움직이기 시작하여 분자 간 결합의 강도가 감소하기 때문이다. 표면 장력의 값은 온도가 증가함에 따라 계속 감소하다가 액체와 기체 상태의 분자 간 힘이 같아지는 임계 온도에서 0에 도달하고 액체는 제한 없이 팽창할 수 있다.

온도가 표면 장력에 미치는 영향은 수프를 먹을 때 느낄 수 있다. 따뜻한 수프가 차가운 수프보다 훨씬 맛있게 느껴지는 이유가 바로 표면 장력 때문이다. 따뜻한 수프는 차가운 수프보다 표면 장력이 작기 때문에 혀의 더 넓은 영역에 퍼지며, 더 많은 미각 수용체를 덮게 됨으로써 뇌에서는 더 맛있다고 해석하는 것이다.

불순물과 표면 장력

액체 표면이나 액체에 용해되어 있는 불순물의 존재도 그 종류에 따라 표면 장력에 영향을 미친다. 액체에 난용성 불순물을 첨가하면 표면 장력이 감소할 수 있는데, 이는 용매와 용질 분자 간의 인력이 약하므로 액체 분자와 불순물 분자 사이의 접착력이 액체 분자 사이의 응집력보다 작아지기 때문이다. 예를 들어, 물에 페놀을 첨가하면 표면 장력이 낮아지면서 순수한 물보다 세척력이 좋아진다.

반면에 용해도가 높은 불순물은 액체의 표면 장력을 약간 증가시킬 수 있다. 일반적으로 용해성 화합물과 용질 사이의 분자 간 인력이 강하기 때문에 액체 분자와 불순물 분자 사이의 접착력이 강해져 표면 장력도 높아진다. 예를 들어, 물에 녹은 소금(NaCl)은 Na^+와 Cl^- 이온으로 해리되어 이온 주변의 물 분자와 강한 인력을 만든다. 이 인력은 원래 물 분자들 사이의 인력보다 강한 경향이 있으므로 물의 표면 장력이 증가하게 된다.

우리 생활과 표면 장력

표면 장력은 일상생활의 여러 현상에 다양한 영향을 주므로, 표면 장력을 수정하기 위한 많은 화학 물질과 기술들이 개발되었다.

1. 동그란 모양의 액체 방울들

빗속을 걷거나, 커피를 쏟거나, 안약을 넣을 때 고체 표면에서 물방울들이 튀는 현상을 손쉽게 접할 수 있다. 이 물방울들은 일종의 구체에 그것을 고정시키는 피부가 있는 것처럼 보인다. 이 방울에 대한 가장 낮은 에너지 상태는 최대 수의 물 분자가 다른 물 분자로 둘러싸여서 서로 떨어지지 않고 있을 때이다. 즉, 물방울은 가능한 최소 표면적(구형)을 가져야 한다. 하지만, 중력의 영향으로 이 이상적인 구는 거의 타원형으로 왜곡

되는데 만약에 중력을 포함한 다른 힘이 없다면 대다수의 액체 방울은 거의 구형이 될 것이다.

2. 비누와 세제의 세척력

비누와 세제는 욕실, 세탁실 또는 청소 용품에서 쉽게 찾을 수 있다. 얼굴에 물을 묻히고 비누를 칠한 뒤, 다시 헹구기만 하면 얼굴의 모든 먼지가 사라진다. 그러나 이 현상의 이면에 있는 화학은 그렇게 간단하지 않다. 비누와 세제는 매우 까다로운 화학 물질이며 흥미로운 방식으로 작동한다.

물 분자는 분자 간 힘을 통해 서로 달라붙는 것을 선호한다. 비누와 세제는 물의 표면 장력을 낮추어 모공과 더러워진 부분에 더 쉽게 스며들 수 있도록 하여 세척을 돕는다. 비누의 성분 분자는 다른 이온 분자와 함께 탄소 및 수소 원자의 긴 사슬로 구성되어 있다. 사슬의 한쪽 끝에는 물을 좋아하는 원자 배열(친수성)이 있지만 다른 쪽 끝은 물은 피하면서(소수성) 그리스와 같은 기름에는 쉽게 부착된다. 세탁할 때 비누 분자의 기름을 좋아하는 부분이 얼룩에 있는 기름이나 지방에 달라붙어 물이 아래로 흐르게 한다. 따라서 얼룩의 입자는 느슨해지며 비누 분자로 둘러싸여 흐르는 물에 씻겨 내려가게 된다.

3. 따뜻한 물로 세수를

앞서 표면 장력을 낮추면 세척 시에 물의 효율성이 향상될 수 있다고 언급하였다. 비누와 세제로 물의 표면 장력을 크게 줄일 수 있지만 물을 따뜻하게 하는 것도 큰 효과를 볼 수 있다. 세척 역학의 기본은 물의 표면 장력을 줄여서 더 넓은 표면적에 분산될 수 있도록 하는 것이다. 물 분자는 가열되면 에너지의 증가로 인해 자발적으로 움직이기 시작한다. 이는 분자 간 힘의 세기를 감소시키므로 물의 표면 장력이 감소하여 세탁 효율이 증가된다. 또한, 치약에는 비누가 함유되어 있어 표면 장력을 줄여주고 입안에 자유롭게 퍼지도록 도와준다.

4. Hay's test

Hay의 유황 꽃 검사라고도 알려진 헤이검사는 소변에서 담즙산염의 존재를 감지하는 데 사용되는 화학 검사이다. 담즙산염은 담즙산의 4가지 다른 유형의 염인데, 이 담즙산들은 복잡한 염을 형성하기 위해 글리신 또는 타우린과 상호작용한다. 담즙산염은 담즙을 통해 소장으로 이동하여 지방을 유화시키는 계면 활성제 역할을 함으로써 지방 방울의 표면 장력을 줄여 지방이 효소에 의해 분해될 수 있도록 한다.

만약 폐쇄성 황달을 앓고 있다면 빌리루빈과 함께 담즙산염이 소변에서 검출될 수 있다. 상온에서 신선한 소변 시료를 채취하고 그 위에 유황 분말을 뿌려줌으로 수행되는데, 담즙산염이 존재하면 그에 의한 표면 장력의 저하로 인해 황 입자가 바닥으로 가라앉는다. 유황 입자가 소변의 표면에 남아 있으면 담즙산염이 없는 것이며, 검사 결과 황달이 음성으로 판정된다.

5. 모세관 작용

중력과 같은 외부 힘의 도움 없이 좁은 공간을 통해 흐르는 액체의 능력을 모세관 작용이라 한다. 유리와 물과 같이 서로 다른 물질 사이의 인력을 접착이라고 하고, 같은 물질 사이의 인력을 응집이라 한다. 가는 유리관을 물에 담그면 유리와 물 사이의 접착력으로 인해 물의 얇은 필름이 튜브의 내부 및 외부 표면에 생기고 표면 장력으로 인해 이 필름은 수축한다. 외부 표면의 필름은 둥근 모서리를 만들기 위해 충분히 수축하는 반면 내부 표면의 필름은 더 수축하여 접착력과 들어 올려진 물의 무게가 균형을 이룰 때까지 내부의 물이 올라간다. 유리관이 좁을수록 접착력의 균형을 맞추기 위해 수위는 더 높아진다. 이 효과는 페인트용 붓의 털 사이, 얇은 튜브, 종이와 같은 다공성 물질, 생물학적 세포에 존재하는 액체 분자들에서 볼 수 있다.

MSG와 중국식당 증후군

MSG가 '중국식당 증후군'으로 알려진 두통 및 기타 불편함을 유발할 수 있다는… MSG가 정상 농도로 음식과 결합할 때 그러한 효과가 나타나지 않았으며….

흔히 MSG로 불리는 글루탐산 소듐은 토마토, 포도, 옥수수, 치즈, 말린 버섯, 간장, 다양한 과일과 채소를 비롯한 일부 식품, 모유 등에서 자연적으로 존재는 일반적인 아미노산이다. MSG는 한국은 물론이고 세계인들의 식탁에서 음식의 고기 맛과 풍미를 강화하는 감칠맛을 지닌 풍미증강제로 사용된다. 일반적으로 고형 육수, 국, 수프, 라면, 그레이비, 스튜, 조미료, 짭짤한 스낵, 김치 등 다양한 음식에 사용되고 있다.

MSG의 발명과 제법

MSG$_{\text{monosodium glutamate}}$는 1908년 일본의 생화학자 이케다 키쿠나에에 의해 처음 만들어졌다. 그는 아내를 비롯한 대부분의 일본인 요리사들이 일식에서 흔히 볼 수 있는 국물의 기본으로 다시마를 사용하는 것에서

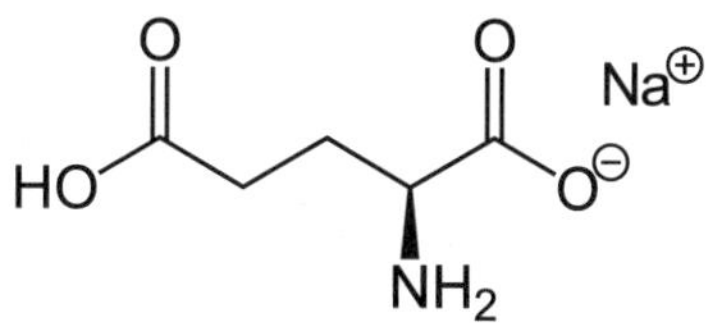

⌃ MSG의 화학 구조

착안하여, 풍미 있는 맛을 분리하고 이를 복제하려고 했다. 일반 소금(NaCl)의 화학식에는 소듐(Na)과 염소(Cl)가 있다. 이 중에서 소듐을 글루탐산에 첨가하면 가루로 안정화되어 글루탐산 소듐이 되고, 이를 음식에 첨가하면 감칠맛을 낸다는 것을 알아냈다.

현재는 이전의 다시마에서 추출하여 결정화하는 대신에 전분, 사탕무, 사탕수수, 당밀 등을 발효시켜 MSG를 대량생산한다. 이 과정은 요구르트, 식초, 포도주가 만들어지는 것과 유사한, 박테리아를 이용한 발효이다. MSG의 글루탐산은 천연 식품 단백질에 존재하는 글루탐산과 화학적으로 구별할 수 없으며, 우리 몸은 궁극적으로 같은 방식으로 두 글루탐산 공급원을 대사한다. 순수한 MSG는 짭짤한 향과 결합할 때까지 그다지 유쾌한 맛이 나지 않지만, 적절한 농도로 첨가되면 풍미 활성 화합물을 향상시키는 능력에 기여한다. MSG의 최적 농도는 식품에 따라 다르다.

소금의 대체품 MSG

MSG를 사용하면 맛을 희생하지 않으면서 심혈관 질환의 원인이 되는 일반 소금을 부분적으로 대체할 수 있다. 심혈관 질환은 소듐의 과다 섭취가 문제가 되는데, MSG는 소금(NaCl)보다 전체 분자량 중에서 소듐이

⌃ 다시마, 멸치, 가다랑어포, 버섯 등은 요리에 감칠맛을 낸다. 감칠맛 성분으로는 다시마의 글루탐산 소듐뿐 아니라 이노신산(가다랑어포), 구아닐산(버섯), 숙신산(어패류) 등이 있다.

차지하는 비율이 적다. 즉, 1 g의 소금보다 1 g의 MSG에 들어 있는 소듐의 양이 더 적다는 뜻이다. 만약에 원하는 맛을 내기 위해 소금 10 g이 필요했다면, 이를 소금 5 g과 MSG 5 g로 대체할 때 전체 소듐 이온의 양은 적어지지만 맛은 크게 달라지지 않는 것이다. 오히려 감칠맛을 더할 수 있다.

MSG는 몸에 해로운가?

MSG가 인체에 미치는 다른 영향에 대해서도 미국식품의약국FDA과 세계보건기구WHO에 의해 안전한 것으로 분류되고 있다. FDA는 MSG에 대해서 "일반적으로 안전하다고 인정된다(GRAS)"고 했다. MSG가 '중국식당 증후군'으로 알려진 두통 및 기타 불편함을 유발할 수 있다는 대중적 믿음이 있지만, 맹검 연구blinded test에서는 MSG가 정상 농도로 음식과 결합할 때 그러한 효과가 나타나지 않았으며 MSG를 높은 농도로 국물에 첨가할 때도 결정적인 차이를 보이지 않았다고 한다. 유럽연합EU에서는 이를 특정 식품에 허용되는 식품 첨가물로 분류하고 있으나 첨가되는 양을 제한하고 있다.

그렇더라도 MSG의 인체 유해성도 꾸준히 연구되고 있다. 2018년 이탈리아 학자들의 연구에 의하면 MSG가 식품 첨가물과 관련된 잠재적인 독성 효과를 나타낸다고 한다. 이러한 독성 영향에는 중추신경계 장애, 비만, 지방 조직 생리학의 장애, 간 손상, 생식 기능 장애가 포함되어 있다고 한다. 이러한 위협은 지금까지 과소평가되었을 수 있는데 인간 모델에서 MSG와 심혈관 질환, 두통 및 고혈압 사이의 연관성을 평가하기 위해서는 추가 연구가 수행되어야 한다고 밝히고 있다.

베이킹파우더와 베이킹소다의 차이

베이킹소다는 산성 성분을 추가해야 하는 요리법에 사용… 베이킹파우더는… 이미 산을 포함하고 있기 때문에… 산성 성분을 추가하지 않아도 되는 조리법….

베이킹소다와 베이킹파우더는 모두 중탄산 소듐(혹은 탄산수소 소듐, $NaHCO_3$)이라는 화학 물질로 만든 팽창제이다. 중탄산 소듐은 소듐 양이온(Na^+)과 중탄산염 음이온(HCO_3^-)으로 구성된 염으로 결정질인 백색 고체이며 약간 짠맛이 나는 알칼리성 맛으로 탄산 소듐(Na_2CO_3)과 비슷하다.

베이킹소다는 반죽을 부풀게 한다

베이킹소다는 다른 것이 들어 있지 않은 순수한 중탄산 소듐이며, 가스를 생성하려면 산을 추가해야 한다. 추가된 산은 중탄산 소듐과 중화 반응을 통해 사람이 호흡할 때 내뿜는 기체인 이산화 탄소(CO_2)를 생성한다. 버터밀크, 요구르트, 레몬주스 또는 당밀은 베이킹소다를 활성화하기 위해 사용하는 산의 예이다. 이러한 이유로 베이킹소다는 산성 성분을 추가해야 하는 요리법에 사용된다. 이산화 탄소가 생성됨에 따라 반죽이 팽창하고 부풀어 오르며, 오븐의 열로 인해 반죽의 단백질(보통은 달걀)이 단단해진다. 이는 식힌 후에도 구운 음식의 형태를 유지하는, 일종의 건축공사 때에 높은 곳에서 일할 수 있도록 설치하는 임시가설물인 비계인 셈이다.

$$NaHCO_3\ (\text{중탄산 소듐}) + H^+\ (\text{산}) \rightarrow Na^+ + CO_2\ (\text{기체}) + H_2O \quad (1)$$

베이킹소다에 열을 가하여 80℃ 이상의 온도가 되면 열분해로 인해 그 자체로도 이산화 탄소를 방출할 수 있다.

$$2\ NaHCO_3 \rightarrow Na_2CO_3 + H_2O + CO_2 \quad (2)$$

이러한 방식으로 산성 성분 없이 단독으로 사용하면, 산성 성분을 추가했을 때 발생하는 CO_2의 절반만 방출된다. 산(H^+)이 존재하는 반응식 (1)에서는 중탄산 소듐 하나당 이산화 탄소가 하나 생성되지만, 식 (2)에서는 하나의 CO_2를 얻으려면 두 개의 중탄산 소듐이 필요하기 때문이다. 또한, 산이 없는 상태에서 중탄산 소듐의 열분해는 탄산 소듐(Na_2CO_3)을 생성하는데, 이는 강알칼리성이며 구운 제품에 쓴맛, 비누 같은 맛, 노란색을 나타내게 한다.

베이킹파우더는 산성 성분이 이미 첨가된 베이킹소다이다

한편, 베이킹파우더는 약 30% 정도의 중탄산 소듐과 산 가루의 조합이다. 이미 산을 포함하고 있기 때문에 활성화하기 위해서는 수분만 추가하여 가열하면 된다. 따라서 일반적으로 산성 성분을 추가하지 않아도 되는 조리법에 사용된다. 많은 형태의 베이킹파우더에는 인산 칼슘, 인산 알루미늄 소듐, 또는 타르타르 크림과 결합된 중탄산 소듐이 포함되어 있으며 알칼리성이다. 베이킹파우더에 사용되는 산은, 굽는 중의 화학 변화로 인해 생성되는 탄산 소듐의 금속 맛을 방지하는 데도 사용된다.

베이킹소다와 베이킹파우더의 조화

팬케이크 요리법을 비롯한 일부 요리법에는 베이킹소다와 베이킹파우더가 모두 필요하기도 하다. 버터밀크 팬케이크와 같이 약간 신맛이 있어야 하는 요리법에는 두 가지 발효제가 모두 필요한 경우가 많다. 이와 같은 조리법을 베이킹소다와 산성 성분으로만 완전히 발효시키면, 베이킹소다가 CO_2를 생성하는 동안 산을 중화하므로 산의 톡 쏘는 신맛이 약해진다. 이때 베이킹소다 대신 약간의 베이킹파우더를 넣어주면 레시피의 톡 쏘는 맛을 보존할 수 있게 된다.

베이킹소다는 구운 식품이 갈색으로 변하는 데 도움이 되는데 이는 알칼리성 반죽에서 갈변 현상이 더 잘 일어나기 때문이다. 즉, 베이킹파우더가 든 반죽에 약간의 베이킹소다를 추가하면 산을 중화시켜 알칼리성을 띠게 되고 갈변을 촉진한다. 넷플릭스 드라마 〈오징어 게임〉에도 나와 세계적인 인기를 구가했던 달고나를 만들 때도 팽창제로 베이킹소다나 베이킹파우더가 사용되어 갈변을 나타내게 한다.

중탄산 소듐의 활용: 불꽃놀이와 소화기

중탄산 소듐은 불꽃놀이에서의 주요 구성 요소이기도 하다. 중탄산 소듐의 열분해로 생성되는 이산화 탄소는, 다른 주성분인 자당의 연소 생성물과 함께 긴 뱀 모양의 재를 생성한다. 또한 가열될 때 난연제인 CO_2와 H_2O를 방출하여 연소 반응을 지연시키는 데 사용되기도 한다.

중탄산 소듐을 가열하면 이산화 탄소가 방출되므로 중탄산 소듐을 던져 작은 기름이나 전기 화재를 진압하는 데 사용할 수 있다. 그러나 튀김기의 화재에 사용해서는 안 되는데 이는 가스가 갑자기 방출되면 뜨겁게 가열된 기름이 튀어 화상을 입을 수 있기 때문이다. 중탄산 소듐을 잎에 바르면 곰팡이의 번식을 막을 수 있으나 곰팡이를 죽이지는 않는다. 과도한 양의 중탄산 소듐은 과일의 변색 및 백화를 유발할 수 있다.

중탄산 소듐의 활용: 건강

물과 혼합된 중탄산 소듐은 위산성 소화불량과 속쓰림을 치료하기 위한 제산제로 사용할 수 있다. 중탄산 소듐은 위산(HCl)과 반응하여 소금, 물, 이산화 탄소를 생성한다.

$$NaHCO_3 + HCl \rightarrow NaCl + H_2O + CO_2(g)$$

중탄산 소듐과 폴리에틸렌글리콜의 혼합물은 물에 용해되어 경구 복용되며 위장 수술이나, 위 내시경 전에 효과적인 위장 세척 제제이자 완화제이다.

중탄산 소듐은 일부 구강세정제의 성분으로도 사용되는데 부식 방지제와 연마 특성을 가지고 있기 때문이다. 치아와 잇몸에 물리적 세정제 역할을 하고 입안의 산 생성을 중화하며 감염 예방에 도움이 되는 방부제 역할도 한다. 다른 성분과 조합하여 건식 또는 습식 탈취제를 만드는 데 사용할 수 있으며 비강 세척용 용액을 만들 때 식염과 함께 완충제로 사용할 수 있다.

원래 사람의 땀은 원래 냄새가 없다. 그러나 땀이 겨드랑이의 박테리아에 의해 분해되면 냄새가 나는데, 이 박테리아는 땀을 산성 폐기물로 변환하여 냄새를 유발한다. 베이킹소다를 겨드랑이에 두드리거나 코코넛 오일, 시어 버터 또는 옥수수 전분을 약간 섞어 홈메이드 데오도란트를 만들어 볼 수 있다.

베이킹소다의 활용: 세척과 청소

베이킹소다는 오븐, 얼룩진 커피 컵, 얼룩진 대리석, 기름때, 주방 타일, 막힌 배수구, 변색된 은, 전자레인지, 조리대 등에 주방 세제로도 사용되는데, 레몬주스나 식초와 같은 산과 혼합하면 곰팡이나 박테리아를 포함한 해로운 미생물의 성장을 억제한다. 베이킹소다와 동일한 양의 레몬주스 및 약간의 물을 섞어 반죽을 만들어서 스펀지나 천으로 원하는 표면에 바르고 문지르면 된다.

중탄산 소듐은 페인트 및 부식을 제거하는 블라스팅 공정에도 사용된다. 블라스팅은 연마제를 첨가한 물 등을 압축 공기 또는 기타의 방법으로 강력하게 분사하여 관석(물때), 녹, 도막 등을 제거하는 공정이다. 일

⌃ 배수구에 소다를 뿌린뒤 식초를 부으면 거품이 생기면서 세척 효과를 낸다.

반 블라스팅에서는 규소 모래를 연마제로 사용하는데, 이는 알루미늄, 구리, 목재와 같이 부드럽고 덜 탄력적인 재질에 사용하면 표면에 손상을 입힐 수도 있다. 따라서 이런 재질의 표면 오염을 제거하는 데 중탄산 소듐을 연마제로 사용할 수 있는 것이다. 중탄산 소듐을 매개체로 하는 블라스팅을 소다 블라스팅이라고도 부른다.

베이킹소다는 세탁물을 희게 하고 청소하는 저렴한 방법으로도 알려져 있다. 알칼리(용해성 염)이기 때문에 먼지와 얼룩을 제거하는 데 도움이 된다. 베이킹소다와 식초를 함께 사용하면 가장 잘 지워지지 않는 카펫 얼룩을 제거할 수 있는데, 탄산이라는 화합물이 생성되면서 많은 거품을 일으켜 거친 얼룩을 분해하는 데 도움을 주는 것이다. 욕실의 타일, 변기, 욕조, 세면대 등의 표면을 희게 하고 소독하기 때문에 욕실 청소에 유용하다.

베이킹소다 세척은 과일과 채소의 껍질을 벗기지 않고 살충제를 제거하는 가장 효과적인 방법이다. 한 연구에 따르면 사과를 베이킹소다와 물에 12~15분 동안 담그면 거의 모든 잔류 농약이 제거된다고 한다. 그러나 이 방법은 과일이나 채소의 피부에 침투한 살충제까지는 제거하지 않는다.

요리하는 동안 실수로 냄비 바닥을 그을리기 쉬운데, 베이킹소다와 물로 그을린 냄비를 쉽게 청소할 수 있다. 냄비 바닥에 베이킹소다를 넉넉히 뿌리고 탄 부분을 덮을 정도로 물을 부은 후 혼합물을 끓이면 탄 부분들이 제거된다.

김치 절이기와 삼투압

싱싱한 배추를… '숨을 죽인다'고 하는데… 배추 내부의 물(농도가 낮음)이 밖(소금으로 절였기 때문에 농도가 높음)으로 이동하기 때문에 쭈글쭈글….

삼투와 삼투압

생체 세포의 막을 구성하는 물질 중에는 반투과성을 가진 막들이 있다. 이 막은 물이나 기타 작은 분자들은 통과시키지만 큰 용질 분자나 이온은 통과시키지 않는다. 반투막으로 구분된 U자 관 좌우에 각각 순수한 용매와 용액(용질+용매) 혹은 농도가 다른 두 용액을 동일한 양으로 채우면, 용매 분자나 작은 분자들은 농도가 낮은 곳에서 농도가 높은 곳으로 반투막을 통과하지만 큰 분자들은 이동하지 못한다. 이 이동은 반투막 좌우 용액의 농도가 같아질 때까지 진행되며, 이 과정을 삼투$_{\text{osmosis}}$라 한다.

시간이 지나서 평형에 도달하면 순수한 용매 쪽(혹은 농도가 낮은 쪽)은 액체의 양이 감소하여 농도가 높아지고, 용액 쪽(혹은 농도가 높은

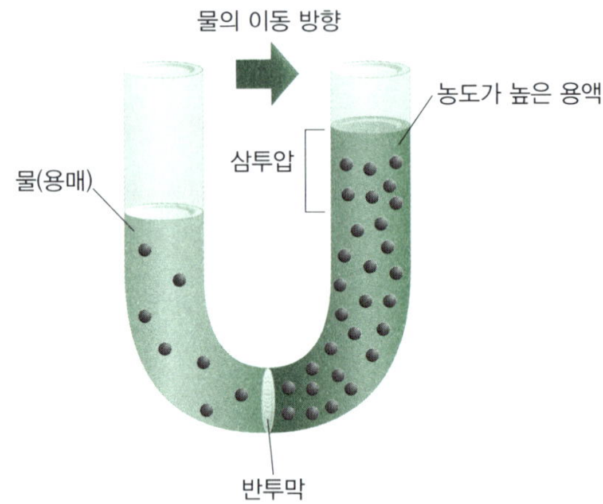

^ 물은 농도가 낮은 용액에서 농도가 높은 용액 방향으로 이동한다.

쪽) 액체의 양은 증가하여 농도는 감소한다. 이러한 평형에 이르렀을 때 U자 관 좌우에 채워진 용액의 높이 차이만큼이 가하는 압력을 '삼투압'이라고 한다.

식물 세포의 삼투

반투막인 세포막을 투과하여 세포 속으로 들어가는 용매의 양과 나오는 양이 같으면 등장액이라 한다. 들어가는 용매의 양이 나오는 양이 비해 많아지면 세포가 팽팽해지는데 이는 저장액이라 한다. 들어가는 양이 빠져나오는 양에 비해 적어지면 세포는 쪼그라들게 되는데 이를 고장액이라 한다.

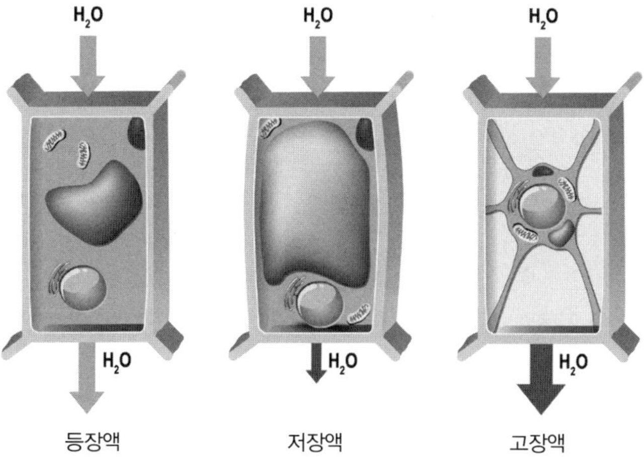

⩓ 세포에서의 삼투 현상

요리에 이용되는 삼투 현상

김치를 담글 때 싱싱한 배추를 소금물에 잠겨두어 부피가 줄어들어 '숨을 죽인다'고 하는데 절인 배추를 다시 물에 담가 두면 원래에 가깝게 복원된다. 이는 삼투에 의해 배추 속의 물(소금 농도가 낮음)이 소금의 농도가 높은 밖으로 이동하기 때문에 쭈글쭈글해지는 것이다(고장액).

또한, 딱딱한 미역을 부드럽게 불리고 오이는 수분을 빼서 아삭거리게 만드는 것 모두 삼투 현상을 이용하는 것이다. 마른미역을 구성하는 세포의 세포질은 물보다 농도가 짙으므로 마른미역에 물을 넣으면 삼투 현상에 따라 물이 미역 세포 안으로 이동하여 부풀어 오른다(저장액). 반대로 오이에 소금을 뿌리면 오이 세포보다 오이 표면에 녹은 소금물의 농도가 짙으므로 오이 세포 안의 수분이 빠져나와 물기가 흥건해지고 오이는 꼬들꼬들해진다(고장액).

식물과 삼투 현상

식물이 뿌리에서 잎으로 물을 이동시키는 과정도 삼투에 의존한다. 식물의 가장자리나 위쪽으로 갈수록 용질의 농도가 높기 때문에, 삼투압의 차이가 발생함으로써 수십 미터가 넘는 큰 나무의 꼭대기까지도 물이 공급될 수 있다. 이를 '삼투 전위'라 한다.

또한, 많은 식물은 줄기와 잎의 모양을 유지하기 위해 삼투압 현상이 적용된다. 물을 주지 않아 시들은 식물에 물을 주면 단 몇 분 만에도 원래 모양으로 회복될 수 있다. 이는 식물의 줄기와 잎이 본질적으로 삼투압에 의해 팽창되기 때문이다. 즉, 세포 내의 염분은 삼투압을 통해 물을 끌어들여 세포를 통통하고 단단하게 만들지만(저장성), 사용할 수 있는 물이 충분하지 않으면 세포가 수축하기 때문에 식물이 시드는 것이다(고장성).

식물은 성장하면서 삼투압의 힘을 보여 준다. 아스팔트를 뚫고 자라는 식물이나 벽돌이나 콘크리트를 뚫고 자라는 나무뿌리를 본 적이 있을 것이다. 이것 역시 삼투압에 의해 가능한 것이다. 식물이 자라면서 세포가 더 많은 물을 끌어들이며 결국은 이 물의 압력이 단단한 아스팔트를 통과할 수 있게 한다.

투석

삼투와 밀접하게 연결된 한 가지 중요한 과정은 투석이다. 투석은 만성 신부전 환자의 혈액에서 노폐물을 제거하는 과정으로, 많은 신장 질환자의 생존에 중요한 역할을 한다. 투석에는 혈액투석과 복막투석의 두 종류가 있으며 그중 혈액투석을 많이 이용하고 있다. 혈액투석은 인공 신장 기계가 환자의 혈액에서 노폐물을 제거하여 건강하고 정상적으로 기능하는 신장의 역할을 수행하는 과정이다. 투석막의 구멍은 물뿐만 아니라 혈액에 용해된 염 및 기타 폐기물이 주변의 증류수 탱크를 통과하도록 하지만, 반면에 적혈구는 너무 커서 투석막을 통과하지 않고 환자의 몸으로 돌아간다.

음식을 보존하는 삼투 현상

과일을 보존하는 데에도 삼투를 이용한다. 대부분의 과일은 약 75%가 수분으로 이루어져 있어 부패하기 쉽다. 과일을 보존하려면 과일을 탈수해야 하는데, 이는 박테리아가 살기에 좋지 않은 환경으로 만들기 위함이다. 오랜 세월 동안 사람들은 과일을 말리기 위해 다양한 방법을 시도했지만, 대부분은 과일이 줄어들고 단단해지기 마련이었다. 이는 태양열과 같은 대부분의 건조 방법이 비교적 빠르고 과감하기 때문이다.

반면에 삼투압 방법은 더 느리고 더 온건하며 자연의 거동에 더 가깝다. 삼투 탈수 기술은 다른 방법으로 탈수된 과일보다 더 오래 저장할 수 있는 과일을 만들 수 있어서 소비자에게 일 년 내내 더 다양한 과일을 제공하는 것을 가능하게 한다.

그러나 대부분의 익은 과일에서 삼투압만으로는 수분의 약 50%만 제거할 수 있기 때문에 2차적으로 탈수해야 한다. 먼저 과일을 데치거나 뜨거운 물에 잠시 넣어 효소 작용을 중지한 다음에 설탕을 뿌리거나 특수하게 만든 시럽에 담가서 과일의 수분을 끌어낸다(삼투 탈수). 이후 공기 건조 또는 진공 건조로 공정이 완료된다. 이렇게 탈수된 과일들은 대부분의 기후 조건에서 실온에서 보관할 수 있으며 제과 품목을 만들기 위해 가루로 만들 수도 있다.

수천 년 동안 사람들은 고기를 보존하기 위해 소금을 사용해 왔다. 예를 들어, 신대륙에 처음 도착한 범선은 항해 중에 선원들을 먹여 살리기 위해 절인 고기를 가득 실은 통에 보관했었다. 고기는 고장력이 있는 소금이나 소금물로 보관했는데 이는 박테리아 세포의 증식을 막는 데 효과적이었고 고기뿐만 아니라 생선, 올리브, 채소도 마찬가지 방법으로 보관했다. 오늘날에도 올리브와 마찬가지로 일부 유형의 생선 통조림은 여전히 염수로 포장되어 소비자에게 제공되고 있다. 설탕을 사용하기도 하는데, 설탕도 박테리아를 제거하는 데 소금만큼 효과적일 수 있다.

역삼투

지금까지 살펴본 삼투 현상의 반대, 즉 물 분자가 반투막을 통해 저농도 영역에서 고농도 영역으로 이동하는 것을 이를 역삼투Reverse Osmosis, RO라고 한다.

삼투는 자연스럽게 발생하는 과정이므로 반투막만 설치해 놓으면 발생한다. 그러나 역삼투는 자연스러운 과정이 아니므로 이를 수행하려면 외부의 힘이 가해져야 한다. 삼투에서는 반투막에 의해 순수한 물과 바닷물 용액이 서로 분리되어 있을 때 자연적으로는 순수한 물이 바닷물 쪽으로 옮겨져서 바닷물 쪽의 수면 높이가 높아진다. 하지만 반대 방향

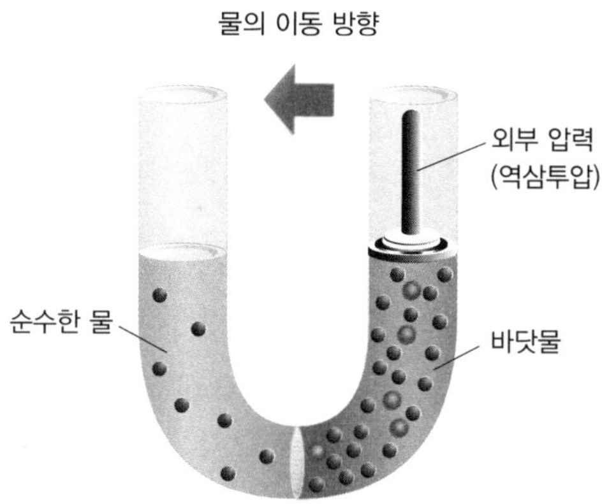

⌃ 외부 압력을 가하면 삼투와 반대 방향으로 물을 이동시킬 수 있다.

의 흐름이 있게 하려면 이는 자연적으로 일어나지 않기 때문에 외부에서 압력을 가해야 한다. 그러나 소금 분자(엄밀하게는 소금 이온)는 물 분자보다 크기 때문에 반투막을 통과하지 못하고 물 분자만 통과하게 되므로 바닷물 쪽은 이전보다 훨씬 더 농축되지만 순수한 물 쪽은 물이 더 많은 순수한 물이 된다.

이러한 방법을 통해 바닷물에서 염분과 기타 오염물질과 미생물들을 정화하여 식수로 사용하는 것이 대표적인 역삼투의 활용이다. 바닷물뿐만 아니라 가정용 정수기에도 이 방법을 사용하고 있다. 휴대용 역삼투 정수기는 깨끗한 물이 공급되기 어려운 시골이나 낚시 또는 캠핑, 오지 여행 등에서 자외선 살균기와 결합되어 사용되고 있다.

역삼투 방법은 기존의 열처리 공정보다 오렌지나 토마토 과일 주스 등을 농축하는 데 더 경제적인 방법이다. 낮은 운영비용과 열처리 공정을 피할 수 있는 능력을 포함하여 대부분의 식품에서 발견되는 단백질 및 효소와 같은 열에 민감한 물질에 적합하다. 또한 카세인을 제거한 유단백질인 유청 단백질 분말 생산과 운송비용을 줄이기 위해 우유를 농축할 때도 역삼투 방법을 사용하고 있다.

캐나다에서 유명한 메이플 시럽을 얻으려면 수액을 끓여서 물과 분리해야 한다. 이때 물을 증발시켜 메이플 시럽 농축액을 만들 수도 있지만, 많은 시간이 걸린다. 역삼투를 사용하면 끓기 전에 수액의 수분량을 줄일 수 있어서 끓이는 시간을 최대 70%까지 획기적으로 줄여 공정을 보다 효율적으로 만들 수 있다고 한다.

식용유와 불포화 지방산

단백질과 탄수화물은… 갈색 파편을 형성… 상당한 양의 기름이 제품의 표면에 흡입되는데 감자튀김의 경우… 최종 튀김에서는 100 g당 10~15 g이 증가….

식용유는 튀김, 제빵 및 기타 요리에 다양하게 사용되는 식물, 동물 또는 합성 액체 지방이다. 참기름이나 들기름은 나물을 무치거나, 샐러드 드레싱, 빵에 찍어 먹는 등 열을 사용하지 않는 요리 및 향미료에 사용되기도 한다. 식용유는 일반적으로 실온에서 액체이지만 포화 지방을 포함하고 있는 코코넛오일 팜유 같은 일부 오일은 고체이다. 올리브유, 팜유, 대두유, 카놀라유(유채유), 옥수수유, 땅콩유 등의 식물성 기름, 버터 및 돼지비계와 같은 동물성 기름 등 다양한 식용유가 있다.

포화 지방산과 불포화 지방산

지방산은 화학 구조적으로 포화 지방산과 불포화 지방산으로 분류할 수 있다. 포화 지방산은 지방산 사슬이 모두 단일 결합($-CH_2-CH_2-CH_2-$)

으로 연결된 형태이고 불포화 지방산은 이중 결합($-CH_2-CH=CH-CH_2-$)이 한 개 이상 존재하는 형태이다. 포화 지방산은 불포화 지방산보다 녹는점이 높고 잘 산화되지 않는다. 포화 지방산이라도 탄소수가 10개 이하이면 상온에서 액체이고, 그 이상이면 고체가 된다. 포화 지방산은 혈청 콜레스테롤을 높여 인체에 악영향을 끼치지만, 불포화 지방산은 혈청 콜레스테롤을 낮추는 긍정적인 효과가 있는 것으로 알려져 있다. 식용유에는 일반적으로 포화 지방산과 불포화 지방산이 특정 농도로 혼합되어 있다.

식물성 기름이나 동물성 기름은 대부분 트라이글리세라이드인데 글리세라이드는 지방산과 글리세롤의 에스터 결합 화합물을 말한다.

식용유의 화학적 구성

식물성 기름과 동물성 지방은 대부분 트라이글리세라이드를 함유하지만 천연 효소(라이페이스)에 의해 모노 및 다이글리세라이드, 유리 지방산, 글리세롤로 분해된다. 식용유에는 여러 탄소 수를 갖는 지방산이 섞여 있는데 보통은 $C_{14} \sim C_{20}$의 짝수 탄소수를 갖는다.

모든 식용유는 트라이글리세라이드의 지방산 부분이 단일 불포화 지방산$_{MUFA}$, 다중 불포화 지방산$_{PUFA}$, 포화 지방산인 세 가지 유형의 지방산으로 구성된다. 올리브유와 카놀라유는 대부분 단일 불포화 지방이며, 옥수수와 대두유는 주로 다중 불포화 지방을 함유하고 있다. 포화 지방을 주로 함유하는 오일은 코코넛오일이 대표적이다. 음식을 튀길 때는 단일 불포화 지방이나 포화 지방이 많이 함유된 식용유가 인기가 있지만,

다중 불포화 지방이 많이 함유된 기름은 선호도가 낮다.

대부분의 동물성 지방은 포화 상태이며 식물과 생선의 지방은 일반적으로 불포화 상태이지만, 식품의 종류에 따라 포화 지방과 불포화 지방의 비율이 상이하다. 옥수수기름, 면실유, 어유 등의 액상 기름에 금속 촉매제을 작용하여 수소를 첨가시키면 융점이 높아져 상온에서 고체로 존재하는 경화유가 된다. 이런 경화유에 튀긴 음식이나 소시지와 같은 가공식품은 포화 지방 함량이 높으며, 식물성 제품 중에서도 자체적으로 포화 지방 함량이 높은 코코넛오일과 팜유와 같은 제품도 있다.

기름의 추출 방법

기름은 견과류, 씨앗, 올리브, 곡물 또는 콩류에서 산업용 화학 물질을 사용하거나 기계적 공정을 통해 추출한다. 최소한의 열로 기계 프레스를 사용하여 기름을 짜내는, 화학 물질을 사용하지 않는 공정을 엑스펠러 압착 공정이라 한다. 색상, 향미, 영양가에 종합적으로 영향을 미치는 폴리페놀, 토코트라이에놀, 식물성 스테롤, 비타민 E와 같은 자연 발생 파이토케미컬(식물 속의 화학 물질)을 보존하기 위해 일반적으로 105℃ 미만으로 제어된 온도 설정에서 추출이 이루어지는 냉압착 오일도 있다.

화학적 추출 방법에서는 보통 헥세인(C_6H_6)을 추출용매로 사용하며, 추출 후 혼합물을 약 149℃로 가열하여 용매인 헥세인을 증발시켜서 얻는다. 이 추출법은 기계적 방법보다 더 높은 수율로 더 빠르고 저렴하게 오일을 얻을 수 있다. 이 기술은 대두유 및 옥수수유와 같은 산업용 오일의 대부분에 사용된다. 추출 용매로 사용된 헥세인은 비극성 용매이며 추출되는 기름도 비극성 물질이기 때문에 "Like dissolves like(유사한 것끼리 잘 녹인다)"의 화학적 추출 방법의 기본 원리에 따라서 추출이 잘 이루어진다. 헥세인이 독성 물질로 분류되기 때문에 독성이 없는 이산화탄소(CO_2)를 추출 용매로 사용하는 초임계유체 추출 방법$_{SFE}$도 있다.

발연점과 불순물

기름이 타기 시작하는 온도를 발연점이라 하는데 이 온도 이상으로 조리하면 음식에서 탄 맛이 나고 기름의 특성인 영양소와 파이토케미컬이 분해된다. 발연점 위에는 인화점과 발화점이 있는데, 인화점은 기름의 증기는 발화되지만 불이 붙어 있을 만큼 충분한 양으로는 생성되지 않는 온도로 일반적으로 약 275~330℃이다. 발화점은 뜨거운 기름이 충분한 증기를 생성하여 불이 붙고 탈 수 있는 온도이다. 오일의 튀김 시간이 증가할수록 이러한 모든 온도가 낮아져 더 낮은 온도에서도 기름에 쉽게 불이 붙는다. 이런 특징 온도들은 지방산의 분포보다 기름의 산도에 더 의존한다.

식용유의 발연점은 일반적으로 기름이 정제되는 방법과 관련이 있다. 불순물과 유리 지방산을 제거하여 순수한 기름만 남을수록 발연점이 높아진다. 정제 과정에서 남아 있는 잔류 용매는 발연점을 감소시킬 수 있으며 BHA, BHT 및 TBHQ와 같은 항산화제가 포함하면 발연점이 증가하는 것으로 보고되고 있다.

참기름, 아보카도 오일, 카놀라유

한국을 비롯한 아시아, 인도, 중동 요리에 자주 사용되는 참기름은 깨로부터 추출한 오일로 다중 불포화 지방(46%)과 단일 불포화 지방(40%)이 잘 혼합되어 있고 나머지 14%는 포화 지방이다. 참기름은 튀김용으로 사용하지 않고 주로 고소한 냄새를 위해 더 많이 사용되며 볶아서 짜낸 참기름은 색과 향이 더 진하다.

아보카도 오일은 단일 불포화 지방이 풍부하며(70%) 식용유 중 올리브유 다음으로 단일 불포화 지방의 함량이 가장 높은 오일이다. 올리브유와 마찬가지로 아보카도 오일도 다중 불포화 지방(약 10%)이 적다. 아보카도와 비슷한 부드러운 맛이 있으며 높은 조리 온도를 견딜 수 있어 볶음, 튀김 또는 샐러드드레싱에 사용하기에 적합하다.

카놀라유는 단일 불포화 지방 함량(62%)이 상대적으로 높다(약 62%). 다중 불포화 지방은 32%이며, 포화 지방 함량이 7%로 가장 낮다. 다용도의 실용적인 식용유이며 제빵, 구이, 튀김, 샐러드드레싱까지 다양한 요리에 사용된다.

식용유와 튀김

지방과 기름은 튀김 과정에서 효과적인 열전달을 통해서 튀긴 제품을 바삭하게 하며, 볶고 튀긴 풍미를 더하고 갈색을 나타내게 한다. 그러나 음식은 튀김 기름을 상당량 흡수하는 동시에 수분, 지질, 단백질 및 탄수화물이 손실되기도 한다. 감자를 튀기면 수분의 약 50~80%까지 감소한다고 한다.

튀김 과정에서는 단백질과 탄수화물이 마이야르 반응으로 인해 튀김 용기 바닥에 짙은 갈색 파편을 형성하므로 정기적으로 걸러내야 한다. 튀김기에서 꺼낸 후 냉각 시간 동안 상당한 양의 기름이 제품의 표면에 흡입되는데 감자튀김의 경우 초벌 튀김에서 100 g당 5 g이, 최종 튀김에서는 100 g당 10~15 g이 증가한다.

식용유, 너무 오래 사용하지 마라

지방산을 장기간 가열하면 열산화 분해가 발생하는데, 냄새로 감지될 수 있다. 열분해된 튀김 지방은 소화하기 어렵고 설사로 이어진다. 부분적으로 소화되면 인체에 흡수되어 독성 문제가 발생하기도 한다. 또 튀기는 동안 약 170~200°C의 고온에서 가수 분해, 이성질체화, 산화, 중합 반응 등의 다양한 반응도 발생하면서 원래 기름의 성질을 다수 잃어버린다. 따라서 기름의 재사용에는 한계가 있고, 사용 후에 적절하게 처리해야 한다.

식용유의 적절한 처리는 폐기물 관리에 있어 매우 중요하다. 기름은 물보다 가벼워 물 위로 얇고 넓은 막으로 퍼져 물과 공기의 산소교환을 방해한다. 이 때문에 1 L의 기름이 100만 L의 물을 오염시킬 수 있다. 또 파이프 안에서 굳어지면서 배관을 막히게도 한다. 따라서 식용유는 싱크대나 변기에 버리지 말고, 밀봉된 재활용 불가 용기에 담아서 일반 쓰레기와 함께 버리는 것을 권장하고 있다. 기름이 든 용기를 냉장고에 넣어 굳히면 처분이 더 쉽고 덜 지저분해진다.

맛술과 알코올

소주·찐 찹쌀·누룩을 섞어 빚은 단맛이 나는 술로 설탕보다는 은은한 단맛을 내고 음식에 윤기를 주며 알코올 성분으로 인해 육류를 연하게….

미림味醂을 직역하면 맛술(요리용 술 전반을 의미함, 영어: cooking wine)로 소주나 청주 등과 같은 술의 종류를 통칭하는 명칭이다. 국내 모 식품회사가 상표명으로 '미림'을 선점해서 사용하고 있으나 청주와 비슷한 용도로 육류의 잡내를 제거하는 용도로 사용하는, 일반화된 이름이 되었다. 국내에서는 주정을 첨가하여 알코올(에탄올)이 14% 정도로 만든 '미림' 외에도 알코올을 1% 미만으로 함유하고 식초 성분이 포함한 '미향', '미정' 등이 판매되고 있다.

미림과 맛술의 구성 성분

미림은 소주·찐 찹쌀·누룩을 섞어 빚은 단맛이 나는 술이다. 설탕보다는 은은한 단맛을 내고 음식에 윤기를 주며 육류를 연하게 한다. 또한 생선의 비린내와 잡내를 없애주면서 부스러지지 않고 탱탱하게 해주기 때문에 육류 요리와 생선 요리에 사용되고 있다. 찹쌀이 주원료이기에 찹쌀 속에 함유된 단백질이 분해되어 생성된 각종 아미노산과 신맛이 나는 호박산(석신산) 등이 작용하여 음식에 감칠맛을 더하고 독특한 풍미를 살려준다. 알코올 외에 과당, 시럽, 구연산 등이 포함되어 있다.

미향, 미정 등의 기타 맛술에는 1% 미만의 알코올, 설탕$_{\text{sucrose}}$, 단당류인 포도당과 과당이 합쳐진 이당류, 발효 식초, 생강 농축액 1.15%, 매실 농축액 0.65%, 사과산(말산), 젖산, 호박산 등이 포함되어 있다.

미림이 음식을 맛있게 하는 이유

지방과 물은 원래 섞이지 않는데, 알코올이 포함된 물로 요리하면 지방과 물 분자가 섞일 수 있다. 허브와 같은 일부 향료는 지용성으로 지방에 가장 잘 용해되지만, 요리의 소스에 있는 대부분의 다른 성분은 수용성이다. 따라서 고기나 생선 등을 재는 양념장에 와인(알코올) 한 컵을 추가하면, 수용성 소스보다 더 효과적으로 고기의 모든 풍미 화합물을 용해할 수 있다. 알코올은 변성 과정을 통해 육류의 단백질을 분해하기도 하므로, 와인은 고기를 연하게 하는 데도 도움이 되며 아울러 약간의 풍미를 추가하기도 한다.

산을 사용하면 마찬가지로 고기를 연하게 할 수 있어서 일부 맛술에는 식초, 산성 탄닌 성분을 포함한 와인, 레몬주스, 토마토 등을 넣기도 한다. 또한 천연 효소 연화제로서 파파야 추출 효소인 파파인, 파인애플 추출 효소인 브로멜린 등이 사용되기도 한다.

식탁 위의 당류

한편, 우리의 음식에는 설탕, 올리고당, 물엿 등이 많이 포함되면서 맛을 더해주고 있는데 이들의 주요 성분은 당糖이다. 단당류monosaccharide는 탄수화물의 단위체로, 다당류(녹말, 셀룰로스 등)를 가수 분해했을 때 생기며 당이 한 개라는 뜻이다. 이당류는 단당류가 2개, 다당류는 단당류가 3개 이상 결합된 것이다.

설탕은 단당류인 포도당과 과당이 결합된 이당류인 자당인데 소화가 쉽고 빨라서 혈당을 급격하게 높일 수 있다.

올리고당은 단당류가 3~10개가 결합된 당 고분자이다. 설탕에 비해서 여러 개의 당 분자가 결합하여 형성된 다당류이니만큼 소화시키는 데 에너지가 많이 필요하며 소화가 잘되지 않아 혈당을 천천히 올린다.

물엿은 쌀, 보리, 옥수수, 고구마 등 전분을 산이나 효소로 가수 분해하여 만든 당으로 주요 성분은 90% 이상이 포도당이지만 포도당의 양을 조절하여 이당류인 말토스를 비롯한 기타 올리고당이 10~40% 정도로 포함되어 있는 제품들도 있다. 말토스는 포도당끼리의 결합이므로 과당

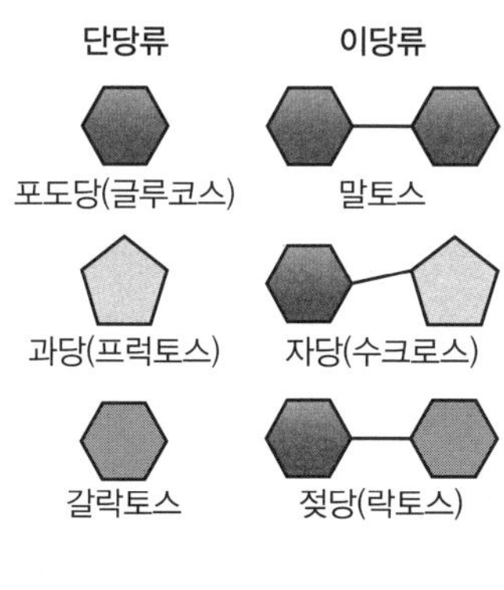

≪ 대표적인 단당류인 포도당, 과당, 갈락토스와 그들의 결합으로 형성되는 이당류

이 결합된 것에 비해 단맛이 떨어진다.

칼로리는 설탕, 물엿, 올리고당 순으로 높으며, 단맛은 설탕, 올리고당, 물엿 순으로 달다.

탈수 식품과 동결 건조식품

탈수된 음식은 단단하고 일반적으로 부서지기 쉽고… 딱딱해서 떨어뜨리면 소리가 난다… 동결 건조식품은 다공성이고… 손가락으로 비틀면 부서질 것 같은 느낌이….

가까운 편의점에만 가도 라면, 과일칩, 즉석 미역국, 마늘가루, 즉석죽, 마른오징어, 황태포, 말린 호박 같은 간편식들을 쉽게 찾아볼 수 있다. 이런 식품들은 우리 생활 가운데 깊숙하게 자리 잡고 있는데, 과연 이들은 어떻게 만들어진 것일까? 그리고 이들의 영양성분은 유지되고 있는 것일까?

보존식품의 역사

잉카인들은 13세기부터 감자를 냉동 건조시켜 추노라는 보존식품을 만들었다. 이는 저녁 동안 안데스산맥의 산봉우리에서 영하의 온도에 감자를 노출시키고 낮에는 물을 짜내고 햇빛에 말리는 작업을 반복하면서 만들어졌다. 현대의 동결 건조는 건조시킨 조직(식물 또는 동물)을 동결하는 방법으로 1890년에 시작되었지만, 거의 주목을 받지 못하다가 2차 세계대전이 중요한 전환점이 되었다.

야전에서 부상자를 치료하기 위해서는 혈장과 페니실린이 필수적이다. 그러나 당시에는 냉장 운송 수단이 변변치 못했기 때문에 많은 혈청 공급이 수혜자에게 도달하기 전에 손상되었다. 이를 극복하기 위해 페니실린을 냉장 없이도 화학적으로 안정하고 손상되지 않게 만드는 동결 건조 공정이 개발되었다. 1950~60년대에 동결 건조는 의약품뿐 아니라 식품 가공을 위한 다목적 방법으로 간주되기 시작했다. 현대에 와서 동결 건조식품은 우주 비행사와 군용 식량의 주요 구성 요소가 되어 우주에서 완전한 영양소가 담긴 따뜻한 식사를 할 수 있게 해주고 있다.

탈수 식품과 동결 건조식품

건조식품은 탈수 식품과 동결 건조식품을 모두 포함하며 공기나 태양 건조와 같은 구식 방법 또는 탈수장치, 냉동고, 진공을 이용한 현대적인 기기에 의해 수분 함량이 감소된 식품을 의미한다. 탈수 식품은 전체 수분의 90~95%가 제거된 것을 말하며 동결 건조의 경우 이 비율이 더 높아 일반적으로 약 98~99%이다.

탈수 식품은 습도가 낮고 온도가 높은 날 외부 햇빛에 식품을 노출시켜서 햇빛이나 공기로 건조시키든지 식품에 전기 송풍기와 가열장치를 이용하여 따뜻한 공기(식품에 따라 35~75℃)를 통과시켜서 건조한다. 식품의 수분 함량이 높으면 대체적으로 유통 기한이 짧아지기 때문에 긴 유통 기한을 가지려면 식품의 수분이 95% 이상 제거될 때까지 건조시켜야 한다.

한편, 동결 건조는 훨씬 더 복잡한 과정이며 보통 가정에서는 사용하기 힘든 특수 장비가 필요하다. 식품은 −40℃에서 냉동되고, 이후 식품 주위에 진공이 형성되면 천천히 온도를 올린다. 이 과정에서 열에너지로 인해 얼어붙은 물이 승화[26)]된다. 승화하는 얼음 결정에 의해 기공이 생성되면서 그 자리에 틈이 생겨서 기공을 남긴다. 이 미세한 구멍을 통해 물이 침투할 수 있으므로 훨씬 빠르고 쉽게 재수화[27)]될 수 있다. 이는 의약품 용도의 경우 특히 중요해서 몇 년까지나 일부 의약품의 저장 수명을 늘리는 데 사용할 수 있다.

탈수 식품과 동결 건조식품의 차이점

탈수 식품과 동결 건조식품은 전적으로 질감의 차이가 있어서 구분하기 쉽다. 탈수된 음식은 단단하며 일반적으로 부서지기 쉽고 당근과 같은 탈수 야채는 딱딱해서 떨어뜨리면 소리가 난다. 반면에 동결 건조식품은 다공성이고 공기가 잘 통하는 질감을 가지고 있으며 손가락으로 비틀면 부서질 것 같은 느낌이 든다. 동결 건조 딸기는 입에서 녹는 것 같은 느낌이지만 탈수 딸기는 씹어 먹어야 한다. 동결 건조식품은 무게는 덜 나가지만 부피는 더 많이 차지한다.

탈수 식품과 동결 건조식품은 둘 다 영양 손실이 거의 없는 것으로 알

26) 동결된 액체가 액체 상태를 거치지 않고 증기로 전환되는 과정
27) 물을 적절히 채워주면 원래의 모습으로 되돌아가는 것

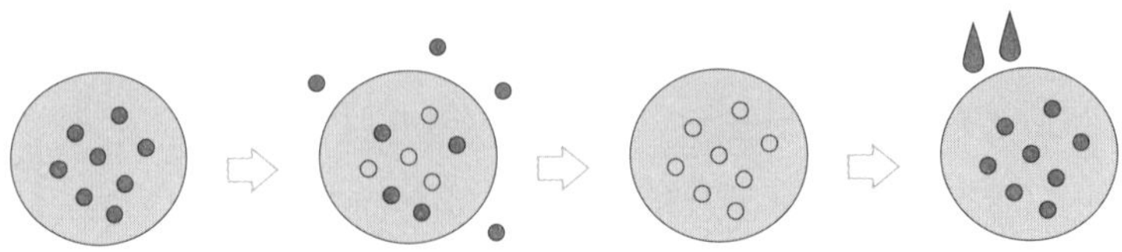

동결 건조식품의 원리

려져 있다. 동결 건조는 탈수보다 더 많은 수분을 제거하기 때문에 저장 수명이 더 긴 편이다. 그러나 높은 차단성 파우치와 산소 흡수제를 적절히 사용하면 두 건조식품 모두 1년 이상의 유통 기한을 가질 수 있다.

동결 건조는 고온을 사용하는 다른 탈수 방법보다 일반적으로 물질 손상이 적으며 열처리가 동반된 건조식품 공정에 비해 열에 민감한 영양소의 손실이 적다. 동결 건조는 일반적으로 건조되는 재료의 수축 또는 강화를 일으키지 않고 맛, 냄새, 영양성분이 거의 변하지 않기 때문에 식품 보존에 널리 사용되고 있다. 그러나 동결 건조 과정에서 물만 승화하지 않고 아세트산(식초) 및 알코올과 같은 다른 휘발성 화합물도 손실될 수 있기에 식품 본연의 맛을 내기는 힘들 수 있다.

동결 건조의 활용과 한계

식품 산업에서 동결 건조의 주요 목적은 품질을 유지하면서 식품의 저장 수명을 연장하는 것이다. 풍미와 함께 구조적 무결성이 유지되기 때문에 모든 건조 기술 중에서 최고 품질의 식품을 생성하는 것으로 알려져 있다. 동결 건조는 고가이기 때문에 주로 고부가가치 제품에 사용되는데, 그 예로는 제철 과일과 채소, 군사 배급품, 우주 비행사, 등산객을 위해 사용되는 식품, 커피 등이 있다. 커피는 로스팅 중 마이야르 반응으로 인해 생성되는 풍미와 향이 중요한데, 동결 건조를 통해 이를 보존할 수 있다.

동결 건조에서 미생물 오염 제거의 주요 방법은 저온 탈수 공정이다. 따라서 이러한 조건에 내성이 있는 부패 유기체 및 병원균은 제품에 잔류할 수 있다는 한계가 있다. 낮은 수분 조건에서는 미생물 성장이 억제되어 휴면상태를 유지하지만, 식품에서 여전히 생존해 있을 수 있다.

커피는 로스팅

다양한 커피의 맛

따뜻한 혹은 시원한 커피를 한 모금 마시기까지는 화학 성분, 풍미 및 감각적 경험에 영향을 미치는 많은 과정이 있다. 가장 첫 단계는 일반적으로 커피 체리라고 불리는 재배된 커피나무의 열매를 수확한 다음, 발효 과정이나 건조를 통해 체리의 외층을 제거하여 씨 또는 생두를 드러내는 것이다.

다음 단계인 콩을 볶는 것, 즉 로스팅은 마이야르 반응과 스트레커 분해, 캐러멜화와 같은 여러 화학 반응이 중첩되는 중요한 과정이며, 콩의 화학 구조와 풍미 프로파일을 더욱 변화시킨다. 볶은 콩을 갈아서 커피를 제공할 준비가 되자마자 내부는 공기에 노출되고, 더 많은 화학 반응이 일어나며, 심지어 만드는 사람에 따라서도 서로 다른 화학 성분을 갖게 되어 마시는 사람에게 천차만별의 경험을 제공한다.

커피의 성분

커피의 주요 성분은 카페인 2~3%, 탄닌 3~5%, 단백질 13%, 오일 10~15%로 알려져 있다. 생두에는 탄수화물로 자당이 6~7% 있으며 미량의 포도당도 포함되어 있다.

커피의 주요 성분인 카페인은 알칼로이드 화합물로 많은 사람이 커피를 즐겨 마시는 이유일 것이다. 알칼로이드는 하나 이상의 질소(N) 원자를 포함하고 있는 자연 발생 염기성 유기 화합물의 일종으로 대부분 약 염기성이며 탄소, 수소 및 질소 외에도 황, 염소, 브로민, 인과 같은 기타 원소도 포함될 수 있다. 약 2만 종의 알칼로이드가 알려져 있으며 대부분은 식물에서 발견되고, 미생물이나 조류藻類 등에서도 발견된다. 알칼로이드는 인간과 다른 동물에 다양하고 중요한 생리학적 영향을 끼친다. 카페인 외에도 잘 알려진 알칼로이드에는 모르핀, 스트리크닌, 퀴닌, 에페드린, 니코틴 등이 있다.

카페인과 카페스톨

알칼로이드는 중추신경계를 자극하여 각성 효과를 준다. 물로 추출할 수 있으며 원래 쓴맛이 있다. 카페인은 커피의 특징인 강함, 바디감, 쓴맛에 기여하는데, 이것이 왠지 카페인 프리 커피에서 풍미가 완전히 동일하게 느껴지지 않는 이유일 수 있다. 품종에 따라 카페인의 함량은 다르지만

≫ 하루의 시작에서 마시는 적정량의 커피는 활력을 돋우며, 삶의 여유를 준다.
portumen/©Shutterstock

생두를 로스팅하는 과정에서도 카페인의 양은 변화하지 않는다.

커피콩에서는 카페인보다 약간 낮은 농도로 트리고넬린이란 알칼로이드도 발견된다. 그러나 이 화합물은 160℃에서 분해되기 시작하므로 최대 200℃까지 상승하는 로스팅 과정 중에서 트리고넬린의 절반 이상이 손실된다. 이 과정에서 달콤한 향, 캐러멜 향, 흙냄새 같은 향을 만드는 방향족 화합물이 생성된다.

한편 커피 중에는 카페스톨$_{cofestol}$이라는 물질도 포함되어 있어서 인체 콜레스테롤의 수치를 증가시키기도 하는데, 이 물질은 종이 필터를 사용한 드립 커피에서는 걸러지게 된다.

커피의 신맛, 쓴맛, 떫은맛

생두는 볶은 콩에 비해 산도가 높은데 커피에 포함된 산에는 시트르산, 사과산(말산), 클로로젠산, 퀸산 등이 있다. 이들 모두 신맛이 있어 커피의 단맛과 쓴맛의 균형을 맞추는 역할을 한다. 분해된 산의 생성물은 종종 마이야르 반응에 관여하며 매우 쓴 맛을 내고 갈색을 띤 멜라노이딘을 포함한 광범위한 화합물을 생성하므로 로스팅을 강하게 할수록 일반적으로 더 쓴맛을 낸다.

쓴맛의 기본은 클로로젠산 등이 로스팅을 거치며 열에 의해 캐러멜화되어 나타나는 것이다. 클로로젠산은 카페산와 퀸산이 에스터 결합으로 생성되는 폴리페놀류이다. 역시 폴리페놀류에 속하는 탄닌은 산화되면서 떫은맛을 낸다. 시간이 지날수록 산화가 더 진행되어 떫은맛이 강해지므로, 추출한 후에 가능한 빨리 마시는 것이 좋다.

원두 표면의 기름기

로스팅한 원두에서는 종종 윤기가 나는 것을 볼 수 있고 손으로 만지면 기름기가 묻어나오기도 한다. 이는 로스팅하는 동안 생두의 지방 성분이 열분해되어 커피 조직에서 유리되어 표면으로 나오기 때문이다. 이 지방 성분에는 리놀산, 올레인산, 리놀레산 등의 불포화 지방산이 많이 포함되어 있어서 커피 표면에서 액체 상태로 만져진다.

이 성분들은 공기 중의 산소에 의해 빠르게 변질되어 커피 맛 변화의 중요한 원인이 된다. 일단 커피 브루잉에 추출되면 에스프레소 위에 떠있는 크림 같고 향긋한 부분인 크레마가 생성된다. 오일은 휘발성 화합물과 지용성 비타민을 운반하는 역할을 하며 커피의 식감과 질감에 기여한다. 드립 커피 제조에서 사용하는 종이 필터는 이 기름 성분을 흡착하여 일부 손실시키기도 한다.

로스팅의 화학

커피의 생두를 로스팅하는 과정에서 맛을 만들어 내는 화학 과정을 좀 더 자세히 들여다 보자. 마이야르 반응은 식품 속에 함유된 단백질 또는 아미노산이 환원당의 탄수화물과 화학 반응을 하여 갈색으로 변하는 반응이다. 생두에 포함된 탄수화물(설탕)과 아미노산 사이에서 일어나는 이 반응으로 인해 색상, 맛 및 영양 함량이 변한다. 색의 변화는 멜라노이딘의 생성으로 인한 것인데 생두를 갈색으로 만들 뿐만 아니라 입안의 감촉과 바디감에 기여한다.

이 반응에 소요되는 시간과 온도의 작은 변화는 커피의 최종 프로파일에 큰 영향을 미칠 수 있다. 이 반응에서 더 오랜 시간을 보낸 커피는 점도가 증가하며, 반응 지속 시간이 짧을수록 단맛과 신맛이 더 많다. 이는 부분적으로 커피가 마이야르 반응에 너무 오래 남아있으면 과일 향과 달콤한 향을 내는 산이 파괴되기 때문이다. 아울러 이 과정에서는 인체에 유해하다고 알려진 아크릴아마이드나 퓨란류도 생성된다.

스트레커 분해 반응은 아미노산이 카보닐 그룹 분자와 반응하여 알데하이드(−CHO)와 케톤(−C=O)과 같은 화합물을 생성하는 과정인데 이 반응을 통해서 아로마 및 향미를 생성하게 된다. 알데하이드 화합물은 과일향, 퓨란 화합물은 캐러멜 냄새를 낸다. 아울러 이산화 탄소는 향기에 기여하지 않지만 신체에 영향을 미치는 휘발성 화합물이다. 드립 커피를 내릴 때 생성되는 거품은 로스팅 과정에서 생성된 이산화 탄소가 커피 속에 포함되어 있다가 따뜻한 물에 의해서 용해되어 나오는 것이다.

팝콘과 이상 기체 법칙

영화나 운동경기를 관람할 때 필수적인, 달콤하고 부드러운 식감의 팝콘은 어린이에서부터 노인에 이르기까지 매혹적인 간식거리이다.

팝콘은 가열하면 팽창하고 부풀어 오르는 옥수수 알갱이이다. 옥수수 낟알의 강한 외피에는 딱딱한 껍질의 배유[28]가 포함되어 있는데, 낟알을 가열하면 배유 속의 물이 증기로 변한다. 증기의 압력은 옥수수 알갱이가 파열될 때까지 계속 형성되며, 알맹이가 팽창한 다음에는 냉각된다.

팝콘은 기체의 분자운동론인 Gay–Lussac의 기체 법칙(압력은 온도와 비례)과 이상 기체 법칙(PV=nRT)으로 설명된다. 즉, 온도(T)가 증가하면 알맹이 내의 압력(P)이 증가한다는 가장 기본적인 화학 법칙이 적용된 것이다.

28) 씨젖이라고도 하며 종자식물의 배낭 내에서 영양분을 저장하였다가 배의 발생에 필요한 영양분을 공급하는 조직

팝콘 폭탄

팝콘 한 알에는 일정량의 수분과 기름이 들어 있다. 대부분의 다른 곡물과 달리 팝콘 옥수수의 외부 껍질은 14~20%의 수분을 함유한 딱딱한 전분질의 내배유를 가진 형태이다. 낟알 안의 기름과 물이 가열되면 낟알의 수분은 가압 증기로 바뀌고 이러한 조건에서 알맹이 내부의 전분은 젤라틴화되고 부드러워지며 유연해진다. 갇힌 증기의 내부 압력은 약 9.2기압이 되는 180°C까지 계속 증가하게 된다.

이 지점에 도달하면 알맹이는 빠르게 파열되고 폭발하여 알맹이 내부의 급격한 압력 강하와 그에 상응하는 증기의 급격한 팽창으로 인해 배유의 전분과 단백질이 공기가 잘 통하는 거품 형태로 팽창된다. 거품이 빠르게 식으면서 전분과 단백질 중합체가 파삭파삭하며, 부풀어진 형태

^ 터지는 옥수수 낟알들이 냄비를 탈출할 수 있으므로, 팝콘을 만들 때는 반드시 뚜껑을 닫아주어야 한다.

의 팝콘이 된다. 결과적으로 알맹이는 원래 크기의 40~50배까지 팽창한다.

최고의 팝콘

최고의 팝콘을 만들기 위해서는, 팝콘 알갱이에 들어 있는 물의 비율이 최적의 조건을 만족해야 한다. 옥수수 낟알의 수분 함량이 16~20%인 가을에 수확한 후, 최적의 수분 수준 14%에 도달할 때까지 공기로 건조되는 통에 보관된다. 만약 수분 함량이 해당 값 아래로 떨어지면 터지는 알갱이의 크기가 작아지고 터지는 알갱이 수도 줄어든다.

화학자들은 또한 팝콘이 너무 빨리 가열되면 알맹이가 완전히 터지지 않고 중앙이 단단하게 되고 너무 천천히 가열되면 전혀 터지지 않는다는 사실도 발견했다.

튀밥

쌀도 비슷한 방법을 통해 튀밥을 만들어 부드러운 간식거리로 즐겨 먹을 수 있다. 쌀이 고온 고압의 용기 속에서 뻥튀기되어 나올 때 쌀은 다공질의 스펀지 형태로 변하고, 주성분인 전분은 소화가 잘되는 성분인 덱스트린으로 변한다. 단 전분이 덱스트린을 거쳐 당으로 완전히 분해되면 어느 정도 단맛을 가지지만, 덱스트린 자체에는 단맛이 없으므로 곡물을 뻥튀기할 때 감미료나 기타 조미료를 약간 첨가하는 것을 볼 수 있다.

6장

자동차와 화학

자동차 에어백은 질소 풍선

기체 발생 장치에는 아자이드화 소듐, 질산 칼륨, 이산화 규소의 혼합물이 들어 있어… 질소 기체에 의해 에어백이 풍선처럼 부풀게 된다….

에어백은 자동차 운전대나 대시보드, 측면 문짝에 있으면서 충돌 시 운전자나 승객의 반동 속도를 늦추어 부상을 방지하기 위한 장치이다. 에어백은 1980년대 후반부터 일반적으로 사용되었으며, 1998년부터는 자동차에 에어백을 장착하는 것이 의무화되었다. 자동차 충돌 사고로 사망할 위험을 30% 정도 감소시킨다고 알려져 있다.

그런데 에어백이 처음으로 발명 특허를 얻은 것은 그보다 훨씬 전인 1953년이다. 기초적인 아이디어는 제2차 세계 대전 중 항공기 충돌 착륙 시에 조종사들의 부상을 방지하기 위해 제안된 것이었다. 이후 자동차 산업을 위해 1950년대 후반부터 본격적인 연구가 시작되었는데, 최초 특허 후 일반적인 사용까지 약 30년이나 걸렸으니 그 연구에 많은 어려움이 있었다는 것을 유추할 수 있다. 이는 에어백이 충돌로부터 사람을 보호하려면 0.04초 이내에 충분히 팽창되어야 하기 때문이었다.

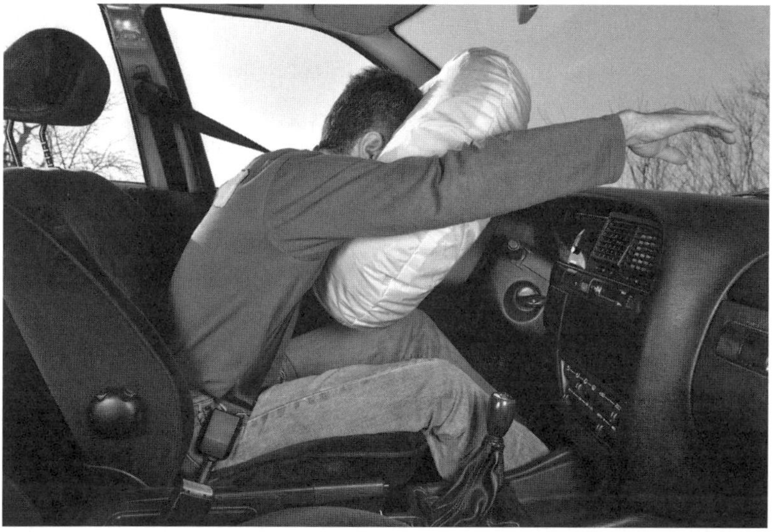

⌃ 에어백은 차량 충돌 사고 시 반동에 의한 충격을 완화한다.

에어백은 어떻게 작동하는가

에어백은 크게 백(주머니), 충돌 감지 센서, 전기회로, 기체 발생 장치 등 4가지로 구성되어 있다. 백은 얇은 폴리아마이드(나일론) 또는 이와 동등한 천으로 만들어지며, 운전대나 대시보드, 문짝의 작은 공간 내부에 간결하게 접혀 자리하고 있다. 보관하는 동안 나일론을 유연하게 유지하기 위해 소량의 옥수수 전분 가루 또는 탤컴 파우더가 포함되어 있다. 급제동이나 충돌을 알려주는 센서는 자동차 범퍼에 위치하고 있어서 센서가 작동하면 나일론 백 안에 넣어둔 화학 물질들이 반응하여 큰 부피의 질소 기체를 생성함으로써 나일론 백을 부풀린다.

센서는 보통 자동차의 앞면부나 발이 있는 부분에 있으며 16~24 km/h 이상의 충돌을 감지했을 때 전기회로를 닫는 스위치 역할을 한다. 전기회로는 브레이크 잡는 패턴, 속도, 가속, 충격 등을 마이크로프로세서에 저장된 충돌 데이터와 비교하며, 충돌이라고 판단되면 곧바로 에어백 시스템을 작동하게 한다. 팽창 시스템은 화학 반응을 유발하고 에어백은 0.04초 이내에 팽창하게 된다.

에어백 속의 화학 반응

기체 발생 장치에는 아자이드화 소듐(NaN_3), 질산 칼륨(KNO_3), 이산화 규소(SiO_2)의 혼합물이 들어 있다. 전기충격을 통해서 점화되면, 이 혼합물이 반응하면서 에어백을 채울 수 있는 부피의 질소(N_2) 기체를 생성한다. 이 질소 기체에 의해 에어백이 풍선처럼 부푼다.

화학 반응을 보다 자세히 살펴보자. 먼저 아자이드화 소듐은 점화된 300°C에서 분해되어 소듐 금속(Na)과 질소 기체를 생성한다. 그런데 이 소듐 금속은 반응성이 매우 높고 폭발 가능성이 있는 위험한 물질이다. 이때 질산 칼륨이 소듐 금속과 반응하여 산화 소듐(N_2O)으로 바꿔주어 위험성을 낮춰준다. 이 반응에서는 부산물로 산화 칼륨(K_2O)과 추가적인 질소 기체가 생성된다. 이산화 규소는 앞선 반응에서 생성된 산화 칼륨 및 산화 소듐과 반응하여 안전하고 불이 붙지 않는 알칼리 규소(즉, 유리)를 생성한다. 반응식으로 나타내면 다음과 같다.

$$2NaN_3 \rightarrow 2Na + 3N_2$$

$$10Na + 2KNO_3 \rightarrow K_2O + 5Na_2O + N_2$$

$K_2O + Na_2O + SiO_2 \rightarrow$ 알칼리 규소(유리)

보통 자동차의 운전석에 있는 에어백은 작기 때문에 약 50 g의 아자이드화 소듐이 들어있고 조수석 쪽의 에어백에는 약 200 g이 들어있다. 이 양은 에어백을 충분히 부풀릴 수 있을까? 약 70 L의 조수석 에어백을 질소 기체로 채우기 위해 필요한 아자이드화 소듐은 얼마나 될까? 질소 분자 1 mol(몰)[29]은 22.4 L의 부피를 차지한다. 70 L를 질소로 채우려면 약 3.2몰(70/22.4 = 3.125)이 필요하다. 첫 번째 반응식을 보면 2개의 NaN_3가 3개의 N_2(질소)와 2개의 Na로 변한다. 또 두 번째 반응식에서는 10개의 Na가 1개의 N_2를 생성하므로 첫 번째 식에서 생성된 2개의 Na로부터는 0.2개의 N_2가 생성되는 셈이다. 결과적으로 2개의 NaN_3로부터 3.2개의 N_2가 생성된다. 즉, 3.2몰의 질소 기체를 얻으려면 2몰의 NaN_3가 필요하다는 것이다. NaN_3의 몰질량[30]은 65이므로 필요한 NaN_3의 양은 130 g(2×65)이 된다.

한편, 팽창 시스템의 반응은 매우 빨라서 에어백은 320km/h 이상의 속도로 팽창한다. 이 때문에 승객은 에어백 자체로 인한 잠재적인 부상을 방지하기 위해 에어백에서 적절한 거리를 유지하는 것이 중요하다. 아울러, 에어백의 급격한 팽창은 어린이에게 질식 등의 심각한 피해를 줄 수 있으므로 1세 미만의 유아는 에어백이 장착된 차량의 앞 좌석에 탑승하지 않는 것을 권장하고 있다.

---

29) 몰(mol)은 아주 작은 입자인 원자, 분자 등을 세는 단위로 약 6.022×10^{23}개를 의미한다.
30) 몰질량은 어떤 입자 1몰의 질량을 의미한다. NaN_3는 Na 하나와 N 3개로 구성되는데, Na의 몰질량은 23, N의 몰질량은 14이므로 NaN_3의 몰질량은 65가 된다.

구강 세정제를 사용하면 음주 단속에 걸릴까?

일부 청결제에는 18~26%의 높은 농도의 알코올이 포함되어 있어서 이로 인해 일부 사용자는 뺨, 치아, 잇몸에서 타는 듯한 따가운 느낌을….

구강 세정제는 주로 탈취, 상쾌 또는 방부 효과를 위해 사용되는 수용액이다. 치실이나 양치질과 같은 일반적인 구강 위생 방법의 보조 수단으로, 구강 세정제를 사용하여 입을 헹구면 구강 박테리아를 줄이고 음식물 찌꺼기를 제거하며 입냄새를 일시적으로 감소시키고 입안을 쾌적하게 할 수 있다. 진통, 항염 또는 항진균 작용과 같은 다른 이유로 사용되기도 하며 세정제로 입을 헹굼으로써 산을 중화하기 위한 타액 대용품 역할을 하기도 하고 건조된 구강을 촉촉하게 유지하는 데도 사용된다.

다만, 플루오린(불소) 치약으로 양치질한 후 물이나 구강 세척제로 헹구면 침에 플루오린이 묻어 나오는 양을 줄여주므로, 플루오린의 충치 재광화 방지 및 항균 효과를 낮출 수 있다. 따라서 플루오린이 함유된 구강 세정제를 사용하여 이러한 효과를 완화하거나 플루오린의 양을 증가시킬 수도 있다. 그러나 양치질 후에 치아에 플루오린 치약을 남겨두는 것만큼 효율적이지는 않다.

구강 세정제의 주요 성분

구강 세정제에는 많은 성분이 포함되어 있지만, 살균 세정을 위한 일반적인 활성 성분에는 에탄올, 클로로헥시딘글루코네이트, 염화세틸피리디늄, 벤조산(완충제로 작용함), 헥시딘이 있으며, 페놀, 티몰, 유제놀과 같은 항균 특성을 가진 에센셜 오일들도 포함되어 있다.

일부 세정제에는 18~26%의 높은 농도의 알코올(에탄올, CH_3CH_2OH)이 포함되어 있어서 이로 인해 일부 사용자는 뺨, 치아, 잇몸에서 타는 듯한 따가운 느낌을 받을 수 있다. 또한 알코올 함유 린스를 삼키거나 과도하게 사용하면 중독이 발생할 수 있으며, 특히 어린이에게는 소량이더라도 치명적일 수 있다. 알코올은 박테리아를 파괴하기 위해서가 아니라 플라크로의 침투를 돕는 멘톨, 유칼립톨, 티몰과 같은 필수 활성 성분을 운반하기 위해 첨가되며, 풍미 성분의 운반체 역할을 하기도 한다.

구강 세정제의 두 얼굴

알코올이 포함된 구강 세정제로 입안을 헹군 후에 음주 측정기 테스트를 하면 알코올 성분이 검출될 수도 있다. 이 경우 10분 후에는 호흡 알코올 수치가 정상으로 돌아오므로 만약 음주 측정 직전에 구강 세정제를 사용했다면 잠시 기다린 뒤에 다시 측정하면 된다.

또한 알코올은 건조제이기 때문에, 구강 내 세균 활동을 촉진하여 악취가 나는 휘발성 황(S) 화합물이 더 많이 방출된다. 따라서 알코올 함유 구강 세정제는 이미 구취가 있는 사람들에게 일시적으로 구취를 악화시킬 수도 있으며, 어떤 사람들에게서는 구취의 원인이 될 수 있다.

플루오린화 소듐(NaF) 구강 세정제는 충치로부터 치아를 보호하기 위해 사용된다. 플루오린이 함유된 구강청정제는 침의 기능 저하와 관련된 구강건조증이나 약물 부작용으로 충치의 위험이 높은 사람, 플루오린이 함유된 물을 마시지 않는 사람, 신체적으로 칫솔질이나 치실 사용이 불가능한 사람, 상아질 과민증, 치은 퇴축/치근 노출이 있는 사람들을 위한 충치 예방에 사용된다. 그러나 일반적인 경구용 소독제가 플라크 형성을 유발하는 세균 증식을 줄이는 데는 도움이 되지만 치은염이나 치주질환과 같은 구강 질환을 예방하는 데는 거의 도움이 되지 않는 것으로 알려져 있다. 따라서 구강 세정제를 이용한 어떤 종류의 헹굼도 정기적인 치과 검진, 플루오린 치약을 사용한 양치질, 치실을 이용한 주기적인 음식 찌꺼기 제거를 대신할 수는 없을 것이다.

구강 세정제의 기타 성분

플라크와 구취 퇴치를 돕는 구강 세정제의 다른 활성 성분으로는 트라이클로산(항염증 특성을 가진 플라크 방지제), 과산화물 및 과붕산염(플라크 방지제 및 산소 공급제), 이산화 염소(휘발성 황 화합물의 농도를 줄여 구취 감소)가 있다. 추가적으로 글리세린(습윤제 역할), 감미료(예: 사카린 소듐), 완충제(예: 안식향산 소듐), 향료, 착색제, 유화제(예: 폴리소베이트 80)와 같은 화학 물질을 포함시켜서 구강 세척제 베이스의 향유를 안정화시킨다.

베타메타손은 항염증제, 코티코스테로이드 구강 세정제로 사용되는데 심한 형태의 아프타 구내염과 같은 구강 점막의 심각한 염증 상태에 사용할 수 있다. 염화세틸피리디늄 함유(약 0.05%) 구강 세정제는 구취를 위한 일부 특수 구강 세정제에 사용되고 있다. 식용유도 첨가제로 사용되기도 한다. 참기름, 코코넛 오일, 버터 버터가 전통적으로 사용되지만 해바라기 오일과 같은 새로운 오일도 사용되고 있다.

구강 세정제에는 착향료가 첨가되는데, 소르비톨, 수크랄로스, 사카린 소듐, 자일리톨과 같은 감미료가 포함되며, 이 감미료는 단맛으로 침 분비를 자극하고 입안을 중성 수준의 산도로 회복시키는 데 도움이 된다. 자일리톨 세정액은 박테리아 억제제의 두 배 역할을 하며 알코올과 관련된 구강 건조를 방지하기 위해 알코올 대용으로 사용된다. 과산화 수소(H_2O_2)가 산화성 구강 세정제로 사용할 수 있는데, 이는 혐기성 박테리아를 죽이고 입안의 찌꺼기와 접촉할 때 거품을 내면서 기계적 정화 작용을 한다.

살리실산메틸은 방부제, 항염증제, 진통제, 향료 및 방향제로 작용하며, 플라크 방지 작용을 하지만 클로르헥시딘보다는 약하다.

요소수는 경유차의 깐부

요소수는 32.5%의 요소와 67.5%의 정제수로 구성되어 있으며… 디젤엔진에서 배출되는 환경오염물질인 질소 산화물(NO_x)의 환원제….

2021년 말, 중국에서 요소 수출을 통제하면서 한국과 일본 등에서는 소위 '요소수 대란'이라는 사태가 벌어졌다. 요소는 석탄을 활용하여 합성하는데, 중국에서 호주와의 무역 갈등으로 석탄 수입량이 줄고, 자체 석탄 생산도 감축하면서 요소의 수출을 금지했기 때문이다. 그러면서 디젤엔진을 주로 사용하는 소방차까지 요소수가 부족해져 주유소 등에서 이를 기부하는 등의 선행이 이어지기도 했다. 과연 요소수는 무엇이며, 요소수가 부족하다면 무슨 일이 벌어질 것인가?

질소 산화물 저감장치의 주역, 요소수

요소수는 요소$_{urea}$의 수용액이며, 경유차에 사용되는 요소수는 32.5%의 요소와 67.5%의 정제수로 구성되어 있다. 이 비율은 국제표준화기구(ISO)

규격인 ISO 22241-1: 2019에 등록된 것이 기준이다. 여기서는, 디젤엔진이 장착된 자동차에서 선택적 촉매 환원$_{SCR}$ 컨버터 시스템을 작동하는 데 필요한 NO_x 환원제 AUS 32(요소 수용액)의 품질 특성을 지정하고 있다. 디젤엔진은 환경오염물질인 질소 산화물(NO_x)을 배출하는데, SCR 컨버터 시스템을 통해 질소 산화물의 배출을 선택적으로 줄일 수 있다. 요소수는 무색, 무취, 무독성으로 디젤배기액체(DEF) 혹은 AdBlue(독일 자동차 공업협회(VDA)에서 인증 관리하는 공동 브랜드) 등으로도 통용되고 있다.

디젤엔진에서 배출되는 질소 산화물이 요소수($CO(NH_2)_2$)와 반응하여 질소(N_2)와 이산화 탄소(CO_2), 물(H_2O)로 분해되는 화학 반응식을 살펴보자.

① 180℃ 이상의 배기 가스에 요소수가 분사되면 요소수에 포함된 정제수가 배기가스의 열에 의해 증발하고 요소가 암모니아(NH_3)와 아이소사이안산(HNCO)로 열 분해된다.

$$(NH_2)_2CO \rightarrow NH_3 + HNCO$$

② 아이소사이안산은 수증기와 반응하여 이산화 탄소와 암모니아로 가수분해가 된다.

$$HNCO + H_2O \rightarrow CO_2 + NH_3$$

두 반응을 정리하면 다음과 같다.

$$(NH_2)_2CO + H_2O \rightarrow 2NH_3 + CO_2$$

③ 암모니아는 산소와 촉매가 있는 상태에서 두 가지 다른 질소 산화물(NO, NO_2)을 감소시킨다.

$$4NO + 4NH_3 + O_2 \rightarrow 4N_2 + 6H_2O$$

$$6NO_2 + 8NH_3 \rightarrow 7N_2 + 12H_2O$$

이 화학 반응들에 대한 알짜 반응식은 다음과 같다.

$$4NO + 2CO(NH_2)_2 + O_2 \rightarrow 4N_2 + 2CO_2 + 4H_2O$$

$$2NO_2 + 2CO(NH_2)_2 + O_2 \rightarrow 3N_2 + 2CO_2 + 4H_2O$$

시중에 운행되는 자동차들의 배기통에서 종종 물이 떨어지는 것을 볼 수 있는데 이는 요소수에 의해 질소 산화물들이 분해되어 물을 생성하기 때문이다.

디젤엔진을 탑재한 차량(경유차)은 환경오염 저감을 위해 요소수가 반드시 필요하다. 주유구 뚜껑을 열면 일반 경유를 넣는 주입구 외에 요소수(AdBlue)를 넣는 주입구가 있다.

고순도의 요소가 요소수 합성에 필요한 이유

한편, 2021년 기준 국내에서 판매하는 디젤 차량은 자동차에 의한 환경 오염의 주범인 질소 산화물을 저감하는 저감장치$_{SCR}$를 의무적으로 부착하게 되어있는데 여기에 반드시 필요한 것이 요소수다. SCR이 장착된 디젤 차량은 요소수가 부족하면 DEF 경고 표시가 나타나면서 시동이 걸리지 않고, 운행 중 요소수가 고갈되면 운행이 정지될 수도 있다. 국내에서는 디젤 차량에 대한 SCR 부착 의무가 환경정책 강화의 일환으로 2015년 판매분부터 적용되고 있다.

DEF의 소비율은 디젤 연료 소비량의 2~4% 정도로 예를 들어 디젤 연료 100리터를 소비할 때마다 2~4리터의 DEF가 자동으로 배기 시스템에 주입된다. DEF는 온도의 영향을 받는데 −11℃에서 시작하는 결정화를 피하기 위해 이보다 높은 온도에서의 보관이 권장되고 차량의 동결에도 성능상으로 문제없이 설계된 가열 탱크 및 공급 라인이 있다.

요소수를 자체적으로 만들기 위해 고체 요소나 소변(소변에 요소가 포함되어 있음) 등을 물에 희석해 사용하면 불순물로 인해 내연 기관의 부식과 손상이 초래된다. 실제로 요소수 제조 공정은 고도의 불순물 처리 단계가 포함되어 있다. 농업용 요소비료를 물에 섞어 쓰는 것도 권장하지 않는데, 요소비료에는 요소 외에도 다양한 성분들이 포함되어 있기 때문에 이들이 불순물로 작용하여 내연기관이 손상될 수 있기 때문이다.

기념비적인 화합물, 요소

요소는 아미노산의 탈아미노 과정으로 생성된 암모니아로부터 간에서 만들어지는 물질로 화학식은 CH_4N_2O이며 몰질량은 60 g/mol, 녹는점은 132.7℃, 비중은 1.335이다. 극성을 가지고 있는 물질이어서 물에는 잘 녹지만(1079 g/L) 유기용매에는 잘 녹지 않는다(50 g/L 에탄올).

요소는 인간이 처음으로 무기 화합물로부터 합성해낸 유기물이었기 때문에 유기화학의 역사에서 중요한 물질이다. 무색 무취의 결정성 물질로 포유동물과 일부 어류의 단백질대사 최종 분해 산물로 양서류나 포유류의 소변에 포함되어 있다. 혈액 속에 녹아있는 요소는 땀샘과 신장을 통해 걸러져 각각 땀과 오줌의 형태로 배설된다. 땀을 통해 체외로 나온 요소는 피부를 보습하는 역할도 한다. 요소는 오줌에 다량 포함되어 있어서 오줌을 농축시킨 침전으로도 얻을 수 있다.

요소는 폼알데하이드(HCHO)와 반응하여 요소 수지를 만드는 데도 사용한다. 또한 고농도의 수용액은 단백질과 핵산을 변형시키는 데 사용된다. 요소를 물과 혼합하면 흡열 반응이 일어나므로 질산 암모늄(NH_4NO_3) 분말과 요소, 물이 들어가 있는 팩을 같이 넣어 냉각팩을 만들 수도 있다. 요소의 수분 공급 효과로 보습 로션에도 하이드록시에틸유레아로 사용되며, 앞에서 언급되었듯이 디젤엔진의 질소 산화물 절감을 위해 요소수에도 사용되고 있다.

요소를 처음으로 합성한 사람은 독일의 화학자인 Friedrich Wöhler로 1828년에 합성에 성공했다. 그는 무기 화합물인 사이안산 암모늄의 수용액을 가열하여 요소를 합성하는 데 성공하였으며(아래 반응식), 이 합성이 인간이 유기 화합물을 합성할 수 없다는 생각을 뒤집었다.

$$NH_4OCN \rightarrow H_2NCONH_2$$

일반적으로 요소는 암모니아와 이산화 탄소를 반응시켜 합성한다. 암모니아와 이산화 탄소는 대기나 천연가스, 석탄, 석유 등에서 생성물로 나온 질소와 수소, 메테인 등을 원료로 한다. 먼저, 액체 암모니아와 이산화 탄소가 고온과 고압에서 반응하여 암모늄 카바메이트($H_2N-COONH_4$)가 생성되는데, 이 화합물이 분해되면 요소($(NH_2)_2CO$)와 물이 생성된다.

$$2\,NH_3 + CO_2 \rightarrow H_2N-COONH_4$$

$$H_2N-COONH_4 \rightarrow (NH_2)_2CO + H_2O$$

요소를 만드는 과정은 비교적 간단하고 원가 경쟁력이 없어서 우리나라를 비롯한 선진국에서는 생산하지 않고 세계의 공장이라고 하는 중국에서 주로 생산되고 있다.

휘발유와 경유는 탄소수의 차이

원유는 많은 종류의 탄화수소 화합물들을 포함… 끓는점의 범위에 따라 분별증류에 의해 성분들의 분리가 가능….

2018년에 발표된 세계의 에너지원별 공급 비중은 석유가 32%, 석탄이 27%, 천연가스가 22%이고 나머지는 재생에너지, 원자력 등으로 아직도 석유가 높은 비중을 차지하고 있다. 석유는 에너지 이외에 의약품, 의류 및 다른 제품들의 제조에 있어서도 원료로 이용되기 때문에, 그 쓰임이 상당하다.

정제하기 전 석유를 원유라 하며 알케인[31], 알켄[32], 사이클로알케인[33], 방향족 화합물 등이 섞여 있는 점성이 있고 진한 갈색을 띤다. 이 원유는 동물과 식물이 박테리아에 의해 분해되면서 수백만 년 동안 땅속에서 생성된 것이다. 석유는 전 세계의 지각에 분포되어 있는데 구성 성분

31) 사슬 모양 탄화수소로 일반식 C_nH_{2n+2}로 나타낼 수 있는 화합물의 총칭
32) 이중 결합(C=C)을 갖고 있는 사슬 모양 탄화수소로 일반식은 C_nH_{2n}
33) 탄소가 고리를 이루고 있는 포화 탄화수소 화합물

은 지역에 따라 다르다.

원유의 분리

원유는 많은 종류의 탄화수소, 즉 탄소(C)와 수소(H)로만 이루어진 화합물을 포함하고 있다. 이들은 분별 증류라는 공정을 이용하여 분리하는데, 이는 끓는점의 차이로 성분을 분리하는 것이다. 원유를 약 400℃ 정도로 가열하면 증기가 되어 약 50 m 높이의 증류 장치(지름 수 m)로 들어가는데, 뜨거운 증기는 휘발되는 정도(보통은 분자량)에 따라서 올라가는 정도가 다르다. 올라간 증기들은 주변 온도가 낮으면 액체로 응축

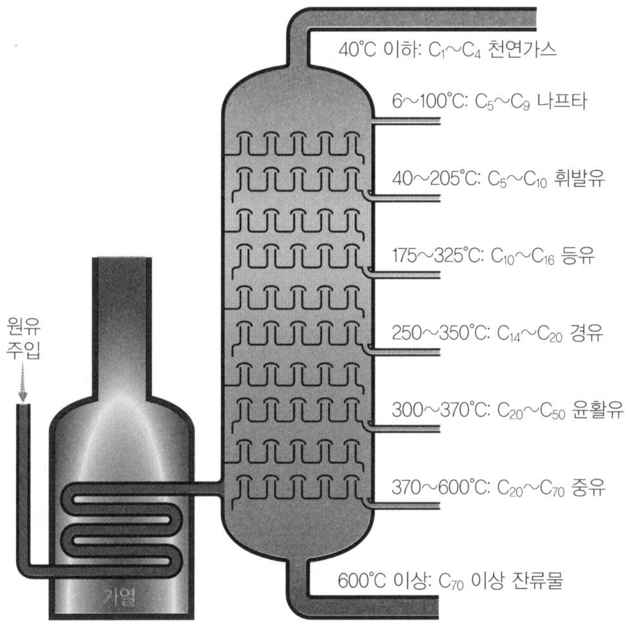

⌃ 원유를 분별 증류하여 사용 목적에 따른 기름을 분리해낸다.

이 일어나서 수집관에 모인다.

증기압(끓는점) 차이를 사용하여 액체 용액의 구성 성분들을 분리하는 방법을 증류라 한다. 이 중에서 증기압 차이에 의하여 분리하는 방법을 분별 증류라 하는데 2개 이상의 액체 성분을 분별 컬럼(증류탑)을 이용하여 되풀이되는 증발-응축 과정을 통하여 구분하여 증류하는 것이다.

아스팔트, 중유, 운활유, 등유

증류탑의 맨 아래에는 가장 휘발성이 낮고, 끓는점도 높으며 점성도가 있는 찌꺼기가 모아지는데, 이는 흑색 또는 흙갈색으로 도로포장용 아스팔트이다. 소량의 질소(N), 황(S), 산소(O)로 결합된 복잡한 화합물들로 이루어져 있는데 타르나 역청과 같은 냄새가 난다.

중유에는 증류액과 잔류물이 포함되어 있으며 주로 긴사슬 탄화수소 화합물과 방향족 화합물로 구성되어 있다. 용광로나 보일러에서 연소되어 열을 발생시키거나 엔진에서 동력을 생성하는 데 사용되는 연료로 배나 공장 등에서 주로 사용한다.

윤활유는 300~370℃ 사이에서 모이는 탄소 20~50개의 화합물로 윤활유, 왁스, 광택제 등을 만드는 데 사용된다. 등유는 C_{10}~C_{16}의 탄화수소 화합물들로 로켓과 항공기 등 제트 엔진의 연료, 가정용 난방 기름으로 사용된다.

경유와 휘발유

경유diesel는 C_{14}~C_{20}의 탄화수소 화합물들로 구성되며 끓는점이 250~350℃이다. 흔히 아는 경유 자동차의 연료로 가장 많이 사용된다. 일반적으로 휘발유gasoline보다 휘발성이 낮은 원유 분획에서 얻어진다.

디젤 연료는 동일한 양의 가솔린보다 연소 시 더 많은 에너지를 방출하므로 디젤엔진은 일반적으로 가솔린 엔진보다 연비가 좋다. 디젤 연료의 생산은 가솔린보다 정제 단계가 적기 때문에 소매 가격도 가솔린보다 낮은 것이 일반적이다. 반면에 디젤 연료는 황(S) 및 고체 탄소 미립자(미세먼지)와 같은 특정 대기 오염 물질을 더 많이 생성하고 휘발유보다 단위당 더 많은 이산화 탄소(CO_2)를 배출한다.

휘발유는 일반 자동차의 연료로 가장 많이 사용되고 있는데 C_5~C_{10}의 탄화수소 화합물들로 구성되어 있으며 끓는점은 40~205℃ 정도이다. 대부분의 내연기관 자동차들은 가스 혼합물을 부드럽게 팽창시키기 위해 각 실린더 내부에서 휘발유와 공기 혼합물의 연소를 조절하는 것이 중요하다.

나프타와 천연가스

나프타는 C_5~C_9까지의 휘발성이 큰 탄화수소 화합물로 중질 원유를 희석하여 점도를 낮추고 수송을 가능하게 하거나 촉진하는 데 사용된다. 운송 및 처리 후에 희석된 중질 원유에서 재활용되기도 한다. 희석되지 않은 중질 원유는 일반적으로 파이프라인으로 운송할 수 없으며 유조선에 펌핑하기 어려울 수도 있다. 또한, 탄화수소 분해, 세탁비누, 세정액. 바니시를 만드는 데도 사용된다. 때로는 캠프 스토브의 연료와 페인트의 용제(희석제)로도 사용된다.

나프타의 분해로 생기는 에틸렌, 프로필렌, 뷰테인 등에서 많은 석유화학 반응을 거쳐 합성수지, 합성고무, 합성 섬유 등을 제조하며, 벤젠, 톨루엔, 자일렌 등의 방향족 화합물을 제조하거나 메탄올 합성, 아세트산의 합성, 염화 비닐의 제조 등에 사용된다. 또한 암모니아 합성을 위한 원료와 도시가스 합성원료로도 사용되는 등 생활 전반에 걸쳐 큰 영향을 미치는 원료 물질로 각종 석유화학제품의 가격을 결정하는 요소가 되고 있다.

가장 휘발성이 크고 분자량이 작고 끓는점이 낮아서 증류탑의 맨 꼭대기에서 얻게 되는 천연가스는 C_1~C_4에 해당하는 탄화수소 물질들이다. 액화석유가스$_{LPG}$는 프로페인, 뷰테인, 프로필렌의 가연성 혼합물인데 대부분 프로페인(C_3H_8)이다. LPG는 난방기기, 조리기구, 차량 등의 연료가스로 사용되며 에어로졸 추진제 및 냉매로도 사용된다.

빙판길과 어는점 내림

물에 염화 칼슘이나 염화 소듐과 같은 염을 첨가하면 어는점이 0℃ 이하로… 염들에 의해 물 분자들 간의 거리가 멀어지면서 움직임이 빨라지기 때문….

눈이 오는 도로 위를 운전하는 것은 운전자의 경력에 상관없이 긴장을 요하는 일이다. 눈이 내린 뒤에 녹다가 그대로 다시 얼어버리면, 물은 눈의 형태가 아니라 얼음이 되어 도로가 빙판길로 변한다. 미끄러운 빙판길에서는 차의 제동거리가 평소보다 길어지므로 항상 서행해야 하며, 급제동이나 급가속, 급격한 핸들 조작을 최대한 피해야 한다.

이처럼 위험한 겨울철 도로를 더 안전하게 유지하기 위해 몇 가지 흥미로운 화학 물질을 사용할 수 있다. 물론, 삽이나 포크레인을 이용하여 눈을 물리적으로 치울 수도 있지만, 이는 시간과 비용이 많이 든다. 아파트단지나 주택가의 이면도로에 얼음과 눈이 쌓이지 않도록 하는 가장 저렴하고 편리한 방법은 염화 소듐(NaCl) 또는 암염을 사용하는 것이다. 하지만, 염화 소듐은 울타리나 콘크리트 보강재 그리고 자동차 부품 등에 있는 금속을 부식시키는 것을 비롯하여 콘크리트와 아스팔트를 침식하고 염수 유출로 인근 토양, 호수 및 개울을 오염시키는 부식성이 매우 강한 물질이다. 따라서 일반적으로는 염화 칼슘($CaCl_2$)이나 염화 마그네슘($MgCl_2$)을 사용한다.

어는점을 낮추는 화학 물질들

이러한 화학 물질들은 어떻게 빙판길을 방지할 수 있을까? 물이 얼었다는 것은 분자가 서로 미끄러지고 뒹구는 것(액체 상태, 즉 물)을 멈추고 결정 격자라고 하는 큰 네트워크의 고정된 위치에 정착할 때 나타나는 응결 과정의 결과이며 이 상태가 고체상(얼음)이다. 순수한 물은 0℃에서 얼게 되는데 물에 염화 칼슘이나 염화 소듐(소금)과 같은 염을 첨가하면 어는점이 0℃ 이하로 낮아진다. 즉, 더 추워져야만 얼음이 된다. 이는 물에 녹아있는 염들에 의해 물 분자들 간의 거리가 멀어지면서 움직임이 빨라지기 때문이다.

염화 소듐의 화학식은 NaCl인데 물에 용해되면 Na^+와 Cl^- 이온으로 해리되어 모든 NaCl은 용액에서 2개의 이온을 생성한다. 염화 마그네슘($MgCl_2$)과 염화 칼슘($CaCl_2$)의 금속(여기서 Mg와 Ca)은 +2 전하를 띠고 금속 이온당 2개의 염화물(Cl)이 있다.

$$NaCl \rightarrow Na^+ + Cl^-$$

$$MgCl_2 \rightarrow Mg^{2+} + 2Cl^-$$

$$CaCl_2 \rightarrow Ca^{2+} + 2Cl^-$$

용액의 어는점을 낮추는 정도를 결정하는 것은 용해된 입자의 수이다. 위 반응식에서 보는 바와 같이 NaCl은 2개의 이온을 생성하지만, $MgCl_2$와 $CaCl_2$는 각각 3개의 이온을 생성한다. 따라서 염화 마그네슘과 염화 칼슘이 녹은 물속에 더 많은 이온이 존재한다. 이 이온들은 물 분자들의 틈새를 더 많이 차지하기 때문에 더 효과적으로 물 분자 간의 결합을 약화시켜서 어는점을 더 낮출 수 있다. 마그네슘과 염화 칼슘의 혼합물, 마그네슘 아세테이트($Mg(C_2H_3O_2)_2$), 칼슘 아세테이트($Ca(C_2H_3O_2)_2$) 등을 사용하기도 한다.

공융 온도와 어는점 내림

염의 농도가 높아질수록 물이 점점 더 낮은 온도에서 얼게 되지만, 물에 대한 염의 용해도는 대부분 온도가 감소함에 따라 낮아진다. 따라서 어떤 시점에서는 용액이 너무 차가워서 염들이 더 이상 녹지 않아서 어는점을 낮출 수 없게 된다. 이 지점을 공융 온도라 하는데 이는 둘 이상의 물질의 혼합물이 액화 상태를 유지할 수 있는 가장 낮은 온도이다. NaCl과 물 혼합물의 경우 공융 온도는 −21.1℃이며 이때 염화 소듐의 농도는 23.2%이다.

순수한 용매(여기서는 물)가 얼기 시작하는 지점과 용액(용액은 용매와 용질이 합해진 것)이 얼기 시작하는 지점 사이의 온도 차이를 어는점 내림이라고 한다. 어는점 내림은 용매가 무엇이며 용액이 얼마나 농축되어 있는지에 따라 다르다. 용액의 농도가 높을수록 어는점이 낮아지므로 겨울철에 도로에서 눈과 얼음을 제거하기 위해 이 화학 이론을 적용한다.

제설 제빙을 위한 방법

도로의 제설 작업자는 이미 도로에 있는 얼음을 녹이기 위해, 또는 도로에 얼음이 형성되는 것을 방지하기 위해 두 가지 방법으로 염을 사용한다. 하나는 눈이 내리기 전에 도로에 미리 염을 뿌려 놓는 방법이다. 눈이 공기보다 따뜻한 노면 위로 내리므로, 눈이 녹으면서 미리 뿌려진 염과 혼합되어 어는점이 낮은 염수가 된다. 따라서 추가적으로 내리는 눈도 어는점이 내려간 용액에 의해 얼지 않게 된다.

그러나 밤사이 도로에 이미 눈이나 얼음이 쌓여있는 경우에는 사후에 염을 뿌리는 방법을 사용해야 한다. 이때 처음에는 꽁꽁 얼어붙은 단단한 얼음이 단단한 고체 염과 접촉하는 곳에서 녹는 과정이 시작된다. 뿌려진 염에 의해 얼음 결정의 표면에 용액이 형성되어 용액은 계속해서 더 많은 염을 녹이고 따라서 더 많은 얼음을 녹이게 된다.

현재 시장에 나와 있는 제빙 재료 중 하나는 염화 마그네슘과 사탕수수 또는 사탕무 당밀을 혼합한 것이다. 끈적끈적한 당밀은 염화 마그네슘이 도로 표면에서 날아가거나 씻겨 나가는 것을 방지한다. 눈이 많이 오는 곳에서는 도로를 건설하거나 재포장할 때 콘크리트나 아스팔트의 최상층에 직접 첨가하여 얼음이 형성되는 것을 방지하는 물질을 사용하기도 한다. 이런 물질들은 적은 양의 염을 사용하여 제설작업에 사용되는 비용을 줄이고, 환경에도 영향을 적게 미치며, 부식 방지에도 도움이 된다.

에어컨과 기화열

기화열에 의한 냉각… 기체 상태인 냉매 기체(냉각제)를 액체로 응축… 압력을 낮춰서 액체 상태의 냉매 기체가 다시 증기로 기화할, 때 주위의 열을 빼앗아 온도….

더운 여름, 갑자기 차량 내의 에어컨에서 시원한 바람이 나오지 않아 당황한 적이 있을 것이다. 아무리 온도를 낮게 설정해도, A/C 버튼을 눌러도 통풍구에서는 미적지근한 바람만 나올 때는 재빨리 정비소로 가서 에어컨 냉매를 교환해주어야 한다.

에어컨의 기본 원리는 냉매의 기화열[34]에 의한 냉각이다. 액체가 기체로 기화될 때는 주변으로부터 열을 흡수하지만 반대로 기체가 액체로 응축될 때는 열을 방출한다. 에어컨에서는 압축기로 압력을 크게 변화시켜서 기체 상태인 냉매 기체(냉각제)를 액체로 응축시킨다. 이후 압력을 낮춰서 액체 상태의 냉매 기체가 다시 증기로 기화할 때, 주위의 열을 빼앗아 온도를 낮춘다.

34) 증발열이라고도 하며, 액체가 기체로 변하면서 주위에서 빼앗는 열량을 말한다.

열은 원래 높은 온도에서 낮은 온도로 이동하지만, 에어컨과 냉장고의 냉각 사이클은 반대 방향인 낮은 온도(실내, 혹은 냉장고 내부)에서 높은 온도(외부, 혹은 냉장고 외부)로 열을 강제로 옮긴다. 이를 통해 에어컨의 경우에 실내기에서는 차가운 바람이 나오고 실외기에서는 더운 바람이 빠져나온다. 냉장고에서도 동일하게 낮은 온도의 냉장고 내부에서 높은 온도의 냉장고 밖으로 열이 이동한다.

냉매의 순환 과정

냉매의 순환 과정을 살펴보자. 에어컨의 실외기 속에 있는 압축기는 기체 상태의 냉매를 고온과 고압 상태로 만들어서 동일한 실외기 내에 있는 응축기로 보낸다. 고온과 고압의 기체가 외부에서 유입된 공기와 만나면 식으면서 응축이 일어나 액체가 된다. 이때 열을 방출하며, 에어컨의 실외기에서 뜨거운 공기가 나오는 것은 이 때문이다. 차량용 에어컨에서는 그릴 바로 뒤의 라디에이터가 열교환을 하는 실외기 역할을 한다.

응축기에서 나온 고압 상태의 액체는 실내기나 실외기 어느 한 곳에 있는 좁은 팽창밸브를 통과하면서 유체의 속도가 증가하고 압력은 낮아진다. 팽창밸브를 통과한 액체 상태의 냉매는 온도와 압력이 낮은데, 증발기를 통과하면서 주위의 더운 공기에서 열을 흡수함으로써 증발하여 기체 상태가 된다. 이때 증발기 주변의 공기는 차가워지고 팬이 돌면서 이 차가운 공기를 실내로 내보낸다. 완전히 기체 상태가 된 냉매는 다시 압축기로 들어가므로 냉각 시스템이 순환된다.

이와 같이 건물이나 자동차의 냉방 시스템에 의해서 내뿜어진 열은 도

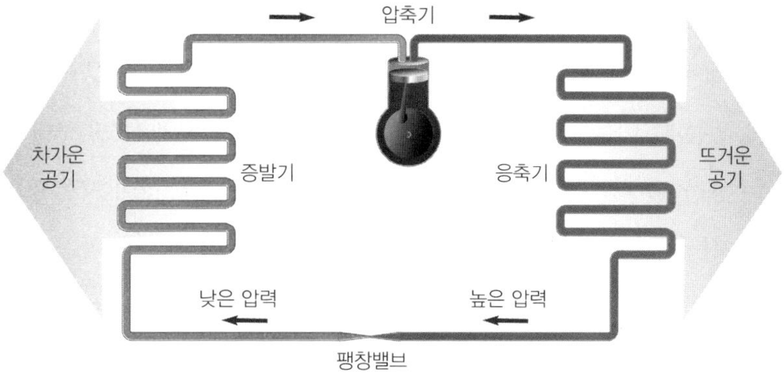

◈ 냉매 순환 과정을 나타내는 모식도. 차가운 공기는 실내로 유입되고, 뜨거운 공기는 실외기를 통해 배출된다.

심의 온도가 주변 지역보다 높아지는 열섬현상에 일부 기여하고 있다.

에어컨 냉매의 변천사

에어컨과 냉장고에서 실내(에어컨)나 내용물(냉장고)의 열을 빼앗아 대기 중으로 방출하는 냉매는 액체에서 기체로(열을 흡수할 때), 다시 액체로(압축기가 압축할 때) 상변화를 겪는다. 따라서 이상적인 냉매는 유리한 열역학적 특성과 더불어 액체와 기체 상태 모두에서 비부식과 및 안전성(무독성 및 불연성)이 담보되어야 하며, 환경오염도 고려해야 한다.

과거에 가장 보편적인 냉매는 프레온이라고 부르던 CFC(CF_3CH_2O)였다. 이 CFC는 온실가스 효과와 오존층 파괴의 주요 원인 중 하나이기 때문에 1994년에 제조가 중단되었다. 1990년대와 2000년대에 CFC는 HCFC로 대체되었다. HCFC는 비록 CFC보다는 염소를 적게 가지고 있지만, 여전히 환경에 유해하며 오존층 파괴 가능성도 있었다.

냉매에서 염소를 완전히 배제하기 위해 HFC라고 하는 또 다른 냉매를 만들었는데, 이들도 역시 지구 온난화의 가능성이 있지만 HCFC보다는 오존층을 덜 파괴하는 것으로 알려졌다. 에어컨에 가장 많이 사용되는 HFC 상품은 R−410A이며 냉장고에서는 R−134A이다.

현재 시판되고 있는 가장 친환경적인 냉매는 R−290과 R−600A이다. 이들은 탄화수소 화합물이며 그들의 화학명은 프로페인(R−290), 아이소뷰테인(R−600A)이다. 이들은 할로젠이 없어 오존층을 파괴하지 않으며, 지구 온난화 측면에서도 그 가능성이 가장 낮고 에너지 효율도 높아 현재까지 가장 친환경적인 냉매로 알려져 있다. 그러나 탄화수소이기 때문에 가연성이 높아 화기 주변에서의 취급을 항상 주의해야 한다.

차량용 에어컨 냉매로는 R−1234yf가 주목받고 있다. 이 냉매의 화학명은 2,3,3,3−테트라플루오로프로페인으로, 지구 온난화 가능성이 종전의 R−134A보다 1,000분의 1 이하로 낮은 친환경 냉매이다.

배터리와 전자의 이동

모든 전지에서는 전자의 이동이 있는데 전자의 흐름이 전류, 즉 전위차(전압)를 나타내게 되어 전기가 된다….

추운 겨울, 갑자기 차량의 시동이 걸리지 않은 경험을 한 적이 있을 것이다. 내연기관 자동차는 기름으로만 움직인다고 생각하기 쉽지만, 시동을 걸 때 처음 점화 장치의 역할은 전기 에너지가 담당한다. 이외에도 전조등 같은 조명 장치, 에어컨이나 히터를 돌리는 팬 등 자동차의 많은 부분에 전기가 필요하다. 아예 전기 에너지를 동력원으로 하여 운행되는 전기자동차 시장도 급격하게 커지고 있으며 내연기관 자동차의 생산이 중단될 날도 멀지 않은 것 같다. 자동차의 전기는 배터리에 의해 공급되며, 만약 시동이 걸리지 않는다면 배터리를 교환하거나 충전해야 한다.

전기 에너지는 차량 외에도 빛, 열 등의 다양한 에너지로 전환되어 우리 생활 전반에 사용되고 있다. 전기를 사용하지 않는 생활은 상상하기 어려울 정도이다. 전지 또는 배터리$_{\text{battery}}$는 저장된 화학 에너지를 전기 에너지로 변환하는 하나 이상의 전기화학 전지로 구성된 장치이다. 즉, 화학 반응을 이용하여 전기 에너지를 얻어낸다. 이런 전지에는 대표적으로 건전지, 리튬 이온 전지, 납-산 전지 등이 있다. 모든 전지에서는 전자의 이동이 있는데 전자의 흐름이 전류, 즉 전위차(전압)를 나타내게 되어 전기가 된다. 충전할 수 없는 일회용 전지를 1차 전지, 충전이 되는 재사용 전지를 2차 전지라고 한다.

건전지

건전지(건식 전지)는 우리 생활 가운데서 접하는 전기화학 전지 중 가장 일반적이다. 건전지는 전해질이 반죽으로 고정되어 있으며 그 안에 전류가 흐르도록 할 정도로만 약간의 수분이 포함되어 있다. 습식 전지는 그 속의 액체가 흐를 수 있기 때문에 휴대가 상당히 불편하다. 대표적인 습식 전지인 내연기관 자동차의 배터리는 엔진룸 속의 정해진 위치에서 곧바로 세워져야 한다. 반면에 건식 전지는 액체가 포함되어 있지 않기 때문에 흘리지 않고 모든 방향에서 작동할 수 있으며 이러한 범용성으로 인해 휴대용 장비에 적합하다. 건전지는 대부분 한번 사용하면 다시 충전해서 사용할 수 없는 1차 전지이다.

일반적인 건전지는 알칼라인 전지로 양극(+) 역할을 하는 외부 아연 용기와 음극(-) 역할을 하는 탄소-이산화 망간(MnO_2) 혼합물로 둘러싸인 중심 탄소 막대로 구성되어 있다. 전해질은 수산화 포타슘 반죽이다.

양극(+)에서는 수산화 포타슘(KOH)과 아연(Zn) 반죽이 전자(e^-)를 생성하는 산화 반쪽 반응이 일어난다.

$$Zn(s) + 2OH^-(aq) \rightarrow ZnO(s) + H_2O + 2e^- \qquad E^o = +1.28\ V$$

음극(−)에서는 이산화 망가니즈(MnO_2)이 양극에서 생성된 전자를 소모하는 환원 반쪽 반응이 일어난다.

$$2MnO_2(s) + H_2O(l) + 2e^- \rightarrow Mn_2O_3(s) + 2OH^-(aq) \qquad E^o = +0.15\ V$$

따라서 두 반응의 결합된 전체 반응은 다음과 같으며 이때 생성되는 전위차 전압은 약 1.5 V이다.

$$Zn(s) + 2MnO_2(s) \rightarrow ZnO(s) + Mn_2O_3(s) \qquad E^o = +1.43V$$

다른 형태의 건전지로는 수산화 포타슘 전해질 대신에 염화 암모늄(NH_4Cl)이나 염화 아연($ZnCl_2$)을 사용한 전지도 있다. 알칼라인 전지는 다른 종류에 비해서 에너지 밀도가 높아서 다른 전지보다 오래 지속되면서 동일한 에너지를 생산할 수 있다.

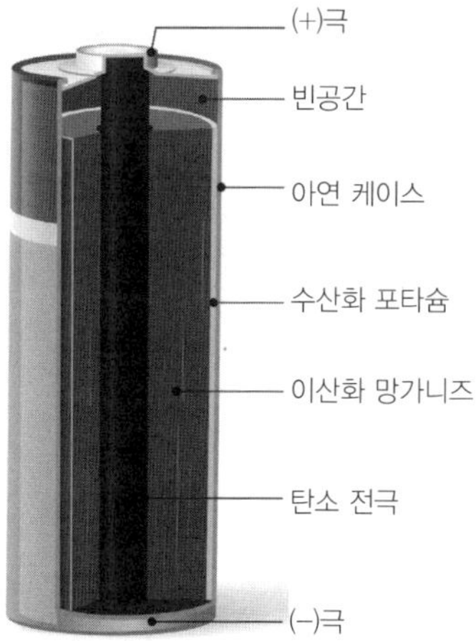

《 가장 일반적인 건전지의 내부 구조

리튬 이온 전지

리튬 이온(Li^+) 전지는 방전 시 리튬 이온이 전해질을 통해 음극에서 양극으로 이동하고 충전 시 다시 역방향으로 이동할 수 있으므로 2차 전지이다. 리튬 이온 전지는 리튬 코발트 산화물($LiCoO_2$)과 같은 화합물을 양극(+) 재료로 사용하고 흑연(C)을 음극(−)으로 사용한다. 이 전지는 핸드폰 및 노트북과 같은 휴대용 전자 기기에서 가장 흔히 볼 수 있다. 다른 양극 재료로는 리튬 망가니즈 산화물(하이브리드 전기 및 전기 자동차에 사용됨) 및 리튬 철 인산염이 있으며 리튬 이온 전지는 일반적으로 에터를 전해질로 사용한다.

리튬 이온 전지는 리튬 이온을 전기화학의 핵심 구성 요소로 사용하는 방법으로 방전 사이클 동안 양극(+)의 리튬 원자는 전자가 떨어져 나가면서 이온화된다. 리튬 이온은 양극에서 이동하여 음극에 도달할 때까지 전해질을 통과하여 전자와 재결합하여 전기적으로 중화된다. 한편, 리튬 이온은 양극과 음극 사이의 미세 투과성 분리막을 통해 이동할 수 있을 만큼 크기가 충분히 작은데 이 때문에 리튬 이온 전지는 단위 질량 및 단위 부피당 매우 높은 전압 및 전하 저장 능력을 가질 수 있다.

양극과 음극에서는 다음과 같은 반쪽 반응이 일어난다. 리튬 코발트 산화물이 있는 양극에서는 리튬이 산화되어 리튬 이온이 되고, 전자가 생성된다.

$$LiCoO_2 \rightleftharpoons CoO_2 + Li^+ + e^-$$

한편, 흑연(탄소) 막대로 구성된 음극에서는 전자를 받아들이는 환원 반응이 일어난다.

$$C_6 + Li^+ + e^- \rightleftharpoons LiC_6$$

따라서 두 전극의 전체 반응은 다음과 같다.

$$LiCoO_2 + C_6 \rightleftharpoons LiC_6 + CoO_2$$

납-산 전지

납-산 전지(납 축전지)는 최초로 개발된 2차 전지이며 저렴하고 편리하며 내연 기관 자동차에 사용되는 배터리가 바로 납-산 전지이다. 역사가 오래되었기 때문에 기술이 잘 확립되어 있으며, 상대적으로 낮은 기술 장비로 쉽게 제조할 수 있다. 그러나 현재 납-산 전지 기술은 리튬 이온 전지 기술로 대체되고 있으며 이 새로운 리튬 이온 EV$_{\text{electric vehicle}}$ 전지는 차량을 구동하는 전원을 제공할 뿐만 아니라 차량 내의 전자 및 전기 장비에도 전원을 공급할 수 있다.

납-산 전지는 크게 양극판, 음극판, 분리막, 전해질의 네 가지 주요 요소로 구성되며, 이들은 모두 플라스틱 용기에 들어 있다. 양극판은 이산화 납(PbO_2)으로 덮여 있으며, 음극판은 다공성인 스펀지 납으로 되어 있고 분리막은 두 전극 사이의 절연체로 전해질과 이온이 두 전극을 건드리지 않고 전도되도록 하며, 전해질은 황산(H_2SO_4) 용액이다. 납 축전지의 전극은 납이지만, 납 자체는 너무 약해서 단독으로 사용할 수 없다. 따라서 안티몬(Sb), 칼슘(Ca), 주석(Sn), 셀레늄(Se)와 같은 금속을 추가하여 강도를 높이고 전기 성능을 향상시킨다.

스펀지 납으로 된 음극(–)에서는 납(Pb)이 전해질인 황산과 반응하여 황산납($PbSO_4$) 침전물을 생성하는 산화 반응이 일어나면서 전자(e^-)가 생성된다.

$$Pb^{2+}(aq) + SO_4^{2-}(aq) \rightarrow PbSO_4(s) + 2e^-$$

한편, 이산화 납이 코팅된 양극에서는 음극에서 생성된 전자(e^-)를 받아들여 소모하면서 전해질과 환원 반응이 일어나서 황산 납이 생성된다.

$$PbO_2(s) + 4H^+(aq) + 2e^- + SO_4^{2-}(aq) \rightarrow PbSO_4(s) + 2H_2O(l)$$

에필로그

인간이 살아가는데 필수적인 것을 의衣 · 식食 · 주住라 한다. 현대 사회가 되면서 인구는 급격하게 증가하였으며 2022년 현재 세계인구는 약 79억 명이다. 이 많은 인구가 삶을 유지하기 위해 화학chemistry이 떠받치고 있는 것들은 낱낱이 언급하지 않아도 될 것이다.

20세기의 마지막 해인 1999년 "Nature"지는 다음과 같은 글을 게재하였다. "20세기의 가장 중요한 발명품은 무엇인가? 비행기, 원자력, 우주 비행, 텔레비전 및 컴퓨터가 가장 일반적인 대답이 될 것이다. 그러나 이들 중 어느 것도 원소로부터 암모니아(NH_3)를 합성한 것과는 필적할 수 없다. Haber–Bosch 공정 없이는 세계인구가 1900년의 16억에서 오늘날(1999년)의 60억으로 증가할 수 없었다." 독일의 화학자인 프릿츠 하버F. Haber와 칼 보쉬C. Bosch의 공동 연구결과인 합성 암모니아 생산(비료)을 위한 하버–보쉬 공정은, 공기에서 빵을 만들어 세계 인구의 극적인 증가를 촉진했기 때문에 인류 역사상 가장 영향력 있는 발명 중 하나로 생각하고 있다.

20세기 중반에 세계는 인구 증가율이 식량생산량을 초과하면서 인류는 굶주림에 직면해 있었다. 그러던 중에 하버가 공기 중의 질소로 암모니아를 합성하였고 이 암모니아는 화학 비료의 원료로 사용됨으로 식량 생산이 놀랍게 증가하였다. 이로 인해 인류는 생명 유지에 필요한 먹거리食 문제를 해결함으로 기아의 위험에서 구제된 것이다. 이 공로로 하버는 1918년에 노벨상을 수상했다. 하지만, 이렇게 합성된 암모니아는 폭탄과 화학무기의 원료로 사용되어 사람을 대량 살상하는 도구가 되었으니 아이러니가 아닐 수 없다.

인류는 합성섬유가 개발되기 전까지는 목화를 사용하여 직물을 만들어서 의衣를 해결해 왔다. 이 또한 식물을 재배해서 이로부터 입을 것을 해결하는 것도 한계에 직면해 있었다. 1938년 미국 듀퐁사 연구원인 월리스 캐러더스W. Carothers는 나일론Nylon의 합성에 성공했다. 처음에는 나일론은 칫솔을 만드는 데 사용되었으나 이후 스타킹에도 사용됨으로써 최초의 합성섬유가 되어 아직도 광범위하게 사용되고 있다.

하지만, 나일론은 생분해되지 않으며 환경에 무기한 남아 있게 된다. 오늘날 해양 미세플라스틱 오염의 가장 큰 두 가지 원인은 나일론 어망과 세탁 중에 마모되는 합성섬유이다. 이것은 나일론이 수중 환경에 미치는 영향이 크다는 것을 의미하고 있다.

제2차 세계대전이 일어나기 직전인 1938년 독일의 화학자 오토 한Otto Hahn이 핵분열의 연구결과를 발표하였다. 이를 토대로 1944년, 연합군이었던 미국은 오픈하이머R. Oppenheimer의 책임하에 "맨하탄 프로젝트"를 진행하였다. 로스앨러모스에 본인들이 원자탄을 만들고 있다는 사실을 모르는 3,000여 명의 과학기술자를 모아 놓고 원자탄을 만들기 시작한 것이다. 마침내 1945년 8월, 일본의 히로시마와 나가사키에 두 개의 원자탄을 투하함으로 항복을 얻어냈다. 비록 전쟁은 끝난 지 80여 년이 지났지만, 아직도 그 피해는 곳곳에 남아 있으며 진행 중이다.

이와 같이 화학물질은 양면성을 가지고 있다. 화학물질을 어떻게 사용하느냐에 따라 인간에게 유익함을 제공하기도 하지만, 나중에는 인류의 골칫거리로 돌아오게 되기도 하며 나아가 인류의 재앙이 되기도 한다. 그러므로 화학을 연구하고 화학물질을 개발하는 사람들은 눈앞의 단편적인 이득만을 좇을 것이 아니라, 그 결과가 전 지구에 미칠 영향을 반드시 고려해야 할 것이다. 이 책을 읽는 독자 여러분들도 항상 관심을 가지고 지켜봐 주기를 바란다. 또 그러한 관심을 이끌어내는 데 이 책이 좋은 마중물이 되었기를 바란다.

참고자료

1장 생활과 화학

• 머리카락 염색과 멜라닌

https://www.firstversions.com/2016/07/loreal-hair-dyes.html
The Beverages, Abdelazim Sayed and Abdelazim Abdellatif, Agri Res & Tech: Open Access J. 2018; 14(5): 555933.
Melena-Nsk/ⓒShutterstock

• 치약과 연마제

https://en.wikipedia.org/wiki/Toothpaste
Chemical Composition of Every Products, John Toedt, Darrell Koza, and Kathleen Van Cleef-Toedt, Greenwood Press, Westport, Connecticut·London, 2005.

• 섬유유연제와 푹신함

J. Surfact. Deterg., T. Igarashi. et al, 19, 757-773, 2016
Chemical Composition of Every Products, John Toedt, Darrell Koza, and Kathleen Van Cleef-Toedt, Greenwood Press, Westport, Connecticut·London, 2005.
https://en.wikipedia.org/wiki/Fabric_softener
Atsushi Hirao/ⓒShutterstock

• 표백제와 분광학

https://home.howstuffworks.com/bleach.htm
Chemical Composition of Every Products, John Toedt, Darrell Koza, and Kathleen Van Cleef-Toedt, Greenwood Press, Westport, Connecticut·London, 2005.

• 손난로와 발열 반응

https://en.wikipedia.org/wiki/Hand_warmer
http://homechemistry.blogspot.com/2008/03/hand-warmers.html
https://www.chemistryislife.com/the-chemistry-of-hand-warmer
SangHyeokGo/ⓒShutterstock

• 냉각팩과 흡열 반응

https://en.wikipedia.org/wiki/Ice_pack
https://letstalkscience.ca/educational-resources/stem-in-context/cold-pack-a-chilly-example-endothermic-reaction
https://www.poison.org/articles/whats-inside-ice-packs-201
https://www.icewraps.com/blogs/news/what-s-the-difference-between-instant-cold-packs-gel-packs-and-clay-packs
https://huntingwaterfalls.com/is-the-liquid-in-ice-packs-toxic/

• 형광등, 백열등 그리고 LED

https://www.electrical4u.com/incandescent-lamp/
https://en.wikipedia.org/wiki/Light-emitting_diode
Chemical Composition of Every Products, John Toedt, Darrell Koza, and Kathleen Van Cleef-Toedt, Greenwood Press, Westport, Connecticut·London, 2005.

• 방향제와 유기 화합물

https://en.wikipedia.org/wiki/Air_freshener
Building and Environment, A. Steinemann, 111, 279-284 (2017)
Syda Productions/ⓒShutterstock

• 배수구 세정제와 가수 분해

https://en.wikipedia.org/wiki/Drain_cleaner
https://sciencenotes.org/chemical-equation-for-baking-soda-and-vinegar-reaction/
https://www.wonderopolis.org/wonder/what-happens-when-you-mix-vine-

gar-and-baking-soda
https://readysetplumb.com.au/clean-clogged-drains-bicarb-soda-vinegar/

- 인공 눈물과 렌즈 세척액

Chemical Composition of Every Products, John Toedt, Darrell Koza, and Kathleen Van Cleef-Toedt, Greenwood Press, Westport, Connecticut·London, 2005.
https://en.wikipedia.org/wiki/Eye_drop
https://www.mayoclinic.org/diseases-conditions/dry-eyes/expert-answers/artificial-tears/faq-20058422
https://www.healthline.com/health/best-contact-lens-solution#our-picks
https://www.cdc.gov/contactlenses/care-systems.html

- 드라이클리닝 세탁과 석유 냄새

https://en.wikipedia.org/wiki/Dry_cleaning
https://dnr.wi.gov/topic/SmallBusiness/documents/drycleaning/ChemicalsUsedInDrycleaningOperations.pdf
https://drycleanersatlanta.com/2014/11/chemicals-used-dry-cleaning/
https://cen.acs.org/articles/95/i45/Periodic-graphics-chemistry-dry-cleaning.html

- 얼음이 미끄러운 이유는 간단하지 않다

https://www.chemistryworld.com/news/fast-skating-forces-ice-to-feel-the-heat/9260.article
https://www.vox.com/science-and-health/2018/2/13/16973886/why-is-ice-slippery
http://sciencefocus.ust.hk/extraordinary-science-the-mechanism-of-ice-skating
https://chem.libretexts.org/Bookshelves/General_Chemistry/Book%3A_ChemPRIME_(Moore_et_al.)/08%3A_Properties_of_Organic_Compounds/8.12%3A_Ice_and_Water
https://www.comsol.com/blogs/why-is-ice-slippery-enough-for-skiing-and-

skating/

• 파마와 암모니아 냄새

http://www.staycurrentflorida.com/course-materials-chemical-texturizing.html

https://is.muni.cz/el/1431/podzim2013/C3804/The_chemistry_of_perming___rebonding.pdf

https://chem.libretexts.org/Bookshelves/Biological_Chemistry/Supplemental_Modules_(Biological_Chemistry)/Proteins/Case_Studies%3A_Proteins/Permanent_Hair_Wave

• 흑연과 다이아몬드의 차이는 배열

https://www.enmu.edu/about/general-information/local-events-and-info/arts-and-culture/miles-mineral-museum/diamond-graphite#:~:text=-Graphite%20and%20diamond%20are%20two,crystal%20structures%20are%20called%20polymorphs.

https://chem.libretexts.org/Bookshelves/Inorganic_Chemistry/Map%3A_Inorganic_Chemistry_(Housecroft)/14%3A_The_Group_14_Elements/14.04%3A_Allotropes_of_Carbon/14.4A%3A_Graphite_and_Diamond_-_Structure_and_Properties

https://sciencing.com/how-diamonds-made-4924642.html

• 글루텐-프리와 현대인의 식단

https://www.hopkinsmedicine.org/health/wellness-and-prevention/what-is-gluten-and-what-does-it-do#:~:text=%E2%80%9CGluten%20is%20a%20protein%20found,together%20and%20give%20them%20shape.

https://www.fda.gov/food/nutrition-education-resources-materials/gluten-and-food-labeling#:~:text=The%20rule%20specifies%2C%20among%20other,using%20scientifically%20validated%20analytical%20methods.

2장 식품과 화학

• 차갑게 마셔야 제맛인 탄산음료

일반화학(제7판), McMurry, 자유아카데미, 2018

The Beverages, Abdelazim Sayed and Abdelazim Abdellatif, Agri Res & Tech: Open Access J. 2018; 14(5): 555933.

https://www.engineeringtoolbox.com/gases-solubility-water-d_1148.html

• 에틸렌 기체는 과일 숙성 호르몬

https://foodandnutrition.org/blogs/student-scoop/ripening-101-climacteric-vs-non-climacteric-fruits/

R. Amarakoon et al, Tropical Agricultural Research, 11, 54-60 (1999)

https://en.wikipedia.org/wiki/Ripening

Kristi Blokhin/©Shutterstock

• 비타민은 식품 섭취를 통해서

Chemical Composition of Every Products, John Toedt, Darrell Koza, and Kathleen Van Cleef-Toedt, Greenwood Press, Westport, Connecticut·London, 2005.

https://lpi.oregonstate.edu/mic/health-disease/skin-health/vitamin-D

https://www.nhs.uk/live-well/healthy-body/how-to-get-vitamin-d-from-sunlight/

https://ods.od.nih.gov/factsheets/VitaminD-HealthProfessional/

Nitr/©Shutterstock

• 달걀 속의 공기

https://www.giapo.com/the-chemistry-of-egg-whites/

https://www.chemistryviews.org/details/ezine/1664685/Boiled_Eggs_Soft_and_Hard__Part_3.html

https://www.compoundchem.com/2016/03/26/eggs/

Belle Lowe, Experimental Cookery From The Chemical And Physical Standpoint, John Wiley & Sons, 1937

• 양파의 보호 본능

https://en.wikipedia.org/wiki/Syn-Propanethial-S-oxide
https://www.chemistryworld.com/podcasts/propanethial-s-oxide-how-chopping-onions-makes-you-cry/3009790.article
https://www.healthline.com/health/why-do-onions-make-you-cry#why-onions-make-you-cry
https://food.unl.edu/article/cooking-onions-without-crying
http://www.chm.bris.ac.uk/motm/pso/psov.htm
Angel Simon/ⓒShutterstock

• 알고 마시자, 스포츠 음료

https://en.wikipedia.org/wiki/Sports_drink
https://www.healthline.com/nutrition/sports-drinks#water-vs-sports-drinks
https://science.howstuffworks.com/innovation/everyday-innovations/who-invented-sports-drinks1.htm
https://www.medicalnewstoday.com/articles/what-percentage-of-the-human-body-is-water#percentage-chart
Gregory Reed/ⓒShutterstock

• 과자 봉지 속의 화학 물질

https://www.eurekalert.org/news-releases/819478
http://inertion.org/how-inertion-saved-potato-chips/
https://www.mentalfloss.com/article/51993/why-are-potato-chip-bags-always-half-empty
https://science.howstuffworks.com/innovation/science-questions/question206.htm
https://en.wikipedia.org/wiki/Silica_gel#:~:text=Silica%20gel%20is%20an%20amorphous,nanometer%2Dscale%20voids%20and%20pores.&text=Silica%20xerogel%20is%20usually%20commercialized,a%20few%20millimeters%20in%20diameter.
https://science.ytn.co.kr/hotclip/view.php?s_mcd=0040&key=201706051642365579

• 사과의 갈변과 산소

https://extension.purdue.edu/4h/documents/volunteer%20resources/science%20made%20easy/brown%20apples.pdf

https://en.wikipedia.org/wiki/Food_browning

• 과수원 과일과 상점 과일

https://www.theatlantic.com/technology/archive/2017/04/why-fruit-has-a-fake-wax-coating/524619/

https://en.wikipedia.org/wiki/Fruit_waxing

https://www.cfs.gov.hk/english/multimedia/multimedia_pub/multimedia_pub_fsf_120_02.html

https://www.mcgill.ca/oss/article/you-asked/why-do-they-spray-wax-apples-0

• 자체발열 식품 꾸러미의 발열 반응

Food Packaging: Principles and Practice, 3rd Ed., Gordon L. Robertson, CRC Press, 2016.

https://en.wikipedia.org/wiki/Self-heating_food_packaging

https://fromhungertohope.com/how-does-self-heating-food-packaging-work/

https://en.wikipedia.org/wiki/Flameless_ration_heater

• 간장과 된장의 화학

D. Shin, D. Jeon, J. Ethnic Foods, 2, 2-7 (2015)

https://www.brewiki.org/beverage-fermentation/iii-chemistry-and-biochemistry-in-soy-sauce-manufacturing-a-major-chemical-composition-of-soy-sauce.html#:~:text=In%20general%2C%20soy%20sauce%20contains,in%20amino%20acids%20(9).

http://www.foodsafetykorea.go.kr/foodcode/01_03.jsp?idx=32

https://en.wikipedia.org/wiki/Soy_sauce

https://blog.naver.com/cityhuntorr/220896869229

• 소금과 간수

https://www.cdc.gov/salt/index.htm
https://en.wikipedia.org/wiki/Salt
https://www.britannica.com/science/salt
https://www.britannica.com/technology/bittern-chemistry
https://misosoup.site/how-do-you-firm-up-tofu/

3장 건강과 화학

• 선크림과 피부 보호

Chemical Composition of Every Products, John Toedt, Darrell Koza, and Kathleen Van Cleef-Toedt, Greenwood Press, Westport, Connecticut · London, 2005.
https://en.wikipedia.org/wiki/Microwave
https://en.wikipedia.org/wiki/Infrared

• 치과용 아말감과 수은

https://www.fda.gov/medical-devices/dental-devices/dental-amalgam-fillings
https://en.wikipedia.org/wiki/Amalgam_(dentistry)
https://horizondental.clinic/amalgam-vs-composite-fillings/

• 포화 지방산과 불포화 지방산

https://en.wikipedia.org/wiki/Fatty_acid
https://www.sciencedirect.com/topics/earth-and-planetary-sciences/fatty-acids
https://www.aafp.org/afp/2009/0815/p345.html
https://www.fda.gov/food/food-labeling-nutrition/health-claim-notification-saturated-fat-cholesterol-and-trans-fat-and-reduced-risk-heart-disease

- 액상형 전자담배가 더 안전한가?

Nicotine Tob Res., Tracy T Smith, et al. 22(5), 791–797, (2019).
https://en.wikipedia.org/wiki/Electronic_cigarette
https://www.cdc.gov/tobacco/basic_information/e-cigarettes/about-e-cigarettes.html

- 스쿠버 다이빙과 기체 법칙

일반화학, 7판, Raymond Chang, 2013
https://www.chem.uwec.edu/Chem405_s01/peterson/scuba.htm
https://www.carolina.com/teacher-resources/Interactive/scuba-diving-and-gas-laws/tr29802.tr

- 아픈 건물 증후군과 오염물질

https://en.wikipedia.org/wiki/Sick_building_syndrome
https://www.healthline.com/health/sick-building-syndrome#symptoms
https://molekule.science/what-is-sick-building-syndrome/
https://en.wikipedia.org/wiki/New_car_smell

- 알코올과 코로나 바이러스

https://en.wikipedia.org/wiki/Hand_sanitizer
https://cen.acs.org/business/consumer-products/hand-sanitizer-does-keep-hands/98/i12

- 내분비계 교란 물질과 일상 생활

https://www.endocrine.org/patient-engagement/endocrine-library/edcs
https://www.epa.gov/endocrine-disruption/what-endocrine-disruption
https://www.niehs.nih.gov/health/topics/agents/endocrine/index.cfm
https://ec.europa.eu/environment/chemicals/endocrine/definitions/endodis_en.htm

- 모기약과 벌레 퇴치제

https://www.epa.gov/insect-repellents/what-insect-repellent

https://www.mosquito.org/page/repellents
https://en.wikipedia.org/wiki/Phenothrin
https://en.wikipedia.org/wiki/Tetramethrin
https://lpg-apps.org/index.php?mact=LPGApi,cntnt01,function,0&cntnt01template=function&cntnt01function_id=48&cntnt01detailpage=applications&cntnt01returnid=17
스프레이형 가정용살충제 안전실태조사, 한국소비자원, 2016

- EDTA는 금속 체포자

https://heritageparklaundry.com/blogs/ingredients/disodium-edta-water-softener-and-chelating-agent
https://en.wikipedia.org/wiki/Ethylenediaminetetraacetic_acid
https://en.wikipedia.org/wiki/Chelation
https://www.healthline.com/nutrition/calcium-disodium-edta

- 약물 복용 검사(도핑 테스트)

https://www.wada-ama.org/sites/default/files/2022-01/2022list_final_en_0.pdf
https://www.kist.re.kr/kist_web/?sub_num=4265
https://www.kada-ad.or.kr/kada?where=anti/anti_process_total

- 항생제는 피할 수 없는 물질인가?

https://www.nhs.uk/conditions/antibiotics/
https://www.nature.com/articles/s41598-020-78849-3
https://massivesci.com/articles/aquaculture-fish-antimicrobial-resistance-antibiotics-sustainability-ocean/#:~:text=For%20decades%2C%20fishing%20communities%20have,some%20cases%20devastating%20aquatic%20ecosystems.
https://en.wikipedia.org/wiki/Antibiotic_use_in_livestock
https://www.who.int/news-room/fact-sheets/detail/antibiotic-resistance

- 미세먼지는 어디에서 오는가

https://www.epa.gov/pm-pollution/particulate-matter-pm-basics
https://en.wikipedia.org/wiki/Particulates
https://www.cdc.gov/air/particulate_matter.html

- 단풍의 색소화학

https://www.fs.usda.gov/visit/fall-colors/science-of-fall-colors
https://en.wikipedia.org/wiki/Autumn_leaf_color

- 불꽃놀이는 금속 원소들의 향연

https://cen.acs.org/articles/95/i27/s-fireworks-produces-those-colorful.html
https://www.compoundchem.com/2013/12/30/the-chemistry-of-fireworks/

- 커피포트와 수도꼭지의 물때

https://www.home-barista.com/water/chemistry-scale-in-espresso-machine-boilers-t33278.html
https://en.wikipedia.org/wiki/Limescale
https://www.tapsuk.com/blog/what-is-limescale-how-do-i-stop-get-rid-of-it/
ad-foto/ⓒShutterstock

- 라돈 없는 세상

https://www.who.int/news-room/fact-sheets/detail/radon-and-health
https://en.wikipedia.org/wiki/Radon
https://www.atsdr.cdc.gov/csem/radon/where_found.html
https://www.sciencetimes.co.kr/news/%EC%B9%A8%EB%8C%80%EC%97%90%EC%84%9C-%EB%9D%BC%EB%8F%88%EC%9D%B4-%EA%B2%80%EC%B6%9C%EB%90%9C-%EC%9B%90%EC%9D%B8%EC%9D%80/

- 일그러진 대리석 조각상

https://www.epa.gov/acidrain/what-acid-rain
https://projects.ncsu.edu/project/bio183de/Black/chemreview/chemreview_reading/acid_rain.html
https://en.wikipedia.org/wiki/Acid_rain
https://www.usgs.gov/special-topics/water-science-school/science/acid-rain-and-water
The Gallery/ⓒShutterstock

- 수족관과 암모니아

https://www.aquariumcoop.com/blogs/aquarium/nitrogen-cycle
https://www.thesprucepets.com/aquarium-water-basics-1381904
https://planet.uwc.ac.za/nisl/ESS/ESS121/Aquarium%20Water%20Chemistry.pdf
https://www.polymersolutions.com/blog/fish-tank-chemistry/

- 스키장과 인공눈

https://www.chemistryviews.org/details/ezine/8935791/Faking_It_The_Science_of_Artificial_Snow.html
https://time.com/6146039/artificial-snow-2022-olympics-beijing/
https://melscience.com/US-en/articles/artificial-snow-experiment/
https://www.instituteofmaking.org.uk/materials-library/material/artificial-snow

- 온실 효과와 탄소 발자국, 그리고 탄소 중립

https://www.nature.org/en-us/get-involved/how-to-help/carbon-footprint-calculator/#:~:text=A%20carbon%20footprint%20is%20the,are%20generated%20by%20our%20actions.&text=To%20have%20the%20best%20chance,under%202%20tons%20by%202050
https://ourworldindata.org/co2/country/south-korea?country=USA~KOR
https://climatekids.nasa.gov/greenhouse-effect/
https://warmheartworldwide.org/climate-change/?gclid=CjwKCAiAg-

biQBhAHEiwAuQ6BkvSaejrmy3DbmwFksu2jydgkwbtAgI6p9toISJXur-7cEetIkL-4HKBoC0hUQAvD_BwE
https://www.nhm.ac.uk/discover/quick-questions/what-do-carbon-neutral-and-net-zero-mean.html

- PPCP의 두 얼굴

https://www.epa.gov/wqc/contaminants-emerging-concern-including-pharmaceuticals-and-personal-care-products
https://www.watersystemscouncil.org/download/wellcare_information_sheets/for_healthcare_professionals/PPCP_DrinkingWater.pdf
https://www.istc.illinois.edu/research/pollutants/PPCPs_in_the_environment/
https://www.fda.gov/drugs/safe-disposal-medicines/disposal-unused-medicines-what-you-should-know

5장 요리와 화학

- 가마솥과 압력밥솥의 증기압

https://en.wikipedia.org/wiki/Boiling_point
McMurry, 일반화학 제7판, 자유아카데미
https://en.wikipedia.org/wiki/Pressure_cooking
Prarinya/ⓒShutterstock
Busan Oppa/ⓒShutterstock

- 알고 먹자! 튀김 요리와 구이 요리

https://www.cancerresearchuk.org/about-cancer/causes-of-cancer/cancer-myths/can-eating-burnt-foods-cause-cancer
https://blog.dana-farber.org/insight/2019/09/does-burnt-food-cause-cancer/
https://www.healthline.com/nutrition/burnt-toast-cancer

• 주방용 세제를 식기 세척기에 사용해도 되는 걸까?

Chemical Composition of Every Products, John Toedt, Darrell Koza, and Kathleen Van Cleef-Toedt, Greenwood Press, Westport, Connecticut·London, 2005.

Kabachki.photo/ⓒShutterstock

DariaPotapova/ⓒShutterstock

• 전자레인지와 마이크로파

https://www.explainthatstuff.com/microwaveovens.html

https://en.wikipedia.org/wiki/Microwave_oven

https://www.fda.gov/radiation-emitting-products/resources-you-radiation-emitting-products/microwave-oven-radiation

• 따뜻한 수프와 표면 장력

일반화학, 제12판, R. Chang, 사이플러스, 2018

https://studiousguy.com/surface-tension-examples/

• MSG와 중국식당 증후군

https://www.fda.gov/food/food-additives-petitions/questions-and-answers-monosodium-glutamate-msg

https://en.wikipedia.org/wiki/Monosodium_glutamate

https://www.ajinomoto.com/msg/what-is-msg-and-how-is-it-made

https://www.bbc.com/future/article/20151106-is-msg-as-bad-as-its-made-out-to-be

EXCLI J., K. Niaz, E. Zaplatic, J. Spoor, 17, 273-278, 2018

jazz3311/ⓒShutterstock

• 베이킹파우더와 베이킹소다의 차이

https://www.foodnetwork.com/how-to/packages/food-network-essentials/baking-powder-vs-baking-soda-whats-the-difference

https://en.wikipedia.org/wiki/Sodium_bicarbonate

https://www.healthline.com/nutrition/baking-soda-benefits-uses#house-

hold-uses
batjaket/ⓒShutterstock

• 김치 절이기와 삼투압

일반화학, McMurry, 7판, 자유아카데미, 2016
https://scent.kisti.re.kr/site/main/home
https://boffinsportal.com/6-reverse-osmosis-examples-in-everyday-life/
https://biologydictionary.net/osmotic-pressure/
https://en.wikipedia.org/wiki/Reverse_osmosis

• 식용유와 불포화 지방산

https://en.wikipedia.org/wiki/Cooking_oil
https://en.wikipedia.org/wiki/Vegetable_oil
https://www.livescience.com/59893-which-cooking-oils-are-healthiest.html
Eur. J. Lipid Sci. Tech., L. Brühl, 116, 707-715 (2014).

• 맛술과 알코올

https://namu.wiki/w/%EB%AF%B8%EB%A6%BC(%EC%88%A0)
https://indianapublicmedia.org/amomentofscience/cooking-with-wine.php
https://meatscience.org/TheMeatWeEat/meat-tips/cooking

• 탈수 식품과 동결 건조식품

https://www.bushkaskitchen.com/blogs/news/freeze-dried-food-vs-dehydrated-food-wait-theyre-different#:~:text=Yep!,have%20a%20longer%20shelf%20life.&text=Freeze%20dried%20food%20rehydrates%20slightly,nature%20of%20freeze%20dried%20food.
https://en.wikipedia.org/wiki/Freeze-drying
https://www.asahi-gf.co.jp/special/amanofoods/en/technologies/

• 커피는 로스팅

https://perfectdailygrind.com/2019/03/what-happens-during-coffee-roasting-the-chemical-changes/

https://www.intechopen.com/chapters/71528
https://www.britannica.com/science/alkaloid
https://www.science.org.au/curious/people-medicine/brew-some-coffee-chemistry
portumen/ⓒShutterstock

• 팝콘과 이상 기체 법칙

https://www.chemistryislife.com/t-3
https://en.wikipedia.org/wiki/Popcorn
https://www.carolina.com/teacher-resources/Interactive/the-science-of-popcorn/tr23952.tr
Viniciosferreira/ⓒShutterstock

6장 자동차와 화학

• 자동차 에어백은 질소 풍선

Chemical Composition of Every Products, John Toedt, Darrell Koza, and Kathleen Van Cleef-Toedt, Greenwood Press, Westport, Connecticut·London, 2005.
The Chemistry behind the Air Bag, George B. Kauffman, J. Chem. Edu. 347, 73(4), 1996.
www.chemistry.wustl.edu/~edudev/LabTutorials/Airbags/airbags.html〉
thieury/ⓒShutterstock

• 구강 세정제를 사용하면 음주 단속에 걸릴까?

Chemical Composition of Every Products, John Toedt, Darrell Koza, and Kathleen Van Cleef-Toedt, Greenwood Press, Westport, Connecticut·London, 2005.
https://en.wikipedia.org/wiki/Mouthwash

• 요소수는 경유차의 깐부

https://en.wikipedia.org/wiki/Urea

https://koreajoongangdaily.joins.com/2021/11/04/business/industry/urea-solution-cargo-truck/20211104175204147.html
https://www.drugs.com/pro/urea-solution.html
DesignRage/ⓒShutterstock

• 휘발유와 경유는 탄소수의 차이

https://www.britannica.com/technology/diesel-fuel
https://en.wikipedia.org/wiki/Diesel_fuel
https://en.wikipedia.org/wiki/Naphtha
https://energyeducation.ca/encyclopedia/Naphtha

• 빙판길과 어는점 내림

ChemMatters, Doris R. Kimbrough, 12-14, FEBRUARY 2006.
J. Mol. Liq., M.M. Conde, et al, 261, 513-519 (2018).
https://www.tf.uni-kiel.de/matwis/amat/iss/kap_6/illustr/i6_2_2.html
https://www.ecogardensolution.com/blogs/organic-gardening/should-you-use-calcium-chloride-on-roads

• 에어컨과 기화열

https://www.linquip.com/blog/which-gas-is-used-in-ac/
https://learnmetrics.com/how-do-portable-air-conditioners-work/
https://en.wikipedia.org/wiki/Air_conditioning

• 배터리와 전자의 이동

https://courses.lumenlearning.com/introchem/chapter/dry-cell-battery/
https://en.wikipedia.org/wiki/Alkaline_battery
https://www.cei.washington.edu/education/science-of-solar/battery-technology/
https://www.electronics-notes.com/articles/electronic_components/battery-technology/how-do-lead-acid-batteries-work-technology.php
https://www.ausetute.com.au/pbbattery.html

우리는 화학과 함께 살고 있다

우리 생활 곳곳에 숨어 있는 70가지 생활 속 화학 이야기

저 자 명승운
발 행 인 김지영
발 행 처 자유아카데미
주 소 경기도 파주시 회동길 37-42
파주출판도시
전 화 031-955-1321
팩 스 031-955-1322
홈페이지 www.freeaca.com
전자우편 main@freeaca.com(대표)
editor@freeaca.com(편집)
crm@freeaca.com(영업)
등 록 제406-2003-017호, 1980. 7. 12
제1판1쇄 2022년 6월 5일 발행

ISBN 979-11-5808-363-2 03400